MUITO PRAZER, VOCÊ!

BILL SULLIVAN

MUITO PRAZER, VOCÊ!

GENES, GERMES E AS CURIOSAS FORÇAS QUE NOS TORNAM QUEM SOMOS

ALTA LIFE
Editora
Rio de Janeiro, 2022

Muito prazer, você!

Copyright © 2022 da Starlin Alta Editora e Consultoria Eireli.
ISBN: 978-85-5081-449-0

Translated from original Pleased to Meet Me. Copyright © 2019 by William J. Sullivan, Jr. ISBN 9781426220555. This translation is published and sold by National Geographic Partners, LLC, the owner of all rights to publish and sell the same. PORTUGUESE language edition published by Starlin Alta Editora e Consultoria Eireli, Copyright © 2022 by Starlin Alta Editora e Consultoria Eireli.

Impresso no Brasil — 1ª Edição, 2022 — Edição revisada conforme o Acordo Ortográfico da Língua Portuguesa de 2009.

Dados Internacionais de Catalogação na Publicação (CIP) de acordo com ISBD

S949m Sullivan, Bill
Muito prazer você: genes, germes e as curiosas forças que nos tornam quem somos / Bill Sullivan ; traduzido por Wendy Campos. – Rio de Janeiro : Alta Books, 2022.
336 p. ; 16cm x 23cm.

Tradução: Pleased to Meet Me
Inclui índice.
ISBN: 978-85-5081-449-0

1. Epigenética. 2. Neurogenética. I. Campos, Wendy. II. Título.

2022-1226
CDD 572.8
CDU 577

Elaborado por Odilio Hilario Moreira Junior - CRB-8/9949

Índice para catálogo sistemático:
1. Biologia molecular 572.8
2. Biologia molecular 577

Todos os direitos estão reservados e protegidos por Lei. Nenhuma parte deste livro, sem autorização prévia por escrito da editora, poderá ser reproduzida ou transmitida. A violação dos Direitos Autorais é crime estabelecido na Lei nº 9.610/98 e com punição de acordo com o artigo 184 do Código Penal.

A editora não se responsabiliza pelo conteúdo da obra, formulada exclusivamente pelo(s) autor(es).

Marcas Registradas: Todos os termos mencionados e reconhecidos como Marca Registrada e/ou Comercial são de responsabilidade de seus proprietários. A editora informa não estar associada a nenhum produto e/ou fornecedor apresentado no livro.

Erratas e arquivos de apoio: No site da editora relatamos, com a devida correção, qualquer erro encontrado em nossos livros, bem como disponibilizamos arquivos de apoio se aplicáveis à obra em questão.

Acesse o site www.altabooks.com.br e procure pelo título do livro desejado para ter acesso às erratas, aos arquivos de apoio e/ou a outros conteúdos aplicáveis à obra.

Suporte Técnico: A obra é comercializada na forma em que está, sem direito a suporte técnico ou orientação pessoal/exclusiva ao leitor.

A editora não se responsabiliza pela manutenção, atualização e idioma dos sites referidos pelos autores nesta obra.

Produção Editorial
Editora Alta Books

Diretor Editorial
Anderson Vieira
anderson.vieira@altabooks.com.br

Editor
José Rugeri
j.rugeri@altabooks.com.br

Gerência Comercial
Claudio Lima
claudio@altabooks.com.br

Gerência Marketing
Andrea Guatiello
andrea@altabooks.com.br

Coordenação Comercial
Thiago Biaggi

Coordenação de Eventos
Viviane Paiva
comercial@altabooks.com.br

Coordenação ADM/Finc.
Solange Souza

Direitos Autorais
Raquel Porto
rights@altabooks.com.br

Produtor Editorial
Maria de Lourdes Borges

Produtores Editoriais
Illysabelle Trajano
Paulo Gomes
Thales Silva
Thiê Alves

Equipe Comercial
Adriana Baricelli
Daiana Costa
Fillipe Amorim
Heber Garcia
Kaique Luiz
Maira Conceição

Equipe Editorial
Beatriz de Assis
Betânia Santos
Brenda Rodrigues
Caroline David
Gabriela Paiva
Kelry Oliveira
Henrique Waldez
Marcelli Ferreira
Matheus Mello

Marketing Editorial
Jessica Nogueira
Livia Carvalho
Marcelo Santos
Pedro Guimarães
Thiago Brito

Atuaram na edição desta obra:

Tradução
Wendy Campos

Copidesque
Carolina Palha

Revisão Gramatical
Jana Araújo
Thamiris Leiroza

Diagramação
Luisa Maria

Capa
Marcelli Ferreira

Editora afiliada à: ASSOCIADO

Rua Viúva Cláudio, 291 – Bairro Industrial do Jacaré
CEP: 20.970-031 – Rio de Janeiro (RJ)
Tels.: (21) 3278-8069 / 3278-8419

www.altabooks.com.br — altabooks@altabooks.com.br
Ouvidoria: ouvidoria@altabooks.com.br

Para meus filhos, Colin e Sophia.
Vejo muito de mim em vocês.
Mas, pelo menos, vocês têm os belos
traços de sua mãe, também.

AGRADECIMENTOS

Como você vai descobrir, escrevi este livro porque não tinha escolha. Como você também vai descobrir, nada acontece no vácuo, então muitas pessoas se envolveram nesta sinfonia para que ela pudesse acontecer.

Antes de mais nada, tenho de agradecer aos meus pais. Certamente, eles forneceram os genes, mas também proporcionaram um ambiente saudável para satisfazer meu cérebro inquisitivo e inquieto. Desde inúmeros livros e discos, até a minha calculadora Dataman e o Commodore 64, eles sacrificaram muito para nutrir e incentivar seu filho "esportefóbico".

Tenho uma dívida de gratidão com muitos professores e mentores de destaque, especialmente os Drs. William Vail, David Roos, Chuck Smith e Sherry Queener. Eles me apresentaram à emoção da pesquisa biomédica e me ensinaram a pensar criticamente. Se não fosse por eles, eu provavelmente teria ganhado milhões vendendo discos multiplatina e me apresentado em centenas de shows com lotação esgotada em todo o mundo com minha banda de rock. Então, obrigado.

Estranhamente, tenho que agradecer ao *Toxoplasma gondii*. Estudo esse parasita desde 1994, e ele me apresentou à ideia de que coisas além do nosso controle afetam nosso comportamento. Durante meu tempo no laboratório, Carl Zimmer entrevistou meu orientador de pesquisa

Agradecimentos

sobre o *Toxoplasma* por seu livro de referência, *Parasite Rex*. (Na p. 118, quando Zimmer menciona: "Os alunos de pós-graduação de Roos", esse sou eu!) Achei que seria divertido escrever um livro popular de ciência um dia. Jared Diamond é a razão pela qual demorei tanto: em um evento de autógrafos, contei a ele minhas aspirações. Olhando para mim com olhos empáticos, ele recomendou sabiamente: "Espere até você conseguir um cargo estável na universidade."

Finalmente, se eu não estivesse na Filadélfia naquele momento, não teria conhecido Lori, que concordou em se juntar ao maior experimento que já fiz até hoje: ter filhos. Por intermédio de Colin e Sophia, pude estudar em primeira mão como a genética funciona.

Indianápolis tem uma próspera comunidade de cientistas e entusiastas da ciência! Sou muito grato por seus convites para sair do laboratório de vez em quando com o objetivo de divagar sobre histórias fascinantes da biologia. Melanie Fox, que fundou a Central Indiana Science Outreach (CINSO), me convidou para falar na Pint of Science, em 2016. Ministrei uma palestra chamada "It's the End of Free Will as We Know It (And I Feel Fine)" [É o Fim do Livre-arbítrio como O Conhecemos (e por Mim Tudo Bem), em tradução livre], que se tornou a base deste livro. Outras pessoas que ofereceram apoio, incentivo e fóruns para transmitir a ciência às massas incluem Reba Boyd Wooden (diretora-executiva do Center for Inquiry), Rebecca Smith e o Indiana State Museum, Cari Lewis-Tsinovoi (fundadora de "Books, Booze and Brains" clube do livro de ciências), Mark Kesling (fundador da The daVinci Pursuit) e Rufus Cochran (fundador da Indiana Science Communication and Education Foundation; March for Science).

Também tive o privilégio de trabalhar com pessoas fantásticas dedicadas à arte da comunicação científica, particularmente meus colegas editores da PLOS SciComm, Jason Organ e Krista Hoffmann-Longtin. Devo agradecimentos especiais a Jason, que encarou os primeiros rascunhos do manuscrito e ofereceu muitas sugestões úteis.

Também agradeço a Mark Lasbury, que me ajudou a refinar as ideias iniciais para este livro e cofundou comigo um empreendimento de blogs chamado THE 'SCOPE, que nos ajudou a praticar nossa escrita.

Ao escrever artigos científicos formalistas, raramente enfrentamos bloqueio criativo. Mas, ao escrever um livro popular de ciência, sofri bloqueios em inúmeras ocasiões. Tenho que agradecer aos gênios da Deviate Brewing por criar poções mágicas que resolveram essas barreiras cognitivas, ou pelo menos me ajudaram a esquecê-las por um tempo.

Eu me considero muito sortudo por ter Laurie Abkemeier e a equipe da DeFiore and Company me representando. Laurie foi uma incansável defensora deste projeto desde o primeiro dia e pacientemente ajudou este estreante a redigir uma proposta de livro que não fosse ruim. À medida que o livro tomava forma, Laurie ajudou a focar os conceitos e eliminou as piadas ruins. Meus talentosos editores, Hilary Black e Allyson Johnson, operaram o texto com eficiência de CRISPR/Cas9 e alimentaram meus esforços com seu entusiasmo contagiante pelo assunto. Agradeço também ao restante da equipe da National Geographic: Melissa Farris (diretora criativa), Nicole Miller (designer), Judith Klein (editora sênior de produção) e Jennifer Thornton (editora gerente), bem como Heather McElwain (editora).

Agradeço a Replacements por inspirar o título e por escrever músicas que forneceram tantas perspectivas sobre o comportamento, suficientes para encher um livro de mais de trezentas páginas.

Por último, mas não menos importante, não haveria nada sobre o que escrever se não fosse pelos cientistas curiosos e trabalhadores dedicados ao avanço do conhecimento humano. É uma honra descobrir e montar as peças desse magnífico quebra-cabeça com vocês.

SOBRE O AUTOR

William "Bill" Sullivan Jr. obteve seu doutorado em biologia molecular e celular pela Universidade da Pensilvânia e hoje é *Showalter Professor* da Faculdade de Medicina da Universidade de Indianápolis, onde leciona microbiologia e genética. Publicou aproximadamente cem artigos científicos e detém a patente de uma descoberta de um remédio antiparasitário. Conhecido entre os alunos como "o cara da camiseta divertida", recebeu inúmeros prêmios de educação por suas aulas. Bill já marcou presença na *Scientific American*; no canal CNN Health, IFLScience!, no programa *The Naked Scientists,* na Gen Con, e outros. Por meio de seus artigos, apresentações e entrevistas, ele luta para tornar a ciência acessível e interessante para todos.

SUMÁRIO

INTRODUÇÃO: Conheça o Verdadeiro Você 1

CAPÍTULO UM: Conheça seu Criador 9

CAPÍTULO DOIS: Conheça Seus Gostos 27

CAPÍTULO TRÊS: Conheça Seu Apetite 55

CAPÍTULO QUATRO: Conheça Seus Vícios 85

CAPÍTULO CINCO: Conheça Seu Humor 113

CAPÍTULO SEIS: Conheça Seus Demônios 145

CAPÍTULO SETE: Conheça Seu Par 177

CAPÍTULO OITO: Conheça Sua Mente 211

CAPÍTULO NOVE: Conheça Suas Crenças 235

CAPÍTULO DEZ: Conheça Seu Futuro 263

CONCLUSÃO: Conheça o Novo Você 289

Fontes Selecionadas 293

Índice 319

» INTRODUÇÃO «

CONHEÇA O VERDADEIRO VOCÊ

As pessoas fazem coisas bem estranhas, não é mesmo?

Mas não importa o quanto você acredite que é normal, sempre haverá pessoas por aí que acharão *você* um excêntrico. De nossa dieta e hábitos a nossas crenças, a humanidade é incrivelmente diversificada.

Como isso acontece? Ora, algumas pessoas gostam de comidas exóticas e bons vinhos; outras não querem nada além de um hambúrguer simples e uma cerveja. Algumas são vegetarianas, enquanto outras dizem que couve-de-bruxelas tem gosto de arroto de trufa. Algumas pessoas são magras ao longo de toda a vida; outras sentem as coxas engrossando só de pensar em cheesecake. Algumas gostam de se exercitar, e outras, de relaxar.

Somos coletivamente diversos também em nossos hábitos. Algumas pessoas vestem as camisas e usam pintura de guerra para torcer pelos seus times; outras preferem frequentar convenções da *Star Trek* vestidas de Borg. Algumas gostam de uma noite louca na cidade, enquanto outras preferem uma noite no museu. Algumas pessoas gostam de se aventurar pelo mundo; outras não se atrevem nem a frequentar um shopping. Algumas pessoas vivem antenadas com a moda, e outras deixariam colunistas de moda ensandecidos.

E quanto ao comportamento? Álcool e drogas não atraem algumas pessoas, mas outras não conseguem escapar de seu poder de atração. Algumas pessoas são sempre honestas, outras mentem, trapaceiam e roubam sem remorso. Algumas pessoas não enxergam a cor da pele; outras só querem ver brancos. Algumas não machucariam uma mosca, enquanto outras ficam uma fera sem aviso. Algumas lutam pela guerra; outras, pela paz.

O mesmo se aplica às nossas inclinações românticas. Algumas pessoas são fiéis aos seus parceiros; outras fingem ser. Algumas apostam em boa aparência e dinheiro, enquanto outras investem mais no que está abaixo da superfície. Algumas pessoas querem uma alma gêmea para amar pelo resto da vida; outras veriam isso como uma sentença de prisão perpétua. Algumas pessoas lembram aniversários; outras são esquecidas.

E quanto à nossa natureza? Algumas pessoas são gentis, e outras, maldosas. Algumas têm energia ilimitada, enquanto outras parecem preguiçosas. Algumas são destemidas, e outras têm medo da própria sombra. Algumas sempre veem o copo meio cheio; outras, sempre meio vazio e vazando.

E entre todos esses extremos há muitas pessoas que se encaixam em algum lugar no meio. Somos todos de carne e osso — mas apresentamos uma tremenda variabilidade na maneira como vivemos nossas vidas! No entanto, acredito que temos uma coisa em comum: um desejo de entender por que cada um de nós é tão espetacularmente diferente.

»» ««

Ao LONGO DOS TEMPOS, as pessoas assistiram a filósofos, teólogos, gurus de autoajuda e Frasier Crane, da série de TV, tentarem desvendar os mistérios do comportamento humano — geralmente, com sucesso limitado. Mas as respostas práticas para as perguntas sobre por que somos e por que fazemos as coisas que fazemos são provenientes de uma fonte inesperada: laboratórios de pesquisa.

Recentemente, os cientistas aprenderam muito sobre nós: segredos profundos e sombrios que todos precisam conhecer. Quanto mais você conhece seu verdadeiro eu, mais fácil é navegar a jornada da vida. E, ao saber o que move as pessoas, você entenderá melhor aquelas que não são como você.

Todos gostamos de pensar que marcharemos ao ritmo de nosso próprio tambor. Mas a ciência revelou que o ritmo é tocado por percussionistas que não podemos ver a olho nu. Marchamos pela vida acreditando que somos o ritmista — mas evidências chocantes revelam que isso é uma ilusão. A verdade é que existem forças ocultas orquestrando todos os nossos movimentos.

Para ilustrar esse ponto, vamos considerar uma das minhas peculiaridades pessoais: minha aversão a vegetais, como os brócolis. Sempre odiei brócolis porque têm um gosto muito amargo para mim; o cheiro ao cozinhá-los pode me fazer vomitar. Minha esposa, no entanto, come sempre. E com prazer! Qual é a diferença entre nós? Uma pista vem de como nossos filhos reagiram aos brócolis quando bebês: meu filho gostou, mas minha filha reagiu como se estivéssemos tentando envenená-la. Não ensinamos nossos filhos a amar ou a odiar brócolis; eles vieram assim, sugerindo que esse comportamento está escrito em nosso DNA (veremos como isso funciona no Capítulo 2).

Pense nas ramificações disso por um minuto: os genes em nosso DNA têm voz na decisão de se gostamos ou não de algo. Sou inocente! Minha aversão aos brócolis não é minha culpa, e devo parar de me desculpar por isso, porque não tenho controle sobre quais genes adquiri.

Se não estamos no controle de algo tão básico quanto nosso gosto pessoal, que outras coisas sobre nós estão além do nosso comando? Nestas páginas, iniciei uma busca para descobrir quanto os genes contribuem para o nosso comportamento. Como veremos, o DNA governa muito mais do que nossos atributos físicos, como a cor dos olhos e se nascemos com as mãos. Ele também pode influenciar o que fazemos de nossas vidas, a rapidez com que perdemos a paciência, se sentimos desejo pelo álcool, quanto comemos, por quem nos apaixonamos e se gostamos de saltar de aviões que estão funcionando perfeitamente.

O DNA é frequentemente referido como o "blueprint da vida" porque contém as instruções para construir um organismo. Quando se trata de construir a maioria das pessoas, o DNA cria o equivalente biológico a uma morada humilde — embora algumas pessoas adquiram uma mansão enquanto outras recebem o que chamaremos de uma casa precisando de reparos. E outras ainda parecem ter sido construídas a partir das plantas da Estrela da Morte, de Star Wars.

Mas, certamente, somos mais que uma pilha de genes, não? Seus parentes, por exemplo, compartilham muito do seu DNA, mas todos podem ser surpreendentemente diferentes. Até gêmeos idênticos, que são essencialmente clones genéticos que compartilham 100% dos genes, geralmente divergem em aparência e comportamento. O programa de TV de reforma de residências *Irmãos à Obra* é apresentado por gêmeos idênticos, mas eles não são exatamente iguais. Um é quase um centímetro mais alto do que o outro. Um é obcecado por moda e gosta de usar ternos, enquanto o outro se veste de maneira casual. Um gosta de esmiuçar os detalhes do negócio; o outro prefere colocar a mão na massa. Um gosta de comer de modo consciente, enquanto o outro tem uma abordagem descontraída da dieta. Essas diferenças sugerem que os genes constroem uma casa, mas outra coisa a torna uma casa. Neste livro, examinaremos os fatores em nosso ambiente que podem afetar o funcionamento de nossos genes, e também como o ambiente pode alterar nosso DNA de maneiras que podem ser transmitidas às gerações futuras. O meio pelo qual o mundo exterior interage com nossos genes é um novo campo de estudo conhecido como epigenética.

A epigenética pode ter um tremendo impacto em nosso comportamento — e, notavelmente, seus efeitos em nosso DNA começam *antes de nascermos*. Por exemplo, a exposição à nicotina ou a outras drogas pode alterar quimicamente os genes no esperma de um futuro pai. O que uma mãe faz durante a gravidez também pode introduzir mudanças por toda a vida no DNA do bebê. A epigenética pode desempenhar um papel abrangente na obesidade, na depressão, na ansiedade, na capacidade intelectual e muito mais. Os cientistas estão descobrindo como o estresse, o abuso, a pobreza e a negligência podem macular o DNA da vítima e afetar adversamente o comportamento por várias gerações. Essas descobertas surpreendentes na epigenética constituem outra força oculta que direciona nosso comportamento, sobre o qual também tivemos controle zero.

Além de nossos próprios genes, os cientistas recentemente reconheceram que invasores microscópicos trazem para o nosso corpo um enorme repositório de genes que provavelmente também moldarão nosso comportamento. Já ouviu falar de microbioma? Bem, puxe um banquinho e preste atenção, porque vamos aprender tudo sobre isso. Os primeiros clandestinos microbianos a montar acampamento em nosso intestino vieram de nossa mãe. Recebemos mais micróbios da nossa comida, animais de estimação e outras pessoas à medida que envelhecemos. Novos estudos revelam que os trilhões de micróbios que habitam nossas entranhas podem exercer influência sobre nossos desejos alimentares, humor, personalidade e muito mais. Por exemplo, os cientistas podem transformar um rato normalmente alegre em triste, substituindo suas bactérias intestinais por micróbios retirados de uma pessoa que sofre de depressão. Examinaremos como a dieta ocidental, que muitos de nós consumimos, muda radicalmente a composição das bactérias intestinais, levando alguns a especularem que isso pode ser um fator que contribui para problemas de saúde como alergias, depressão e síndrome do intestino irritável, que são mais comuns em países ricos.

Há também uma chance em quatro de que um parasita comum transmitido por gatos — o parasita que estudamos em meu laboratório — possa ter "sequestrado" seu cérebro, deprimindo suas habilidades cognitivas e predispondo-o a vícios, distúrbios de raiva e neuroticismo.

Discutiremos evidências emergentes sugerindo que todos esses micróbios minúsculos estão afetando nosso comportamento em benefício deles, fazendo-nos questionar novamente se estamos realmente no controle total de nossas ações.

»» ««

Trabalhar em ciências biológicas nos últimos 25 anos me proporcionou uma perspectiva única de como a vida realmente funciona. Minha pesquisa sobre as forças ocultas subjacentes ao nosso comportamento me convenceu de que quase tudo o que pensamos saber sobre nós mesmos está errado. E estamos pagando caro por isso. Nosso falso senso próprio prejudica nossas vidas pessoal, profissional e social. Nosso mal-entendido coletivo acerca do comportamento humano impede o progresso e afeta adversamente a educação, a saúde mental, nosso sistema de justiça e a política global. A exposição dessas forças ocultas fornece novas perspectivas importantes sobre o nosso comportamento, além de uma melhor compreensão das pessoas que fazem coisas que nunca sonharíamos em fazer.

Nos próximos capítulos, examinaremos mais de perto quanto — ou na verdade, quão pouco — controle temos sobre nossas ações. Esse conhecimento nos ajudará a melhorar a nós mesmos e tem o poder de mudar nosso comportamento de maneiras que levarão a um mundo mais feliz e saudável. Analisaremos as razões biológicas subjacentes à obesidade, à depressão e à dependência, e como esse conhecimento está abrindo caminho para tratamentos melhores para essas condições. Aprenderemos as razões reais pelas quais algumas pessoas se tornam agressivas ou assassinas, revelando possíveis maneiras de impedir que esses comportamentos hediondos ocorram. Também exploraremos o que a ciência está nos ensinando sobre amor e atração e como essas lições podem melhorar nossos relacionamentos. E, finalmente, examinaremos a psicologia de nossas crenças, incluindo nossas diferenças políticas, na esperança de entender o que nos leva a agir com fé cega, em vez de uma razão perspicaz.

Mal posso esperar para lhe contar sobre você! Mas, antes de mergulharmos na difusa diversidade de comportamentos da humanidade, precisaremos entender as forças ocultas que trabalham nos bastidores para nos mover. Então, vamos começar nossa jornada conhecendo nosso criador.

» CAPÍTULO UM «

CONHEÇA SEU CRIADOR

Não é fácil conhecer seu criador.
— Roy Batty, *Blade Runner*

Pense no primeiro ano da escola de que consegue se lembrar e imagine os rostos jovens e ávidos de seus amigos e colegas de classe. Como páginas vazias, sedentas para serem preenchidas, o futuro ainda tinha que ser escrito, e as possibilidades pareciam ilimitadas. Clichês otimistas como "Você pode ser o que quiser!" faziam parte do seu sistema de valores cotidiano.

Agora, com a imagem daqueles rostos jovens e radiantes em mente, pense em quem essas pessoas se tornaram. Alguns de seus antigos amigos têm carreiras estelares fazendo o que amam; outros odeiam seu trabalho servil, e alguns parecem não conseguir manter um emprego. A maioria foi para a faculdade, mas alguns tiveram sorte de conseguir terminar o ensino médio. Alguns ainda amam a namorada do ensino médio, mas outros mudam de cônjuge como de escova de dentes. Alguns podem ter se casado com uma pessoa do mesmo sexo. Alguns ainda moram na sua cidade natal, outros se aventuram para lugares diferentes e outros podem ter ficado sem teto. Alguns têm barriga tanquinho e outros já adquiriram uma cintura de barril. Alguns são pais superprotetores, enquanto outros negligenciam ou abusam de seus filhos. Alguns são sempre radiantes e felizes; outros fazem o Morrisey parecer feliz. Alguns se tornaram viciados em álcool ou drogas, ou se tornaram pedófilos ou até políticos. Uns podem estar na prisão.

Por que todo mundo acabou se tornando tão diferente? Nossos colegas cresceram na mesma época, no mesmo lugar, em torno das mesmas pessoas, e ainda assim nossos comportamentos estão muito distantes de ser uniformes. Talvez você até tenha percebido sinais peculiares e incomuns em alguns deles desde cedo. O pequeno Charlie adorava o cheiro da cola escolar. Kate escondia doces desde a pré-escola. O jovem Cameron não se conformava às noções tradicionais de masculinidade e Donald nunca se importava com ninguém além de si mesmo. E tinha algo de muito estranho com a sinistra Carrie.

Quando olhamos para nossos colegas que se tornaram bem-sucedidos, muitos de nós presumem que eles tinham bom senso, determinação e uma forte ética de trabalho. Da mesma forma, somos rápidos em culpar aqueles que não tiveram tanto sucesso como tendo uma mente fraca, indisciplinada e preguiçosa. Se a história de sua vida parece um livro vencedor do Prêmio Pulitzer, você merece elogios. Se parecer um livro barato mais adequado para ser usado como forro de gaiola, a culpa é sua. De qualquer maneira, a maioria das pessoas acredita que se você é ou não um sucesso, a responsabilidade é toda sua.

A ideia de que somos os mestres de nosso próprio destino permaneceu comigo enquanto eu crescia. Mas, à medida que aprendi mais sobre biologia, esse conceito simplista não era mais edificante. Pegue por exemplo, comer demais. Muitas pessoas culpam e zombam das pessoas com obesidade acusando-as de não terem autocontrole. Mas isso realmente não nos diz nada de útil, não é mesmo? *Por que* algumas pessoas não têm autocontrole? O mesmo acontece com indivíduos com depressão. Pessoas que desconhecem o assunto desdenham do problema: "Cresça e supere isso agora!" Novamente, isso não ajuda. *Por que* as pessoas com depressão não conseguem sair dela? Nossa lógica para os assassinos é igualmente inválida quando dizemos: "A alma deles é pura maldade." Mas, *porque* eles foram atraídos para a violência? Precisamos nos aprofundar mais para ter alguma esperança de realmente entender nossas ações.

Quando nosso computador leva muito tempo para abrir um programa, não achamos que ele esteja sendo preguiçoso. Quando nosso carro não liga, não gritamos com ele o acusando de falta de determinação. Se o motor de um avião falha e obriga o piloto a um pouso de emergência, não consideramos o avião malvado. É verdade que somos máquinas muito mais sofisticadas, mas somos máquinas. Como o capitão Jean-Luc Picard disse sobre o androide Data em *Star Trek: A Nova Geração:* "Se parecer estranho lembrar que Data é uma máquina, lembre-se de que somos apenas uma variedade diferente de máquinas — no nosso caso, de natureza eletroquímica."

O bom capitão e os biólogos de hoje não dizem essas coisas para nos desumanizar, mas para revelar o que realmente significa ser humano. Se entendermos como nossa máquina biológica funciona, conseguiremos entender o comportamento e corrigi-lo, se necessário. Mas somos como Ralph Hinkley, de *Super-Herói Americano,* que tinha um traje vermelho repleto de superpoderes, mas nenhuma instrução sobre como usá-los. Compreender nosso comportamento seria muito mais fácil se tivéssemos um manual. E, em 1952, os cientistas Alfred Hershey e Martha Chase o encontraram.

Em sua busca pela substância que contém as instruções para construir um organismo, Hershey e Chase procuraram a forma de vida mais simples que puderam encontrar: um tipo de vírus chamado fago, que infecta bactérias. Constituído apenas de proteínas e DNA, os vírus fago parecem pequenas cápsulas lunares da Apollo que se instalam na superfície das células bacterianas. Hershey e Chase rotularam cada componente do fago separadamente usando átomos radioativos. Usaram fósforo radioativo para o DNA e enxofre radioativo para a proteína (não há átomos de enxofre no DNA nem átomos de fósforo nas proteínas). Rastreando os diferentes átomos radioativos, eles conseguiram detectar onde o DNA e a proteína do fago estavam antes e depois do fago infectar a bactéria.

Como resultado, observaram que o DNA do fago foi injetado dentro da bactéria enquanto sua casca de proteína permaneceu do lado de fora, na superfície. Uma vez lá dentro, o DNA do fago determinou a construção de mais fagos, até que tantos fossem criados que a bactéria explodisse. Esse experimento engenhoso mostrou que o DNA contém as instruções para construir bebês de fagos (ou qualquer tipo de bebê).

O DNA tem a forma de uma dupla hélice, semelhante a uma escada em espiral na qual cada degrau é composto de um par de bioquímicos chamados ácidos nucleicos (existem quatro ácidos nucleicos no DNA, abreviados como A, T, C e G). Essa estrutura facilita perceber como o DNA carrega as unidades de hereditariedade que chamamos de genes. A espiral pode relaxar para parecer uma escada reta, e os dois ácidos nucleicos que compõem cada degrau podem ser separados como se abríssemos um zíper. Quando o zíper do DNA está aberto, seu código é exposto e é "transcrito" em uma molécula transportadora chamada RNA mensageiro (mRNA) para produzir uma proteína. Se considerarmos o DNA o contramestre, as proteínas operam como trabalhadores da construção, fornecendo às células e tecidos sua estrutura e função.

O trabalho de Hershey e Chase sugeriu que o DNA contém os genes necessários para construir uma réplica exata de um organismo, um clone. Essa teoria se tornou realidade em 1996, quando nasceu a ovelha Dolly: o primeiro mamífero clonado de uma célula adulta. Ela foi criada pela inserção de DNA de uma célula de ovelha adulta em um óvulo que teve seu DNA removido; esse óvulo foi então implantado em uma mãe de aluguel. Dolly recebeu seu nome de Dolly Parton, porque o DNA da célula adulta usado para fabricar Dolly veio das mamas da ovelha progenitora (não estou inventando isso!). Usando a mesma técnica, em 2018, os primeiros macacos foram clonados.

Em 2003, o Projeto Genoma Humano concluiu o sequenciamento dos três bilhões de ácidos nucleicos que compõem o DNA humano. São muitas informações — o DNA de uma única célula, quando esticado, tem cerca de dois metros, aproximadamente o comprimento de uma cama queen size. Se lermos nossa sequência de DNA uma letra por segundo, levaríamos quase cem anos para terminar. Nosso genoma contém cerca de 21 mil genes espalhados por 46 cromossomos, 23 de nossa mãe e 23 de nosso pai.

O DNA vem trabalhando há eras, criando todo tipo de formas de vida diferentes, adequadas a diversos ambientes. A vida existe há pelo menos 3,5 bilhões de anos. Mas agora uma de suas muitas criações finalmente foi chamada para ver o chefe: somos a primeira espécie do planeta a conhecer nosso criador.

Por que Você Não Pode Ser o que Quiser

Aprender a ler a linguagem do DNA nos forçou a reescrever nossos livros de história. A abundância de variedade de vida na Terra não foi evocada do nada, de uma só vez. Começou como um DNA simples, de célula única, e evoluiu a partir daí ao longo de bilhões de anos. As formas de vida começaram a competir por recursos, e as dotadas de características que lhes permitiam prosperar em seu ambiente passaram seu DNA para a nova geração, assim como um corredor de revezamento passa um bastão. Aquelas que não conseguiram competir morreram ou se afastaram e se desenvolveram em uma trajetória evolutiva diferente, adaptada à sobrevivência em seu novo ambiente.

O renomado biólogo Richard Dawkins descreveu os genes como replicadores "egoístas": os Gordon Gekkos do mundo biológico. Ele se refere aos organismos que os genes egoístas constroem como "máquinas de sobrevivência", porque seu objetivo fundamental é proteger seu DNA e garantir sua transmissão para a próxima geração. O autor Samuel Butler na verdade identificou o termo dessa forma um século antes, quando disse: "Uma galinha é apenas a maneira de um ovo fazer outro ovo."

Apesar de nossos apetrechos extravagantes, não somos diferentes. Os cientistas que estudam psicologia evolucionária argumentam que praticamente todo o nosso comportamento é motivado de alguma forma pelo impulso obsessivo de encontrar um(s) companheiro(s) e reproduzir nossos genes. Através dessa perspectiva, grande parte da loucura humana entra em foco. A atração pela superioridade, ganância e poder é apenas um obstáculo em nosso pool genético ao qual muitos não conseguem resistir.

As diferenças entre as pessoas surgem de diferenças em sua sequência de DNA. Embora muitos reconheçam que o DNA constrói sua edificação de carne e osso, a maioria não percebe que os genes também afetam características mais complexas, como inteligência, felicidade ou agressividade.

Em alguns casos, a forma com que a genética afeta nosso corpo é direta. Às vezes, uma mudança em um único gene, conhecida como mutação ou variante, produz uma alteração altamente previsível. Um exemplo é a anemia falciforme, que surge quando os glóbulos vermelhos são deformados. É causada por uma mutação no gene que produz a hemoglobina, a proteína que transporta oxigênio nas células vermelhas do sangue. Pessoas nascidas com essa mutação no gene da hemoglobina desenvolverão anemia falciforme, sem dúvida.

Por outro lado, traços mais complexos, como os que influenciam a personalidade e o comportamento, surgem de muitos genes diferentes trabalhando em conjunto. Variações em um único gene dentro de uma rede nem sempre garantem uma mudança perceptível no organismo. É por isso que é essencial ter em mente que a maioria das variantes genéticas nos indica *predisposições,* não certezas.

Pense em nossos genes como os tijolos de uma torre de Jenga. Retire o tijolo errado e a torre cai. Mas retire um tijolo diferente e a torre permanece em pé. Enquanto os outros tijolos puderem suportar a estrutura, ainda estamos no jogo. Da mesma forma, uma mutação em um gene não significa necessariamente desastre para o nosso corpo; se ela nos fará desmoronar depende de outros genes que sustentam o gene mutante. Também devemos ter em mente que nem todas as variantes genéticas são prejudiciais; como os X-Men, às vezes os genes mutantes nos concedem um superpoder.

Apesar dos alertas, nossos genes podem fornecer informações valiosas sobre o que podemos e o que não podemos ser. Eis algumas coisas que eu gostaria de ser. Eu gostaria de cantar como Steve Perry, do Journey. Gostaria de ser mais alto. Seria uma mudança animadora fazer as mulheres desmaiarem quando passo. Ser mais inteligente que Albert Einstein seria legal. Acho que seria irado ter asas e voar como os Homens-Falcão em *Flash Gordon*. Mas, por mais que eu tente, nunca serei um homem alto e sedutor que usa suas próprias asas para voar para Estocolmo para receber meu Prêmio Nobel enquanto canta "Don't Stop Believin'" como final do meu discurso de aceitação. É divertido sonhar, mas precisamos aceitar a verdade: não podemos ser o que queremos. Os genes que herdamos no momento da concepção são como as cartas que recebemos na mesa de pôquer: temos que jogar nosso melhor jogo com a mão que recebemos.

Como professou Lady Gaga "nascemos assim", restringidos por certas limitações que começam no nível genético. E, como veremos em breve, o DNA é apenas um elo nas rédeas que nos conduzem pela vida.

Como Seu Ambiente Afeta Seus Genes

Imagine que fizemos uma cópia idêntica sua, usando o mesmo método que os cientistas usaram para gerar a ovelha Dolly. Ao inserir seu DNA em um óvulo que teve seu DNA extraído, poderíamos implantar um novo você em uma mãe de aluguel. Quarenta semanas depois, ela terá um bebê idêntico a você. Esse bebê crescerá e será sua exata imagem a cada passo do caminho. Mas eis a pergunta de um milhão de dólares: até que ponto seu clone *se comportará* como você?

Sequenciar o genoma humano foi um grande passo na compreensão de como funcionamos, mas apenas fornece um esboço aproximado do seu retrato. Sua sequência de DNA não é lida como um romance típico, é mais como um livro da série *Choose Your Own Adventure*, em que o ambiente orienta como a história se desenrola. Seu DNA abriga muitas diferentes versões potenciais de você. A pessoa que você vê no espelho é apenas uma delas, concretizada com a ajuda das coisas únicas às quais você foi exposto desde a concepção.

Seu ambiente determina se uma variação em seu DNA se torna relevante. Se eu nascesse 50 mil anos atrás, provavelmente não teria vivido muito tempo. Não só pelo fato de odiar acampar e mal ter força na parte superior do corpo para abrir um saco de batatas fritas, mas também porque meus olhos míopes me tornariam um caçador-coletor patético e presa fácil para leões, tigres e ursos. A seleção natural manteve as pessoas com péssima visão fora do pool genético por eras. Mas com a invenção dos óculos, pessoas como eu puderam voltar ao jogo.

O ambiente pode ter um efeito direto na constância de seus genes. Mutações genéticas aleatórias podem surgir, digamos, por fritarmos ao sol ou cairmos em um tanque usado para armazenar combustível nuclear. A radiação e certas substâncias químicas são chamadas de mutagênicos, porque podem danificar o DNA, o que geralmente leva as células a enlouquecerem: o câncer. O número de possíveis mutagênicos só é páreo para o número de álbuns vendidos por Taylor Swift. Mas alguns dos mais familiares incluem luz ultravioleta, tabaco, álcool, amianto, carvão, fumaça de escapamentos, poluição do ar e carnes processadas. O grau de exposição, combinado com suas predisposições genéticas, determina a quantidade de dano ao DNA que suas células podem sofrer.

O ambiente pode mudar claramente a função dos genes, danificando o DNA, mas essa não é a única maneira de influenciar o funcionamento dos genes. Para entender melhor a próxima parte, pense em seus genes como as teclas de um piano. Se você pressioná-las aleatoriamente, provavelmente soaria como a música de um filme de terror. As teclas certas devem ser tocadas no momento certo para criar uma música bonita. Seus genes devem funcionar da mesma maneira. Se eles fossem tocados todos de uma vez, você se pareceria com Freddy Krueger.

Cada célula do seu corpo contém os mesmos 21 mil genes. Então, como algumas células são do cérebro e outras de seu intestino? Apenas os genes das células cerebrais são ativados (expressos) nas células cerebrais. Os genes para as células do intestino ainda estão presentes no DNA das células cerebrais; eles simplesmente não são expressos (exceto, talvez, no seu ex-namorado que só pensa... bem, você entendeu). As proteínas chamadas fatores de transcrição controlam se um gene é expresso por meio de uma ligação a uma sequência de DNA chamada promotor, situada no início do gene. Os fatores de transcrição determinam se um gene é ativado ou desativado, atuando como ativadores ou repressores, respectivamente. Quando você era um embrião, era composto de células-tronco que tinham o potencial de se tornar qualquer tipo de célula em seu corpo. Os fatores de transcrição nessas células ditaram em grande parte o destino de suas células-tronco embrionárias. Fatores de transcrição que ativaram genes cerebrais estavam presentes nas células-tronco que se tornaram seu cérebro. Os que ativaram os genes de seu intestino estavam nas células-tronco que se tornaram seu intestino.

Muitas coisas, como hormônios, influenciam a atividade dos fatores de transcrição. Produzidos pelo seu sistema endócrino, os hormônios controlam o desenvolvimento, o desejo sexual, o humor, o metabolismo e muito mais. Muitas substâncias no ambiente agem como disruptores endócrinos, o que significa que imitam a atividade de um hormônio e interrompem a expressão gênica de acordo com ela. Consequentemente, os disruptores endócrinos podem causar defeitos reprodutivos, neurológicos, imunológicos e de desenvolvimento. Os disruptores endócrinos incluem certos medicamentos, certos pesticidas e o bisfenol A (BPA) usado nos plásticos. Assim como ocorre com os mutagênicos, a quantidade de disruptor endócrino determina se ele terá um efeito significativo na atividade de seus genes. Os pesquisadores ainda não se decidiram sobre quanto é demais, mas essa é uma pesquisa importante porque os disruptores endócrinos estão por toda parte (inclusive em muitos itens que mulheres grávidas/lactantes e crianças usam). Além disso, os efeitos negativos dos disruptores endócrinos podem afetar os filhos por várias gerações. Um estudo de 2018 relatou que a exposição de uma mãe ao disruptor endócrino dietilestilbestrol (DES) aumentou o risco de transtorno de *deficit* de atenção e hiperatividade (TDAH) em seus netos.

Os fatores de transcrição são fundamentais para regular a atividade gênica, mas não funcionam isoladamente. Quando os cientistas começaram a estudar o DNA em detalhe, ficou evidente que ele não é uma molécula uniforme. Algumas seções do DNA são bem enroladas e compactadas, enquanto outras são relaxadas e abertas. Os genes no DNA compactado não são tão expressos quanto os genes nas seções mais abertas. As células podem controlar o acesso de um fator de transcrição aos genes no DNA de duas maneiras principais. A primeira é a metilação do DNA, que ocorre quando uma substância química chamada grupo metil é diretamente ligada aos nucleotídeos que compõem um gene. Com grupos metil espalhados por um gene, fica mais difícil lê-lo, como se alguém apagasse algumas letras de uma frase. Assim, um gene metilado se move em direção à posição "desligado" ou é silenciado. Um segundo mecanismo envolve um grupo de proteínas chamadas histonas, que formam carretéis que enrolam o DNA como um pedaço de linha. As proteínas histonas estão sujeitas a inúmeras modificações químicas que afetam a expressão do gene associado a elas. Com os fatores de transcrição, esses processos fornecem uma incrível flexibilidade para a expressão gênica, permitindo que os genes sejam modulados em vez de apenas ativados ou desativados. A forma mais precisa de pensar na expressão gênica é como um botão de dimmer, em vez de um interruptor de luz.

Os processos que afetam a expressão gênica sem alterar a própria sequência de DNA são "epigenéticos", o que significa "além do gene". As modificações epigenéticas (também chamadas marcadores epigenéticos) permitem que o ambiente envie uma mensagem aos seus genes que não apenas altera como eles funcionam para você, mas também como eles podem funcionar em seus filhos e netos. Como observou o famoso botânico Luther Burbank: "A hereditariedade não passa de um ambiente armazenado." As substâncias físicas que você encontra no ambiente podem produzir alterações epigenéticas no seu DNA, mudando quais genes do seu corpo estão sendo expressos. Isso pode ser uma grande vantagem para você e seus filhos, porque as rápidas mudanças na expressão gênica permitem uma rápida adaptação às condições ambientais.

Notavelmente, além de substâncias físicas que alteram a expressão gênica por meio da epigenética, certos comportamentos, como abuso infantil, bullying, vícios e estresse, também podem fazê-lo. Eventos negativos podem lesionar nosso DNA e, em certos casos, essas cicatrizes são repassadas para nossos filhos. Veremos vários exemplos disso nos próximos capítulos, mas aqui está um que ilustra a importância da epigenética em nosso comportamento. Está bem estabelecido que a baixa posição socioeconômica se correlaciona com o aumento de doenças na idade adulta; crianças criadas na pobreza têm muito mais probabilidade de não serem saudáveis quando adultas. Isso pode ocorrer por muitas razões ambientais, mas algumas diferenças logo no início podem também ser extremamente importantes. Em um estudo de 2012, o geneticista Moshe Szyf, da Universidade McGill, no Canadá, mostrou que diferentes grupos de genes são metilados em adultos que enfrentaram desafios econômicos na primeira infância em comparação com aqueles que cresceram em condições melhores. Alterações similares na metilação do DNA são observadas em macacos nascidos em baixa posição em comparação com aqueles nascidos em alta posição dentro do bando.

Esses estudos, e muitos mais que discutiremos, sugerem que nosso DNA é carregado com marcadores epigenéticos recebidos na primeira infância ou enquanto ainda estamos no útero, sendo esta última chamada de programação fetal. Será que nascemos pré-programados para nos comportar de acordo com a posição em que nossos genes pensam que ocupamos na hierarquia social? Poderiam esses genes diferencialmente metilados em jovens pobres ajudar a explicar problemas de saúde ou comportamentais mais tarde na vida, prendendo as famílias em um círculo vicioso? Ainda não sabemos as respostas para essas perguntas polêmicas, mas estudos como esses sugerem que não apenas as crianças desfavorecidas enfrentam condições sociais adversas, mas também sofrem consequências biológicas adversas.

Os marcadores epigenéticos adicionados às nossas proteínas histonas no início da vida também podem afetar nosso comportamento. A epigenética pode até ditar nossas decisões de carreira, principalmente se formos formigas no laboratório do biólogo Shelley Berger, da Universidade da Pensilvânia. Membros de uma colônia de formigas realizam tarefas especializadas; formigas maiores são soldados que defendem a colônia, enquanto as menores são forrageiras que coletam alimentos para a colônia. Você pode pensar que as maiores se alistaram no exército das formigas, enquanto as menores aprenderam a coletar alimentos com especialistas, mas não é assim que funciona.

Como esses comportamentos não são ensinados, Berger e seus colegas levantaram a hipótese de que os mecanismos epigenéticos influenciavam muito a vida de cada formiga. Para testar isso, ela injetou uma droga no cérebro de formigas bebê que alterava as proteínas histonas que interagem com o DNA. A primeira coisa surpreendente é que é possível injetar algo no cérebro de uma formiga bebê. Segundo, ao alterar as histonas, Berger foi capaz de reprogramar o comportamento de uma formiga, transformando um soldado em uma forrageira (as forrageiras que receberam a droga forragearam ainda mais do que o normal). Em outras palavras, essa droga epigenética mudou o destino da formiga soldado sem alterar seus genes.

O estudo da epigenética enfatiza a interação íntima entre nossos genes e nosso ambiente e revela por que nossos genes não são necessariamente destino. Embora não tenhamos voz em que genes recebemos ao nascer, podemos alterar nosso ambiente de maneira a afetar a maneira como esses genes são expressos, assim como um jogador de pôquer experiente pode blefar para ganhar um jogo com uma mão ruim.

Como os Micróbios Complementam Seus Genes

Recentemente, os cientistas perceberam que mais de 21 mil genes em nosso DNA afetam nosso corpo. Temos trilhões de micróbios — bactérias, fungos, vírus e parasitas — vivendo sobre e dentro de nós que contribuem com *milhões* de genes adicionais ao nosso ecossistema genético. Isso pode até lhe dar arrepios só de pensar, mas a grande maioria desses pequenos clandestinos, coletivamente denominados nossa microbiota (e seus genes, nosso microbioma), vêm em missão de paz e trazem presentes. Por exemplo, as bactérias no seu intestino ajudam a digerir os alimentos e a produzir vitaminas. Algumas bactérias produtoras de enxofre podem lhe dar o poder de esvaziar o recinto quando você preferir ficar sozinho. Essas bactérias "amigáveis", que não causam doenças, também ajudam a manter as bactérias patogênicas "hostis" sob controle.

Agradecemos a nossas mães por dar início à nossa coleção de microbiota. Somos revestidos com nossas primeiras bactérias quando deslizamos através do canal do parto. Nossa mãe continua a compartilhar suas bactérias conosco através da amamentação. A microbiota é, portanto, um tanto herdável, porque algumas espécies são transferidas de mãe para filho. Continuamos a adquirir micróbios ao longo de nossas vidas, coletando-os dos alimentos, água, ar, maçanetas e interações com outras pessoas e animais. Pessoas em todo o mundo têm diferentes tipos de bactérias no intestino, dependendo de dieta, geografia, padrões de higiene, doenças e idade.

Você provavelmente já reparou que a casa de todo mundo cheira um pouco diferente. Às vezes, isso se deve à culinária, animais de estimação, fumo, mofo ou adolescentes — mas também aos microbiomas dos habitantes. Pesquisadores descobriram que, como o Chiqueirinho de "Charlie Brown", você está cercado por uma "nuvem de germes". Você deixa pedaços de sua microbiota aonde quer que vá, como uma trilha de migalhas de pão microscópicas.

Armado com essas informações, pode até ser possível em um futuro não muito distante que a polícia use a microbiota para rastrear as pessoas, da maneira como elas atualmente usam impressões digitais ou DNA. Nossa nuvem de germes provavelmente contribui para como os cães conseguem rastrear as pessoas com tanta facilidade e por que os mosquitos picam alguns de nós com mais frequência do que outros. Os subprodutos gerados pelas bactérias que vivem em nossa pele produzem um aroma que é liberado no ar à medida que nos movemos. Os animais com um olfato aguçado podem sentir o cheiro desses compostos aromáticos e segui-los até a fonte. Como veremos no Capítulo 7, nossa nuvem de germes também pode influenciar com quem teremos um romance tempestuoso.

Esses micróbios são pequenos, mas, como nos alertou Yoda, não devemos julgar as coisas pelo seu tamanho. Cerca de 10 mil espécies de bactérias residem em nosso intestino, fornecendo-nos mais 8 milhões de genes. Seu peso coletivo é de até 1,3kg, o que significa que nossa microbiota pesa tanto quanto nosso cérebro. Também é uma boa notícia se estamos de dieta. Ao subir na balança hoje à noite, sinta-se à vontade para aplicar esse novo conhecimento e subtrair 1,3kg bacterianos de seu peso corporal. (De nada!) E aqui está outro fato de microbiota que você pode usar para surpreender os convidados da sua próxima festa: as células bacterianas em nosso corpo superam as células humanas, o que significa que somos mais bacterianos que humanos. Com tantas outras criaturas vivendo sobre e dentro de nós, o quanto são elas que comandam o show?

Nos últimos anos, o microbioma foi tema de uma enorme quantidade de publicações. As criaturas microscópicas em nosso corpo parecem exercer influência sobre quase tudo, do apetite à cicatrização de feridas. Além de produzir vitaminas e outros compostos alimentares úteis ao nosso corpo, as bactérias intestinais são uma importante fonte de neurotransmissores, os bioquímicos que atuam em nosso cérebro. Alguns cientistas sugeriram que, em virtude da produção de neurotransmissores, nossas bactérias podem modular nosso humor, personalidade e temperamento.

Quando os pesquisadores criam camundongos privados de sua microbiota, eles exibem estranhos problemas neurológicos e não respondem ao estresse adequadamente. Esses estudos expuseram o eixo intestino–cérebro, um canal de comunicação bioquímica entre esses sistemas orgânicos. Esse eixo também existe nos seres humanos, pois os pesquisadores observaram uma forte correlação entre problemas intestinais e de saúde mental. Por exemplo, transtornos de ansiedade e depressão estão fortemente associados à síndrome do intestino irritável e à colite ulcerativa. Além disso, parasitas que não matam estão presentes em muitas pessoas; eles podem ficar inativos no cérebro pelo resto de suas vidas. Como discutiremos, os cientistas correlacionaram a presença de um parasita comum em três bilhões de pessoas com certos comportamentos.

Por intermédio dos genes que eles trazem para o nosso corpo, nossos habitantes microbianos constituem outra força oculta que controlam nosso comportamento de maneiras que são completamente desconhecidas para nós.

Por que Nosso Criador Está com Problemas

Nos filmes da série *StarWars*, Sheev Palpatine (o Imperador) tornou-se o mestre de Darth Vader depois de levá-lo para o lado sombrio. Mas, no final, Darth Vader destruiu o Imperador. É um conto clássico em que o discípulo mata seu mestre. Um destino semelhante pode aguardar os genes, que têm sido os mestres indiscutíveis da Terra por quase quatro bilhões de anos.

Cerca de 600 milhões de anos atrás, os genes construíram o primeiro neurônio (célula cerebral) em organismos ancestrais que podem ter sido semelhantes a águas-vivas ou vermes modernos. Nos muitos anos desde então, esses neurônios se uniram para formar cérebros, dando às máquinas de sobrevivência sortudas que os carregavam uma nova vantagem. Com o tempo, o cérebro se tornou maior e mais rápido à medida que acumulava mais neurônios e aumentava o número de conexões entre eles. Além dos seres humanos, o cérebro de alguns animais se tornou poderoso o suficiente para atingir a autoconsciência (incluindo primatas não humanos, elefantes, golfinhos, orcas e pegas).

O caminho evolutivo que desenvolveu o cérebro era uma estrada de tijolos amarelos e nos levou à descoberta de que o DNA é o mago por trás da cortina.

Nosso cérebro transmite um senso de eu que faz nos sentir como o Decisor, e é tentador acreditar que ele nos liberta da tirania dos genes. Uma limitação a essa ideia atraente é o fato inescapável de que nosso órgão pensante foi construído a partir da matriz genética em nosso DNA: o cérebro é um órgão de nossos genes, por nossos genes e para nossos genes. E como veremos, o cérebro não é criado sempre da mesma forma, e não escolhemos o que acaba entre nossas orelhas.

Apesar de suas restrições genéticas iniciais, o cérebro desenvolve sofisticação suficiente para ganhar vida própria, para pensar por si mesmo? Nosso cérebro é composto de incríveis 100 bilhões de neurônios, o que é mil vezes o número de pessoas que seguem Katy Perry no Twitter. Além disso, em média, um único neurônio pode ter impressionantes 10 mil projeções conectando-se a outros neurônios, permitindo que todos conversem entre si usando sinais bioquímicos. Um cérebro humano tem mais de cem trilhões de conexões neurais, o que significa que temos mil vezes mais conexões de células cerebrais em nossa cabeça do que estrelas na Via Láctea.

Como em outros animais, a maioria das operações físicas do corpo, como batimentos cardíacos, respiração, digestão e sudorese, ocorre no piloto automático, controlado pela parte mais antiga do cérebro. No topo desse sistema automatizado, como espirais de chantilly, está o nosso grande córtex, a parte do cérebro que contempla o clima, o mercado de ações, o que aconteceu em *Stranger Things* e se você deve aceitar o pedido de amizade do seu ex.

Essa enorme sala de bate-papo com neurônios traz para dentro de sua mente o mundo exterior e debate como responder. E o enredo se complica. Como centro de controle de uma espécie altamente social, nosso cérebro trabalha no contexto de inúmeros outros cérebros: uma colmeia gigantesca de informações do passado e do presente. Agora que nosso cérebro coletivo entrou no jogo egoísta do DNA, qual será a nossa resposta?

Em breve, teremos o poder de fazer uma reforma em nosso criador. Estamos desenvolvendo maneiras de editar genes, manipular marcadores epigenéticos, remodelar microbiomas e modular o cérebro — atividades que estão nos tornando coautores da vida, em vez de apenas leitores passivos. Nossa capacidade de criar máquinas autorreplicantes com inteligência artificial pode prescindir da necessidade de genes completamente. Vamos fundir a vida biológica com a vida mecânica, ou somos meramente trampolins em um universo destinado a ser ocupado por androides? Se não tomarmos cuidado, podemos compartilhar o destino de Darth Vader de superar nosso mestre de DNA, mas ser mortalmente ferido no processo.

A ciência está revelando muito sobre quem somos e por que fazemos as coisas que fazemos. Mas o manual do proprietário é mais complexo do que imaginávamos. Apesar de nossa inteligência, humor e amor pelas artes, devemos reconhecer o âmago do que somos: uma máquina de sobrevivência, construída pelo DNA, que vive sob a influência de inúmeras forças ocultas que estão além do nosso controle. Nos próximos capítulos, examinaremos mais de perto quanto controle realmente temos sobre nossas ações — e como podemos usar esse conhecimento para melhorar a nós mesmos e aos outros neste mundo que compartilhamos.

» **CAPÍTULO DOIS** «

CONHEÇA SEUS GOSTOS

> Não gosto de brócolis. E não gosto desde que eu
> era pequeno e minha mãe me obrigava a comer.
> Sou o Presidente dos Estados Unidos e não vou
> mais comer brócolis.
> — George H. W. Bush

Não há dúvida de que brócolis fazem bem — mas para mim e para cerca de 25% da população, tem gosto de bafo de cachorro. O mesmo vale para couve, couve-de-bruxelas, couve-flor e a maioria dos outros vegetais crucíferos que os pais impiedosamente impõem as nossas papilas gustativas. Minha aversão a esses vegetais populares me tornou alvo de zombaria em muitos jantares sociais. Há tantos tópicos fascinantes sobre os quais poderíamos falar, mas a conversa inevitavelmente se transforma em outra inquisição irritante para sondar meus hábitos alimentares.

"Você não gosta nem de salada?!" Não. Se um prato de salada estiver na minha frente, eu reajo como Ron Swanson na série de TV norte-americana *Parks and Recreation*: "Houve um erro. Você acidentalmente me deu a comida que minha comida come."

"Provavelmente é um trauma psicológico. Sua mãe lhe enfiou brócolis goela abaixo quando você era criança?" Não. Eu enfiava a porção inteira na minha boca e dizia que tinha que usar o banheiro.

"Você é um cientista, certamente sabe como os vegetais são nutritivos!" Sim, mas para este cientista, pelo menos, não é fácil comer verduras. Prefiro as cenouras.

Às vezes, acho que só uma cirurgia seria capaz de tirar essas pessoas da minha cola, mas quando sou sempre eu quem vai para o fogo em uma reunião de amigos, não posso deixar de me perguntar o que há de errado comigo. Vejo alguém encher a boca de vegetais verdes — deliberadamente — e realmente aprecio. Fico verde de inveja.

Certos vegetais não são o único item no menu que pode causar desavença entre os convidados. Algumas pessoas amam doce. Outras adoram comidas picantes. Algumas não conseguem lidar com produtos lácteos. Outras não conseguem funcionar direito sem café. Há as que não gostam de beber álcool, e as muito exigentes com o vinho. E há as que gostam de comer itens bizarros que muitos não considerariam comestíveis. A língua de todos tem a mesma aparência; então, por que nossos gostos em comida e bebida variam tanto? Há esperança de alcançar a paz na mesa de jantar?

Por que Você Odeia Brócolis

Nosso gosto diverso por brócolis ficou famoso no episódio "Chicken Roaster" de *Seinfeld*. Kramer está protestando contra o restaurante Kenny Rogers Roasters, mas fica viciado na comida deles depois de experimentá-la. Ele então planeja uma operação secreta para que seu amigo Newman compre refeições no restaurante para ele. Jerry fica desconfiado quando Newman é pego comprando brócolis no restaurante, porque Newman "não comeria brócolis nem se fosse recoberto por calda de chocolate". Para dissipar as suspeitas de Jerry, Newman afirma amar brócolis. Mas quando Jerry desafia Newman a comer um pedaço, ele rapidamente o cospe, chama de "erva daninha" e dá um belo gole de molho de mostarda com mel para atenuar o gosto amargo.

Newman é claramente um "superdegustador", um termo psicológico cunhado pela psicóloga Linda Bartoshuk para descrever pessoas como eu, que têm o sentido do paladar muito mais apurado. Ser um superdegustador pode parecer uma coisa boa, mas não é. Em vez de um "S" no meu peito, parece mais uma letra escarlate na minha testa.

Você acha que também pode ser um superdegustador? Basta fazer o teste. Se pingar um pouco de corante azul na sua língua ela ficará toda azul, exceto pelas papilas gustativas que parecerão protuberâncias rosadas. Cole um daqueles círculos adesivos usados para reforçar os furos de folhas de fichários na ponta da língua e conte as papilas gustativas dentro do círculo usando uma lupa. Superdegustadores tendem a ter mais papilas, geralmente trinta ou mais, dentro desse círculo.

Cada papila contém até cinco botões gustatórios, e cada um contém cerca de 50 a 150 células receptoras do paladar. Uma família de genes chamada TAS2R (pronunciado em inglês com o sugestivo nome de "taster", que significa gustativo) produz receptores de sabor nessas células que se ligam a moléculas em nossa comida ou bebida.

Depois que essas moléculas entram na boca e se ligam aos receptores do paladar, o sinal é retransmitido para o cérebro. *Ahhhhhh, snickers* ... ou *Ah, droga, couve!*

Além de mais papilas gustativas, os superdegustadores também podem ter variações genéticas em seus genes TAS2R, que aguçam seus receptores de sabor na detecção de sabores amargos. Um gene TAS2R chamado TAS2R38 registra compostos de tioureia presentes em muitos vegetais. Difícil imaginar que mesmo a dieta de um vegetariano contenha algo tão sinistro quanto a tioureia, mas esse é apenas uma das muitas substâncias químicas que compõem os brócolis. É por isso que os cientistas ficam horrorizados quando a autoproclamada "Food Babe" Vani Deva Hari, alertou: "Simplesmente não existe um nível aceitável para ingestão de qualquer substância química." Todos nossos alimentos são compostos de substâncias químicas, mesmo que sejam orgânicos e não transgênicos.

Nos anos 1930, Arthur Fox, químico da DuPont, foi o primeiro a observar as diferentes reações das pessoas aos compostos de tioureia. Fox acidentalmente espirrou um pouco dessa substância em si e em um colega de laboratório; ele não se incomodou, mas seu colega reclamou do gosto amargo. Fox não era um superdegustador. Seu colega de laboratório, sim. Essa foi uma das primeiras evidências diretas de que o sabor para uma pessoa não é necessariamente o mesmo para outra.

As variações no TAS2R38 entre as pessoas se devem a diferenças na sequência de DNA desse gene, o que significa essencialmente que a proteína do paladar produzida por esse gene será diferente. Especificamente, o DNA dos superdegustadores constrói receptores de sabor que registram os compostos de tioureia como incrivelmente amargos. O cérebro de um superdegustador presume que o horror verde que ele acabou de colocar na boca deve ser impróprio para o consumo humano. No entanto, brócolis não deixam os superdegustadores fisicamente doentes. Mas o amargor é tão intenso que às vezes pode desencadear ânsia de vômito. Dito de outra maneira, a variação do TAS2R38 nos superdegustadores é a tentativa do DNA de protegê-lo de plantas potencialmente venenosas.

É importante nos lembrarmos de que somos produtos do nosso DNA, a molécula que se dedica obsessivamente à missão de se copiar. O DNA constrói seres vivos como nós para servir como sua máquina de sobrevivência e maximizar suas chances de ser transmitido para outra geração. (Parece frio, mas estou sendo bem realista.)

Como máquinas de sobrevivência, estamos equipados com botões gustativos para nos ajudar a discriminar o que pode ser útil ao nosso corpo e o que pode ser letal. Para entender nossos gostos, precisamos reconhecer que as plantas também são máquinas de sobrevivência. Como elas não podem fugir dos predadores, seu DNA desenvolveu estratégias alternativas de proteção. Uma tática é tornar suas partes desagradáveis ou totalmente tóxicas, para que os animais não as comam. Ao produzir substâncias químicas com sabor amargo, as plantas podem impedir que inimigos dos brócolis, como eu, façam delas seu almoço.

Uma estratégia usada pelas plantas para a reprodução aproveita dos animais que gostam de doces. Essas plantas cercam suas sementes em uma fruta adocicada para que os animais as comam e espalhem involuntariamente suas sementes. Se pararmos para pensar vemos que as plantas são muito manipuladoras. Se conseguisse comer salada, eu a comeria com raiva, apunhalando meu garfo através desses corações de alface com satisfação.

Por que Algumas Pessoas Amam Brócolis

Se as variações do TAS2R38 nos protegem da ingestão de plantas venenosas, por que nem todos nós odiamos brócolis? Provavelmente depende dos tipos de plantas que estavam presentes no ambiente de nossos ancestrais distantes. Se nossos ancestrais evoluíram em uma área repleta de plantas venenosas, ter o gene superdegustador pode ter conferido uma vantagem de sobrevivência. Por outro lado, essa bênção pode se tornar uma maldição se essas plantas fossem na verdade comestíveis; nesse caso, os superdegustadores não conseguirão colher os benefícios nutricionais, porque seu paladar os enganou.

Muitos outros genes além dos receptores dos botões gustativos influenciam os sabores que consideramos palatáveis e como metabolizamos (ou decompomos) certos alimentos. Encontrar e caracterizar esses genes é uma nova ciência chamada nutrigenética. Em um estudo de 2016, o geneticista Paolo Gasparini, da Universidade de Trieste, na Itália, descobriu quinze novos genes ligados às preferências das pessoas por vários alimentos — de alcachofras ao iogurte. Ele identificou esses novos genes vasculhando as sequências genômicas de mais de 4.500 indivíduos para encontrar genes ligados a vinte alimentos diferentes que essas pessoas gostavam. Curiosamente, nenhum desses genes são os suspeitos habituais de receptores de olfato e paladar, o que significa que ainda temos muito a aprender sobre por que nosso corpo reprova certos alimentos.

Por que Não Conseguimos Recusar Açúcar

Há poucas coisas na vida que um pouco de chocolate não consiga consertar. Mas, acredite ou não, nem todos os mamíferos compartilham o amor pelos doces. Você já tentou oferecer um pedaço de seu chocolate Kit Kat para seu amigo felino? Ficou intrigado por que seu ato generoso foi recebido com tanta indiferença? Carnívoros estritos como gatos não têm receptores de sabor para doce. (Isso explica por que tantos gatos são mal-humorados!)

Em nosso mundo moderno, nossos receptores de sabor para doces realmente nos colocam em apuros na hora da dieta. Antigamente, nossos ancestrais primatas dependiam de frutos maduros para fornecer energia calórica a seus corpos. Como as frutas contêm mais açúcar quando maduras, desenvolvemos uma preferência por doce para garantir o melhor ganho possível quando extraímos energia dos alimentos. Portanto, nosso amor por doces está profundamente enraizado em nossa herança evolutiva e é um hábito muito difícil de quebrar. No entanto, você deve ter notado que algumas pessoas abrem mão de um donut com facilidade, enquanto outras lutam por ele até a morte.

A variante genética que nos transforma em um "formigão" foi encontrada — e nem todo mundo a possui. Esses mutantes andam entre nós, recusando sobremesas e fazendo o resto de nós se sentir culpado. (Tenho certeza de que minha esposa tem o gene para gostar de doces. Quando peço a ela para dividir um pedaço de bolo, ela me dá o pedaço menor.)

Um estudo de 2008 realizado pelo cientista nutricional Ahmed El-Sohemy, da Universidade de Toronto, identificou uma variante de um gene chamado SLCa2, que se correlaciona com a tendência de consumir duas colheres de açúcar em vez de uma. O SLCa2 codifica uma proteína chamada GLUT2, que transporta açúcar da glicose do sangue para as células cerebrais, onde é quebrada para se transformar em energia. Os pesquisadores acreditam que essa alteração no receptor GLUT2 interfere na detecção da glicose e, como resultado, o corpo não tem uma medida confiável da quantidade de glicose no sangue. Você pode estar com o tanque cheio, mas seu medidor de glicose diz que ele está pela metade. Então você come um segundo pedaço de bolo, alegremente inconsciente de que já tem açúcar suficiente. Estudos em camundongos corroboram essa ideia: ratos reproduzidos seletivamente para a falta de GLUT2 continuam comendo mesmo depois de o cérebro estar mergulhado em glicose. Nas pessoas, as variantes do gene SLCa2 se correlacionam com um risco aumentado de diabetes tipo 2.

Por que Amamos Junk Food

Você ainda acha que recusar junk food é simplesmente uma questão de força de vontade? E se eu lhe dissesse que a predileção por junk food pode ter sido programada em seu DNA antes mesmo de você nascer?

Acontece que as mães que ingerem uma dieta baseada em "junk food" rica em açúcar, sal e gordura dão à luz filhos que também têm um desejo aparentemente inato por junk food. Em humanos, pensamos que isso ocorre porque as crianças crescem em uma casa que come mal. Ninguém contestaria essa possibilidade, mas experimentos com ratos de laboratório sugerem que pode não ser tão simples assim. Reflita sobre essa questão: um estudo de 2007 mostrou que filhotes de ratos nascidos de mães alimentadas com uma dieta de junk food durante a gestação desenvolveram uma preferência crescente por alimentos gordurosos, açucarados e salgados. Filhotes de ratos nascidos de mães que tiveram uma dieta saudável durante a gravidez não quiseram junk food.

Como isso é possível? Como é altamente improvável que o feto tenha acumulado mutações genéticas devido à dieta de junk food da mãe enquanto estava no útero, os cientistas suspeitam que a responsável seja a programação fetal: a dieta da mãe altera o DNA do feto em nível epigenético. Em outras palavras, a junk food não mudou as sequências genéticas; pelo contrário, alterou os níveis de expressão de certos genes. Seria igual a Fergie cantando o Hino Nacional dos EUA no NBA All-Star Game 2018; a letra era a mesma, mas a música era muito diferente. Portanto, embora não seja surpreendente que as crianças que crescem consumindo regularmente junk food se tornem viciadas, inúmeros estudos sugerem que uma tendência à junk food poderia ter sido programada no tecido de seu DNA antes do corte do cordão umbilical.

Uma das principais maneiras pelas quais o DNA pode ser programado epigeneticamente é a metilação, uma modificação química no DNA que afeta a expressão de um gene. Quanto mais um gene é metilado, menos ele é expresso. Se pensarmos na expressão gênica como uma rodovia, as marcas de metilação do DNA seriam como um monte de cones de trânsito laranja espalhados pela rodovia, atrapalhando a fluidez do tráfego. Um estudo de 2014 analisou o nível de metilação do DNA que ocorre em um gene chamado proopiomelanocortina (POMC) em filhotes nascidos de ratas submetidas a uma dieta de junk food durante a gestação. O gene POMC dá origem a um hormônio essencial na diminuição do apetite. Mães de ratos que consumiram uma dieta rica em gordura deram à luz filhotes que tinham níveis mais altos de metilação no gene POMC, o que significa que menos desse hormônio inibidor de apetite é produzido nesses filhotes. Assim, as mães que comeram muita junk food deram à luz filhotes programados no útero para terem mais fome do que os de mães que comeram corretamente.

O que acontece se os filhotes de mães alimentadas com junk food forem forçados a seguir uma dieta saudável? É possível reverter a programação de DNA ocorrida no útero? Infelizmente, isso não parece ser o caso, pelo menos no estudo de 2014 mencionado anteriormente: uma dieta saudável não reverteu a metilação do DNA no POMC a níveis normais. Em outras palavras, a dieta de junk food da mãe teve efeitos permanentes no DNA do bebê. Se o mesmo ocorrer em humanos, isso pode explicar por que é tão difícil para algumas pessoas controlar o que ou quanto comem. Pode haver uma janela crítica durante o desenvolvimento fetal quando a metilação do DNA é estabelecida de maneira permanente.

Por que Algumas Pessoas Acham que o Coentro Tem Gosto de Sabonete

O coentro, planta nativa do Mediterrâneo oriental, é adicionado para temperar uma grande variedade de alimentos, incluindo molhos, frutos do mar e sopas. Muitas pessoas acham o sabor delicioso, enquanto outras detestam, alegando que tem gosto de sabonete. Como eles se tornaram especialistas em "pratos com sabonete", eu não sei. Mas é claro que algumas pessoas abominam coentro. Até a famosa chef Julia Child não tinha vergonha de seu desdém pela erva, proclamando que se a encontrasse na comida, a retiraria e jogaria no chão.

Julia e seus colegas odiadores de coentro sentem as substâncias químicas chamadas aldeídos na erva, que também são encontrados em — surpresa! — sabonetes e loções. Então, para eles, o coentro cheira a um produto de banho, e não a um tempero culinário. O cheiro e o paladar estão intimamente conectados e, assim como genes como o TAS2R influenciam nossos receptores gustativos, os genes também influenciam nossos receptores de odor. Um estudo com gêmeos revelou um componente genético para o gosto de coentro. Gêmeos idênticos eram muito mais propensos do que fraternos a concordar em sua preferência pelo coentro. Como gêmeos idênticos compartilham 100% de seu DNA e gêmeos fraternos compartilham apenas 50%, o resultado da pesquisa aponta para um componente genético de nossos sentimentos em relação ao coentro.

Para rastrear os genes responsáveis, uma equipe de pesquisa da empresa de genotipagem 23andMe entrevistou 30 mil pessoas e descobriu que a preferência do coentro está ligada a um gene chamado OR6A2. Corroborando o que sabemos sobre a composição química do coentro e do sabonete, o OR6A2 codifica para um receptor olfativo que é altamente sensível aos aldeídos. Em um estudo diferente, a preferência pelo coentro também foi ligada a variantes em três genes adicionais, desta vez incluindo um gene TAS2R. Semelhante ao observado em alimentos amargos, uma influência genética além do nosso controle é a responsável por nossa capacidade de tolerar certas ervas.

Embora não possamos controlar os genes com que nascemos, pode haver maneiras de neutralizar o aroma de sabonete que emana do coentro. Uma maneira é esmagar as folhas para liberar enzimas que degradam os aldeídos. Ou, se você tiver amigos realmente resistentes a dar uma chance ao coentro, talvez prefira aceitá-los como são e, em vez disso, use salsa em seus pratos.

Por que Você Gosta do Picante

Desde que me lembro, minha filha adorava batatas chips com molho picante. Mesmo quando criança, ela continuava a colocá-las na boca enquanto lágrimas escorriam pelo rosto. Com as bochechas avermelhadas e fumaça saindo de seus ouvidos, ela pedia mais. Certa noite, no jantar, ela descobriu que sua outra comida favorita, ketchup, era vermelha como molho picante. Mas por que o molho é picante e o ketchup não?

A resposta à sua pergunta diz respeito a como as plantas se reproduzem. Algumas plantas desenvolveram maneiras de fazer com que determinados animais as ajudem a se multiplicar. As pimentas do molho picante provêm de plantas que usam pássaros em vez de animais terrestres para disseminar suas sementes por toda parte. As pimentas são repletas de substâncias químicas nocivas que fazem a maioria dos animais pensar que um raio atingiu sua língua, mas os pássaros não sentem a picância ao comê-las.

Essa é uma estratégia inteligente para as plantas, e a maioria dos animais entende e deixa as pimentas para os pássaros. Mas não os humanos. Não apenas devoramos seus frutos flamejantes com alegria, mas também cultivamos plantas para tornar as pimentas mais picantes do que a seleção natural jamais desejou. A intensidade da picância é medida em unidades de calor Scoville (SHU), em homenagem ao farmacologista que inventou a escala em 1912. Para referência, um pimentão tem zero SHU e uma jalapeño pode ter até 10 mil SHU. A familiar pimenta tabasco tem em média 40 mil SHU, e as pimentas habanero mais ardidas podem chegar a 350 mil SHU. Algumas das pimentas criadas intencionalmente para ser as mais picantes do planeta, como a Carolina Reaper [Carolina Ceifadora] ou Dragon's Breath [Sopro de Dragão], podem atingir incríveis mais de 2 milhões de SHU. A Pepper X, a primeira a atingir 3 milhões de SHU, foi lançada em 2018. Essas pimentas quase incendeiam a estufa.

Pessoas com alta tolerância a alimentos picantes podem agradecer aos mesmos genes que nos ajudam a responder a temperaturas quentes. Um gene chamado TRPV1 produz um tipo de receptor de proteína na superfície de nossas células que são ativadas pelo calor físico. Quando o calor derrete uma parte desse receptor, ele envia uma mensagem ao nosso cérebro dizendo: Uau, está quente! Alimentos condimentados contêm um produto químico chamado capsaicina, que também pode se ligar a esses receptores TRPV1 ativados pelo calor. Quando a capsaicina ativa o TRPV1, ela envia ao cérebro a mesma mensagem: Uau, está quente! Nosso cérebro ingênuo até pensa que estamos em um ambiente quente, por isso sinaliza a nossas glândulas sudoríparas écrinas para liberarem o suor. Nós realmente sentimos uma queimação porque nosso cérebro recebe a mesma mensagem: ao lamber um ferro de passar quente ou ao mastigar uma pimenta fantasma. O álcool também ativa o TRPV1, e é por isso que sentimos aquela sensação de queimação típica quando engolimos uma dose de uísque.

Variações genéticas em nosso receptor TRPV1 podem enfraquecer sua capacidade de se ligar à capsaicina; portanto, a tolerância a alimentos picantes será maior do que para alguém que possui uma versão do TRPV1 que recebe a capsaicina de braços abertos. Outra razão pela qual algumas pessoas gostam de picância é terem desenvolvido uma tolerância à capsaicina (assim como as pessoas criam uma tolerância ao álcool ou à cafeína). Em outras palavras, essas pessoas podem precisar de mais molho picante do que costumavam consumir apenas para sentir o mesmo nível de picância que experimentaram na primeira vez que comeram molho sriracha.

Meu pai é um ótimo exemplo da conexão entre comida apimentada, calor físico e tolerância. Ele não apenas leva bastante molho de pimenta aonde quer que vá, mas também pede que o café já borbulhante seja colocado no micro-ondas até o nível da combustão espontânea. Para exemplificar a conexão genética, o irmão mais novo de meu pai soterra sua comida com tanta pimenta-do-reino que você não consegue saber o que ele está comendo — o prato todo fica coberto de fuligem. Eu claramente herdei meus genes TRPV1 de minha mãe, pois geralmente preciso esperar meu café esfriar antes de tomar um gole, meus olhos lacrimejam só de olhar para um prato de chili e prefiro meu uísque com gelo. A propensão da minha filha por alimentos apimentados deve ter vindo da minha esposa, que compra molho buffalo em tonéis.

Para algumas pessoas, porém, a atração pela baforada de dragão não parece estar relacionada à tolerância. É evidente que algumas pessoas, incluindo minha filha, que ama molho picante, sentem a queimação. Elas lacrimejam, suam e uivam de dor, mas continuam a devorar alimentos com sabor de lava incandescente.

Por que essas pessoas apreciam a sensação de engolir o sol? Estudos demonstraram que muitas pessoas que gostam de comidas apimentadas tendem a ser buscadoras de emoções (o que pode prever momentos difíceis pela frente quando minha filha entrar na adolescência). O prazer de comidas apimentadas é conhecido como masoquismo benigno, que é uma maneira razoavelmente segura de sentir uma adrenalina (é como assistir a um filme de terror ou discordar das crenças políticas de alguém no Facebook).

É claro que também existem explicações culturais significativas, pois as pessoas que cresceram comendo alimentos picantes são atraídas por eles quando adultas. Culturas que tendem a gostar de alimentos picantes geralmente vivem em climas quentes, onde a comida estraga rapidamente. Historicamente, povos que vivem nessas regiões faziam sua comida durar mais tempo adicionando especiarias, muitas das quais inibem as bactérias e fungos que causam deterioração e bolor. Como os alimentos picantes também fazem você suar, eles podem fornecer às pessoas em climas quentes uma maneira de se refrescar.

Outra razão pela qual algumas pessoas se esbaldam no molho picante é que elas perderam parte de seu paladar devido à degeneração da velhice. Na infância, nossas bocas contêm aproximadamente 10 mil botões gustativos que se renovam a cada semana ou duas. Mas, quando chegamos à nossa quarta década de vida, a regeneração dos botões gustativos começa a desacelerar. Individualmente, eles parecem não perder a sensibilidade, mas a simples redução em seu número geral explica por que muitas pessoas optam por alimentos mais intensos e picantes à medida que envelhecem; os mais velhos também tendem a tomar medicamentos que podem alterar seu paladar. Igualmente importante, a meia-idade é quando começamos a perder o olfato, que desempenha um enorme papel em nossa experiência gustativa. (Aliás, a perda olfativa nos idosos é o motivo pelo qual eles tendem a usar perfume em excesso.) No total, essas mudanças dinâmicas em nossos sentidos ao envelhecermos nos dizem: (1) que é uma chatice envelhecer e (2) não é incomum que os gostos mudem durante nossa vida.

Independentemente de sua afinidade com alimentos picantes ser masoquista, cultural ou relacionada à idade, no final, as limitações biológicas acabam vencendo. Alimentos com picância suficiente para fazer o diabo engasgar devem ser consumidos com responsabilidade. Em 2014, Matt Gross engoliu três Carolina Reapers em 21,85 segundos e sofreu uma azia tão intensa que pensou estar tendo um ataque cardíaco durante doze horas. Em 2016, um sujeito que consumiu um hambúrguer coberto com purê de pimenta fantasma quase morreu. O purê causou vômitos tão intensos que fez um buraco no esôfago, forçando-o a comer por meio de um tubo de alimentação durante sua recuperação de três semanas no hospital. O vômito é uma reação comum à ingestão de alimentos apimentados, porque a capsaicina induz aumento das contrações intestinais das mucosas, em uma tentativa do corpo de se livrar da substância nociva. É claro que, se não for regurgitada, existe apenas uma outra maneira pela qual ela será liberada e pode queimar quase tanto quanto quando entrou. Também foram relatadas convulsões naqueles que consomem muita pimenta em pouco tempo.

Uma situação análoga ocorre com a sensação refrescante obtida ao comer balas de hortelã. Temperaturas frias ativam outro receptor térmico em nossas células chamado TRPM8, que diz ao nosso cérebro: Uau, que gelado! O mentol é um produto químico ceroso presente nas plantas como hortelã e hortelã-pimenta, que também é capaz de se ligar e ativar o TRPM8. Independentemente de como o TRPM8 é ativado, nosso cérebro recebe a mesma mensagem refrescante.

Graças à ciência, agora sabemos que certos alimentos e especiarias nos fazem suar ou tremer por inundar receptores térmicos em nosso corpo. Embora, sejamos sinceros, a ciência ainda precisa explicar como alguém é capaz de suportar as Spice Girls.

Por que Algumas Pessoas Não Vivem Sem Café

No filme de 1982 *Apertem os Cintos... O Piloto Sumiu*, a comissária de bordo informa aos passageiros que o ônibus lunar foi lançado para fora do curso, asteroides estão colidindo com a fuselagem da aeronave e o sistema de navegação está desativado. Mas os passageiros não entram em pânico até que ela lhes conte uma última notícia: eles também estão sem café.

Muitas pessoas atarefadas em todo o mundo raramente são vistas sem uma xícara de café na mão. O café é mais do que apenas uma bebida para algumas pessoas; é uma parte do corpo. E, como tal, nossos genes também influenciam nossas preferências por café.

O café é uma forma onipresente de energia, uma maneira fácil (e para a maioria das pessoas, deliciosa) de fornecer cafeína para o nosso organismo. A cafeína nos estimula porque é semelhante a outra substância química que fabricamos chamada adenosina, que percorre nosso corpo como um indicador do nosso nível de energia. Quando estamos acordados, a adenosina se acumula em nosso corpo até atingir um ponto em que liga suficientes receptores de adenosina em nosso cérebro para determinar: "Ei, já é o bastante, hora de dormir." A cafeína provoca um curto-circuito nesse processo, tomando os lugares destinados à adenosina; quando a cafeína bloqueia um número suficiente de receptores de adenosina, o cérebro não recebe a mensagem de que precisa dormir. Quando a cafeína alcança um nível suficiente para enganar nossos neurônios, o cérebro acredita que está em uma emergência e aciona a reação de "luta ou fuga", liberando hormônios como adrenalina. Nossa concentração e memória ficam mais nítidas, o coração bate mais rápido e as reservas de açúcar são liberadas para aumentar os níveis de energia.

Algumas pessoas se orgulham de seu vício em café, enquanto outras não o toleram muito bem. Essas preferências podem não ser necessariamente uma decisão; pelo contrário, é seu DNA que as influencia. Já tratamos de um tipo de gene que pode influenciar a ingestão de café: o TAS2R38. Superdegustadores que não suportam sabores amargos podem não ser capazes de tolerar cafés mais fortes, ou podem precisar compensar essa amargura com muito açúcar e leite. Mas é preciso muito mais do que uma mutação no TAS2R38 para manter algumas pessoas longe da cafeína.

A preferência pelo café vai além do paladar, pois a cafeína afeta cada pessoa de maneira diferente. Um gene chamado CYP1A2 pode explicar por que algumas pessoas tomam café como água sem causar qualquer efeito adverso, enquanto outras ficam agitadas com uma única xícara. O CYP1A2 codifica uma enzima chamada "citocromo" no fígado que trabalha para metabolizar a cafeína, entre outras coisas.

No entanto, nem o citocromo CYP1A2 de todo mundo é criado da mesma forma. A maioria das pessoas sente os efeitos da cafeína apenas quinze a trinta minutos após a ingestão, e a meia-vida da droga é de cerca de seis horas. (É quanto tempo leva para o corpo eliminar metade da quantidade de cafeína consumida. Também é por isso que talvez seja melhor não tomar muito café por volta das 18h: 50% dessa cafeína ainda estará agitando seu organismo à meia-noite quando você estiver tentando pegar no sono.) No entanto, as pessoas que possuem uma determinada variante designada CYP1A2*1F são classificadas como metabolizadores lentos da cafeína. A enzima CYP1A2 nessas pessoas é um pouco mais preguiçosa e não processa a cafeína na mesma velocidade. Na prática, isso significa que a substância permanece ativa no corpo por um longo período. Isso não só amplifica os efeitos estimulantes da cafeína, mas também aumenta a pressão sanguínea. Alguns estudos mostraram até que metabolizadores lentos da cafeína têm um risco aumentado de ataque cardíaco e hipertensão ao ingerir cafeína em excesso.

Já reparou como a maioria dos fumantes também bebe muito café? Isso ocorre porque a nicotina no cigarro ativa o gene CYP1A2, que por sua vez faz com que a cafeína seja metabolizada em uma taxa mais rápida. Assim, fumantes tendem a obter um efeito mais curto com o consumo de cafeína, levando-os a buscar uma segunda xícara de café antes que os não fumantes.

Nossa capacidade de processar cafeína e, sem dúvida, outros tipos de drogas e alimentos, produz iniquidade no desempenho mental e atlético. Um estudo de 2012 mostrou que os metabolizadores lentos de cafeína aumentaram seu tempo em uma corrida de bicicleta ergométrica em apenas um minuto depois de tomar café, mas os metabolizadores rápidos aumentaram seu tempo em quatro minutos. Será que precisamos proibir café ou outras bebidas com cafeína nas Olimpíadas?

Outra possível explicação para nossas preferências variadas para bebidas com cafeína pode envolver os diferentes tipos de bactérias presentes em nosso intestino. As evidências de que os micróbios intestinais podem influenciar o metabolismo da cafeína vêm de um besouro chamado broca-do-café. Esse irritante bichinho é uma ameaça para qualquer pessoa que cultiva café como meio de vida, pois come grãos de café no café da manhã, no almoço e no jantar. A broca-do-café é a única criatura conhecida que vive apenas de café — consumindo o equivalente diário a uma pessoa adulta que bebesse 230 xícaras de café. Como ele sobrevive às doses letais de cafeína que ingere é um mistério antigo.

Em 2015, o microbiologista Eoin Brodie, do Laboratório Nacional Lawrence Berkeley, liderou uma equipe de pesquisadores que descobriu que várias espécies de bactérias, como *Pseudomonas fulva*, que residem no intestino das brocas-do-café, são mestres em quebrar a cafeína. As bactérias *P. fulva* trazem para o besouro um gene desintoxicante de cafeína que lhe permite viver apenas de grãos de café. Embora atualmente não haja evidências de que os seres humanos possuam bactérias destruidoras de cafeína como essa, essas espécies já foram identificadas em cafeteiras. Se essas bactérias forem ingeridas e se tornarem parte de nossa microbiota, podem afetar a taxa de metabolismo da cafeína em nosso corpo.

À medida que os pesquisadores descobrem novos genes e possivelmente espécies bacterianas que desempenham um papel na maneira como processamos a cafeína, obteremos mais informações sobre por que algumas pessoas sentem de maneira mais intensa e rápida os efeitos do café. E como a cafeína afeta o corpo certamente influencia o gosto de uma pessoa por bebidas com cafeína.

Por que o Leite Não Faz Bem para Todos

Tomou? Ou leite lhe dá dor de barriga? Muitas pessoas em todo o mundo não podem consumir leite ou outros produtos lácteos como gostariam porque seu DNA as privou da enzima chamada lactase. A lactase, que é codificada por um gene chamado LCT, é capaz de quebrar as moléculas de açúcar da lactose no leite. Se seu corpo não metaboliza a lactose, as bactérias no seu intestino o fazem — mas isso tem um preço. Quando as bactérias intestinais se deleitam com a lactose, elas produzem muito gás que pode levar a inchaço e alguns ruídos bastante embaraçosos (que infalivelmente decidem surgir durante primeiros encontros). O açúcar da lactose também faz com que a água das células intestinais flua para o intestino por osmose, forçando o corpo a liberá-la da única maneira que sabe. É por isso que as pessoas que não produzem lactase suficiente podem sofrer cólicas ou diarreia muito desconfortáveis após a ingestão de laticínios. Se você não expressa o gene LCT para produzir lactase, significa, tragicamente, que milk-shakes, sorvetes e, às vezes, até pizza devem ficar fora de seu menu. Um dos meus amigos tem uma intolerância à lactose tão intensa que não consegue nem consumir leite de rosas sem produzir muitos gases.

Ao contrário dos outros genes discutidos aqui, a intolerância à lactose geralmente não se deve a um gene LCT defeituoso. Praticamente todo mundo nasce com um gene LCT funcional, pois a lactase é essencial para digerir o leite materno. Para a maioria dos bebês, o gene LCT é desligado logo após a mãe dizer que a mamata acabou. Mas alguns ancestrais humanos em certas partes do mundo onde os animais produtores de leite estavam sendo domesticados (principalmente Europa, Oriente Médio e Sul da Ásia) adquiriram uma mutação no DNA que permitiu que seu gene LCT permanecesse ativo indefinidamente. Em outras palavras, a intolerância à lactose é normal para adultos; quem consegue digerir a lactose é que são os mutantes. Os cientistas se referem a esses mutantes tomadores de leite como "mampiros" porque se alimentam dos fluídos das glândulas mamárias de outros animais. Os mampiros ancestrais que foram capazes de continuar produzindo lactase após o desmame tinham uma grande vantagem de sobrevivência, porque podiam obter nutrientes de outras fontes, como leite de vacas, cabras ou camelos. Foi um benefício tão importante que a mutação para manter o gene LCT "ligado" se espalhou como rastilho de pólvoras nas regiões onde surgiu cerca de 10 mil anos atrás.

Por que Achamos que o Vinho Mais Caro Tem um Sabor Melhor

Estou convencido de que a maioria das descrições de vinho na verdade são jogos de palavras, ao estilo preencha as lacunas, completados por um algoritmo de computador. Experimente! Esse (nome do vinho) faz cócegas no nariz com seu aroma (tipo de madeira), resquícios de (parte do corpo) de um (animal) durante um dia de (estação do ano) em (local exótico). Ele encontra a língua de forma (adjetivo), como (um feriado), e o surpreende com uma explosão de (tipo de fruta) esmagada que se funde suavemente em (especiaria) (cor).

Muitos de nós simplesmente não entendem os complexos sabores do vinho, e alguns argumentam que as pessoas que o fazem na verdade estão se enganando. Foram conduzidos estudos em que degustadores de vinho profissionais são servidos com flights de vinho que, sem seu conhecimento, têm várias amostras idênticas. Apenas cerca de 10% dos degustadores foram capazes de classificar as amostras idênticas com a mesma pontuação. Estudos também demonstraram que a maioria dos degustadores não profissionais (e até alguns "cork dorks"[1]) não

---

[1] N.T.: O termo "cork dork" se refere aos sommeliers supermetódicos, que chegam a lamber pedras para treinar o paladar.

conseguem distinguir vinho barato de vinho caro em testes cegos. O que pode ajudar a explicar essas variações em nossa capacidade de apreciar as complexidades do vinho? Uma possibilidade é a quantidade desproporcional de superdegustadores encontrados dentre os profissionais do vinho. Em outras palavras, a sua versão do gene TAS2R38, que detesta brócolis, pode abrir um mundo totalmente novo de oportunidades bochechando e cuspindo vinho por aí.

No entanto, como qualquer entusiasta do vinho lhe dirá, a uva tem muito mais do que apenas o sabor — por exemplo, o buquê. O cheiro é de fato um componente importante do paladar, e variações em nossos genes podem levar a diferenças em nossa experiência olfativa. Mas um estudo de 2016 da cientista de alimentos María Victoria Moreno-Arribas do Conselho Nacional de Pesquisa da Espanha sugeriu que as bactérias da nossa boca também podem afetar o aroma de um vinho.

Todo mundo tem diferentes tipos de bactérias na boca — a chamada microbiota oral. Uma microbiota oral dinâmica não apenas explica por que alguns elogiam um vinho, enquanto outros insistem que é um lixo; também pode explicar por que degustadores profissionais às vezes podem ser tão inconsistentes nas classificações. Nossa microbiota oral é preenchida com bactérias e leveduras de coisas que comemos, bebemos e inalamos, e pode mudar rapidamente. Usar enxaguante bucal, por exemplo, praticamente limpa o paladar.

Os pesquisadores desse estudo se concentraram em um pequeno nervo no fundo da garganta chamado "passagem retronasal". Parece um novo livro de Harry Potter, mas na verdade é o ponto em que sabor e aroma convergem, fornecendo os meios para que você "cheire" o vinho na garganta. Os pesquisadores descobriram que o tipo e o número de bactérias provocaram a liberação de diferentes moléculas de gás após serem misturadas com precursores de aroma de uva, o que pode ajudar a explicar por que sua experiência gustativa pode ser tão diferente da de outra pessoa. Talvez se vocês dessem um longo beijo apaixonado, suas microbiotas orais ficariam mais semelhante e vocês chegariam a um acordo sobre a qualidade do vinho.

Nem todos nascemos para ser sommeliers. Os genes em nosso DNA e da microbiota oral desempenham um papel importante em saber se somos capazes de distinguir inúmeros tipos diferentes de vinhos e safras, ou se teremos que nos contentar apenas em escolher entre tinto ou branco.

Outra linha fascinante de experimentos sugere que nosso cérebro pode ignorar o nosso sentido de paladar. Para sua tese de doutorado, o vinicultor Frédéric Brochet fez com que vários estudantes de enologia (ciência do vinho) ficassem roxos de raiva depois de provar um vinho branco e acharem que era tinto. Brochet colocou corante vermelho sem sabor no vinho branco, e todos os profissionais descreveram o sabor do vinho branco como de um vinho tinto.

O mesmo ocorre durante os testes cegos de Coca-Cola versus Pepsi. Se alguém lhe der dois copos de refrigerante e apenas um deles for rotulado como "Coca-Cola", você provavelmente alegará que o copo rotulado tem um sabor melhor que o copo não identificado — mesmo que esse copo também contenha Coca-Cola. Experimente com seus amigos! E, se por acaso conhece alguém que tenha um scanner cerebral, pode tentar repetir o experimento realizado pelo neurocientista Read Montague na Baylor College of Medicine em Houston, que mostrou o quanto a marca pode nos influenciar.

Na guerra de refrigerantes de "cola", a Força está com a marca Coca-Cola. O estudo de Montague demonstrou que, quando os fãs de refrigerantes de cola bebiam Pepsi em um teste cego, o centro de prazer do cérebro era muito mais ativo do que quando bebiam Coca--Cola — claramente, eles gostavam mais da Pepsi. No entanto, quando os mesmos fãs foram informados de qual marca eles estavam bebendo, quase todos alegaram que a Coca-Cola tinha um sabor melhor. Curiosamente, quando sabiam qual refrigerante estavam bebendo, uma parte diferente do cérebro era ativada — associada à aprendizagem e à memória. Montague acredita que a mente estava invocando o sucesso da marca Coca-Cola, o que influenciou a preferência do sujeito mais do que o sabor real do próprio refrigerante. É como se os sujeitos tivessem sido cegados pela marca e perdido a capacidade de pensar por si mesmos.

Isso não significa necessariamente que a degustação de vinho (ou refrigerante) seja bobagem. Mas isso indica com que facilidade podemos ser enganados. Nosso cérebro é um órgão tendencioso, cheio de preconceitos; e às vezes chega a descartar evidências que contrariem o que acredita ser verdade (veja o Capítulo 8). Por que tanta preguiça? Nosso cérebro usa esses atalhos mentais porque precisa de muita energia — até 20% do suprimento de nosso corpo — e usa atalhos cerebrais para economizar energia. Nos estudos cegos de degustação de bebidas, o cérebro confia em nossa visão e ignora as informações contraditórias enviadas pelos botões gustativos.

Para ilustrar o grau de influência de nossos preconceitos, considere o famoso experimento de fudge dos anos 1980. Nesse estudo, os indivíduos foram convidados a escolher entre duas amostras idênticas de fudge, um doce feito à base de chocolate; no entanto, uma tinha a forma de um disco e a outra de cocô de cachorro bastante realista. Os sujeitos foram informados de que cada amostra continha o mesmo fudge perfeitamente seguro e comestível. Mas o cérebro não se importou. As pessoas optaram predominantemente pela amostra que não se parecia com um emoji de cocô.

Em 2016, a psicóloga Lisa Feldman Barrett, da Northeastern University, descobriu que nossos preconceitos sobre como os animais são criados podem afetar nossa percepção do gosto da carne. Embora toda a carne amostrada fosse da mesma fonte, os participantes alegaram que ela parecia, cheirava e tinha um sabor menos agradável quando lhes disseram que vinha de uma fazenda industrial em vez de uma fazenda humanizada.

Nossas percepções até atrapalham a degustação da mais básica das bebidas: a água. Os mágicos norte-americanos Penn & Teller apresentaram um quadro em seu show de sucesso *Bullshit!* com o "mordomo de água", que pedia aos clientes de um restaurante gourmet que provassem várias marcas de água engarrafada de todo o mundo. Os clientes no experimento comentaram o sabor de cada uma das águas, descrevendo variações de dureza, transparência, frescura e pureza. Todos afirmavam que cada marca era muito superior à água da torneira. Sem que eles soubessem, todas as garrafas sofisticadas de que provavam estavam, na verdade, cheias de água da mesma mangueira de jardim do pátio do restaurante.

Como Você Pode Comer Algo Tão Nojento

As atividades mais comentadas em reality shows como *Survivor* ou *Fear Factor* são frequentemente os desafios alimentares. Nessas competições, os participantes são obrigados a engolir as coisas mais desagradáveis que se possa imaginar, incluindo olhos de ovelha, ostras das Montanhas Rochosas (testículos), tarântulas, baluts (embriões de pato), cérebros de vacas, minhocas de mangue — e, um item apropriado para encerrar a lista, reto de cavalo. Por que ficamos com nojo desses alimentos, alguns dos quais são iguarias em certas culturas, e não com um Twinkie, um bolinho industrializado que muitas pessoas no mundo não considerariam nem alimento de verdade?

Em diferentes regiões (ou talvez do outro lado da rua), é provável que encontre alguém que goste de sabores que você considera repugnantes. Alguns queijos, como o Limburger, cheiram a meia de um jogador de futebol, mas algumas pessoas em Wisconsin adoram tanto que criaram um sanduíche especialmente para ele. No Japão, as pessoas comem natto, um prato de soja fermentado que cheira a meias que o tal jogador de futebol deixou no fundo do cesto por um mês. A jaca é uma fruta verde-amarela cheia de espetos proveniente do sudeste da Ásia, e comum no Brasil, que cheira tão mal que foi proibida de ser levada dentro de transportes públicos. Tipicamente citado como o alimento com o pior cheiro de todos os tempos é o *surströmming* da Suécia, um arenque fermentado que agride tanto os sentidos que o governo recomenda que você abra a lata ao ar livre.

Poderia haver explicações genéticas por trás do nosso amor por alimentos extraordinariamente fedidos. Mas, além dos receptores do paladar, há evidências de que podemos adquirir paladares muito cedo na vida, até mesmo no útero. Um bebê toma o equivalente a várias doses de líquido amniótico todos os dias durante sua permanência no útero, e os cientistas demonstraram que o líquido amniótico pode ser saborizado com base no que a mãe come.

A biopsicóloga Julie Mennella, do Monell Chemical Senses Center, conduziu um estudo em 1995 que consistia em participantes cheirando líquido amniótico retirado de mães grávidas que ingeriram cápsulas de alho ou açúcar. Embora cheirar os fluidos corporais de um estranho não pareça a primeira coisa que a maioria das pessoas optaria por fazer na sexta-feira à noite, o estudo estabeleceu que o líquido amniótico de uma mãe realmente transmite os sabores dos alimentos da mãe para a criança em gestação. Também está bem estabelecido que os sabores alimentares podem ser transmitidos às crianças por meio do leite materno.

Mas isso ainda não era uma prova das preferências alimentares da criança, e Mennella conduziu outro estudo para confirmar se elas eram de fato transmitidas de mãe para filho. O estudo envolveu três grupos de gestantes: um que bebeu suco de cenoura todos os dias durante a gravidez, outro que bebeu suco de cenoura apenas durante a amamentação e outro que evitava cenouras durante a gravidez e durante a amamentação. Depois que nasceram, os bebês demonstraram uma clara preferência por cereais com sabor de cenoura se suas mães consumiram suco de cenoura durante a gravidez ou durante a amamentação. As crianças que nunca foram expostas ao suco de cenoura ainda no útero ou durante a amamentação eram mais propensas a fazer caretas quando o provavam pela primeira vez. Esse estudo corrobora a noção de que a mãe pode transmitir seus preconceitos a determinados sabores ao seu filho ainda não nascido.

Como mencionado anteriormente, o ambiente no útero é um preditor do que está lá fora, do outro lado. Se uma mãe vive na terra das cenouras, seria útil ao feto desenvolver um gosto por cenouras. Da mesma forma, se um bebê experimenta algo que nunca experimentou no líquido amniótico de sua mãe, deve hesitar e possivelmente rejeitar a substância estranha como potencialmente tóxica. Isso não quer dizer que essas crianças estão destinadas a odiar cenouras; em vez disso, elas podem apenas estar dando um tempo para garantir que a substância desconhecida não os deixe doentes. Acredita-se que a transmissão de preferências alimentares de mãe para filho no útero explique parcialmente por que algumas culturas consomem alimentos que outras nem sonhariam em colocar na boca.

Vivendo com Seus Gostos

O que é mais pessoal e autodefinidor do que as coisas que gostamos e não gostamos, especialmente quando se trata de comida e bebida? É assustador pensar que nossos desejos alimentares podem ser frustrados por um DNA agindo como segurança na porta de sua geladeira, mas esse conhecimento é poder. (Por exemplo, se pretende obrigar seu pobre filho superdegustador a comer brócolis, pelo menos sirva-os com alguma bebida doce!)

Conheça Seus Gostos

Mas, falando sério, as pessoas com a variante do gene superdegustador TAS2R38 consomem em média 200 porções a menos de vegetais por ano, o que pode levá-las a um caminho não saudável ou colocá-las em maior risco de desenvolver câncer de cólon. Se você é um superdegustador, certifique-se de comer legumes suficientes dentre aqueles que consegue tolerar ou encontre maneiras de tornar os mais amargos mais palatáveis. Assar os legumes permite que os açúcares se caramelizem, trazendo sabores mais doces que mascaram o amargor. Outro problema em potencial que poderia atormentar os superdegustadores é a pressão alta. Eles tendem a usar sal em excesso em seus alimentos para mascarar sabores amargos que seu paladar não consegue tolerar. No lado positivo, é menos provável que os superdegustadores tenham excesso de peso, porque também são mais sensíveis a alimentos muito doces e com alto teor de gordura. Para os intolerantes à lactose, um número crescente de opções de alimentos sem leite e derivados de leite está cada vez mais disponível. Para aqueles que não conseguem saborear as complexidades do vinho, alegre-se pelo tanto de dinheiro que economizará comprando o vinho mais barato no bar da esquina.

Novos estudos que demonstram como a alimentação pode (talvez de maneira irreversível) programar o DNA de um bebê no útero oferecem uma das razões mais convincentes para nos alimentarmos de forma mais inteligente. Como veremos mais adiante, os pais também não estão isentos de culpa, pois suas escolhas de vida também podem programar epigeneticamente a contribuição genética transmitida aos bebês.

Compreender nossas diferenças de sabor deve ajudar a promover uma refeição mais pacífica. Da próxima vez que alguém não gostar da sua comida ou do vinho que você recomendou, relaxe e lembre-se: há uma explicação biológica por trás das idiossincrasias de nosso paladar. Então deixe para lá e fale sobre um bom livro.

» **CAPÍTULO TRÊS** «

CONHEÇA SEU APETITE

> Não consigo parar de comer. Como porque estou infeliz e fico infeliz porque como. É um círculo vicioso.
> — Fat Bastard, *Austin Powers: O Agente Bond Cama*

Quando as pessoas ouvem a palavra "epidemia", geralmente evocam imagens de Ebola, apocalipse zumbi ou aquele filme bobo de 1995, com Dustin Hoffman perseguindo um macaco. Mas, nos Estados Unidos e em vários outros países desenvolvidos, outro tipo de epidemia está tomando "forma" — uma que ataca as cinturas. Nossas roupas têm tantos Xs que alguns podem pensar que abriram as portas para uma livraria especializada em livros adultos em vez de seu armário. Ambulâncias maiores com guinchos especiais estão sendo fabricadas para acomodar pacientes obesos. Programas de TV de sucesso como *The Biggest Loser* transformaram a perda de peso em um jogo revelador. Criaram-se canais inteiros, como a Food Network, que atendem ao nosso apetite insaciável por comida, e é difícil verificar nossas mídias sociais sem ser tentado por uma imagem de alguma nova monstruosidade de pizza, frango frito e hambúrguer.

Tentamos combater nossa gula devorando as palavras de outras pessoas na forma de livros de dieta. Infelizmente, o buffet de dietas da moda tem uma coisa em comum: nenhuma delas parece funcionar para a manutenção de um peso saudável. Sugestivamente, os sebos estão repletos de livros de dieta manchados de suco de cenoura, que os clientes frustrados vendem rapidamente depois de perceber que o plano é inútil. Até os vencedores do programa *The Biggest Loser* recuperam a maior parte de seu peso depois do fim da competição.

De acordo com os Centros de Controle e Prevenção de Doenças (CDC na sigla em inglês), a taxa de obesidade nos EUA está chegando a quase 40%. Outro terço da população está acima do peso. Uma a cada cinco crianças está clinicamente obesa. A maioria de nós conhece os sérios riscos para a saúde decorrentes da vida de excessos, como doenças cardiovasculares, derrame, diabetes tipo 2 e câncer. E, no entanto, continuamos perdendo a batalha contra a barriga. Essa batalha não é barata, custando aos EUA mais de US$190 bilhões em problemas de saúde relacionados à obesidade a cada ano. À medida que a dieta e o estilo de vida ocidentais se espalham pelo mundo, o mesmo ocorre com a obesidade. Um relatório perturbador de 2017 publicado no *New England Journal of Medicine* mostra que mais de dois bilhões de crianças e adultos em todo o mundo sofrem de problemas de saúde relacionados ao excesso de peso. O que está acontecendo conosco?

Nosso estilo de vida moderno explica grande parte da epidemia da obesidade: comemos muito mais e nos movimentamos muito menos. Não apenas comemos como se não houvesse amanhã, mas o que comemos é extremamente nocivo. Todos nós sabemos disso; fomos informados sobre a pirâmide alimentar e a importância do exercício desde que brincávamos de queimada na escola fundamental. No entanto, estamos assistindo à materialização do velho ditado: "Você é o que come", bem diante de nossos olhos, e a maioria de nós se parece muito mais com um sonho de padaria do que um talo de aipo. Por que é difícil ser racional em nossas opções quando se trata de nosso apetite e comida? Será que isso é simplesmente um problema de força de vontade ou outros fatores podem estar em jogo?

Por que Você Almeja uma Vida em Alta (de Calorias)

Como mencionado no Capítulo 2, nosso caso de amor com os doces remonta ao nosso passado evolutivo, quando coisas como refrigerantes e donuts ainda não tinham sido inventadas. É difícil encontrar fontes de energia de alto teor calórico na savana africana, onde nossa espécie surgiu. Os primeiros seres humanos que sentiram um forte desejo por alimentos com alto teor de energia, como frutas doces, gordura animal ou mel, tiveram uma clara vantagem sobre os demais, porque teriam reservas energéticas para caçar, brigar, transar e gritar com seus filhos mandando-os parar de desenhar nas paredes da caverna. Para persuadir nossos ancestrais a procurar esses alimentos, a evolução se aproveitou do sistema de punição e recompensa do cérebro.

Nosso DNA criou um cérebro capaz de sentir prazer e dor para tornar sua máquina de sobrevivência competitiva. Uma máquina de sobrevivência que não come logo experimentará as dores da fome. Depois de comer, essas dores são substituídas por uma sensação de satisfação. Alimentos ricos em calorias como cheesecake nos levam além da satisfação, deixando-nos uma sensação agradável que é quase orgástica. Nosso cérebro recebe uma recompensa quando algo doce atinge nossos lábios. Seja algo doce como uma barra de chocolate ou um beijo apaixonado, o resultado é o mesmo — uma onda de dopamina, o neurotransmissor que inunda o centro de recompensa no cérebro e demanda que a experiência seja repetida.

As coisas que comemos têm um gosto bom ou ruim, pois essa era a maneira primitiva do nosso corpo registrar o que poderia ser útil colocar no estômago. Nosso DNA fazia com que os alimentos com alto teor calórico tivessem um sabor tão bom que muitas vezes arriscávamos a vida para obtê-los. Hoje, porém, só nos arriscamos a perder um dedo quando a máquina de venda automática falha bem na hora de liberar nossa barra de Twix. Estamos cercados por doces e gorduras, e o único esforço necessário para adquiri-las é sair do sofá para atender a porta da entrega de pizza. Vivemos em uma versão real da Fantástica Fábrica de Chocolates, mas sem todo o trabalho pesado dos pigmeus-operários: uma fórmula infalível para ganho de peso.

De acordo com a American Heart Association, as recomendações para o consumo de açúcar adicionado são cinco colheres de chá por dia (80 calorias) para um gasto energético diário de 1.800 calorias para uma mulher adulta de porte médio ou nove colheres de chá por dia (144 calorias) para um gasto energético diário de 2.200 calorias para um adulto de porte médio. Conheço algumas pessoas que colocam cinco colheres de chá de açúcar em apenas uma xícara de café pela manhã (provavelmente superdegustadores!). Uma lata de aproximadamente 350ml de refrigerante tem cerca de oito colheres de chá de açúcar. Muitas pessoas atingem sua quantidade máxima de açúcar para o dia inteiro com apenas uma bebida.

Tendemos a subestimar a quantidade de açúcar que estamos consumindo porque ele é um ingrediente "oculto" em muitos alimentos que normalmente não consideramos doces. Eles incluem molho de macarrão e pizza, molho de churrasco, molhos para salada, sucos e até alguns cereais "saudáveis", iogurtes e barras de granola. Alimentos com teor absurdo de açúcar não existem na natureza, e nosso corpo não é feito para lidar com eles.

Quando comemos Sucrilhos e um muffin de chocolate no café da manhã, recebemos uma carga de açúcar que precisa ser processada mais rapidamente do que o nosso corpo é capaz. O pâncreas trabalha em sobrecarga para produzir insulina suficiente para controlar a onda de açúcar que inunda o nosso corpo. A insulina é um hormônio que ajuda as moléculas de açúcar a chegarem às células que precisam; o resto é armazenado como gordura. A superprodução de insulina ajuda a eliminar o açúcar do sangue de maneira eficiente, mas geralmente nos deixa com aquela desagradável "queda de energia" que sentimos depois de uma alta de açúcar. Consequentemente, acabamos precisando fazer outro lanche apenas para estabilizar os níveis de açúcar no sangue que está tão fora de controle.

Uma situação semelhante vale para gorduras e sal. Nosso corpo precisa de gorduras e minerais como o sal para funcionar corretamente, por isso não queremos eliminar esses ingredientes de nossa dieta. Mas, assim como acontece com o açúcar, as pessoas provavelmente não percebem quanto excesso de gordura e sal estão consumindo em alimentos populares. Se você ingere 2.000 calorias por dia, deve ingerir entre 44 e 78 gramas de gordura por dia. Um único prato de fast-food geralmente nos leva a essa faixa de consumo. Um pão doce com canela e açúcar tem quase 40 gramas de gordura. Uma tigela de macarrão com queijo pode ter mais de 60 gramas de gordura. Surpreendentemente, muitas saladas de fast-food acrescentam de 30 a 60 gramas de gordura. Até cafés mocha podem conter até 50 gramas de gordura.

O Departamento de Agricultura dos EUA (USDA da sigla em inglês) recomenda que adultos saudáveis consumam menos de 2.400 miligramas (cerca de uma colher de chá) de sódio por dia. No entanto, os norte-americanos geralmente consomem de 3 mil a 4 mil miligramas. A maior parte desse excesso de sal é proveniente de alimentos processados, alimentos embalados e de restaurantes; uma única refeição congelada ou entrada em uma lanchonete pode atender à nossa cota diária de sal, ou até mais. Classificada como a comida mais salgada dos EUA, a tigela de Hot and Sour Soup do restaurante P.F. Chang's carrega quase 8 mil miligramas de sal (mais de 3 vezes o limite diário).

Nosso constante mastigar de snacks como salgadinhos, biscoitos, pipoca e nozes, pode facilmente nos levar para perto da zona de perigo do sal. Fontes menos óbvias de alto teor de sódio incluem sopas, sucos de vegetais, molhos e comidas prontas. Uma colher de sopa de molho de soja pode conter mais de mil miligramas de sal.

Empresas de alimentos e restaurantes querem clientes fiéis. Adicionar muito açúcar, gordura e/ou sal em seus alimentos é eficaz, porque eles funcionam da mesma maneira que as drogas de abuso. Nós somos como Al Pacino em *Scarface*, só que nosso rosto está enterrado em uma pilha de donnuts recobertos de açúcar em pó em vez de cocaína. Como os alimentos com alto teor calórico acionam o sistema de recompensa do cérebro da mesma maneira que os opioides, as junk foods são tecnicamente uma substância viciante (o que torna a palavra "junkie", usada para designar viciados em drogas em inglês, bastante adequada). Vários estudos mostraram que o açúcar é ainda mais viciante que a cocaína. É por isso que os desejos por lanches não saudáveis podem ser avassaladores. E como o açúcar está por toda a parte, levar as pessoas a abandonar o hábito é como tentar montar uma clínica de reabilitação de drogas em uma casa de crack.

Ansiamos por alimentos processados com muito açúcar, gordura e sal porque a oferta e a demanda se inverteram milhões de anos atrás. Antes escasso e precioso, açúcar, gordura e sal são agora onipresentes e baratos. Os alimentos não processados, em geral, são mais caros do que os processados hoje, e ainda requerem mais tempo de preparo. Provavelmente, isso contribui para o fato de a obesidade, antes uma doença de pessoas mais abastadas, tenha agora disparado entre as classes pobres e médias. A disparidade está bem resumida nesta franca declaração feita por Monica Drane, filha do homem que inventou o Lunchables, o enorme kit de refeições processadas para crianças: "Não acho que meus filhos já comeram um Lunchable... Eles sabem que eles existem e que o vovô Bob os inventou. Mas nós comemos de forma muito saudável."

Por que Comemos Demais

A maioria dos alimentos processados supre nossos mais intensos desejos alimentares, criando um cenário que torna difícil resistir à junk food. Mas nossos desejos são apenas uma parte de toda a história. O que controla o volume de alimentos que ingerimos?

Você sabe quando seu smartphone precisa ser carregado pelo indicador de bateria. No corpo, uma série de hormônios funciona de maneira semelhante. Quando nosso estômago está vazio, nossas células gastrointestinais liberam grelina, o "hormônio da fome" que viaja até o cérebro gritando "Quero comida!". Quando começamos a recarregar nosso corpo com comida, os níveis de grelina caem e começamos a experimentar a sensação de estar satisfeito. A satisfação que se segue a uma refeição vem do "hormônio da saciedade" chamado leptina, liberados pelas nossas células adiposas. Esse engenhoso ciclo hormonal controla, por meio de sinais bioquímicos, quando e quanto comemos. Algumas pessoas comem demais por causa de mutações genéticas que perturbaram esse sistema hormonal de fome/saciedade. Isso seria como um smartphone que não consegue mais identificar quanta energia resta na bateria.

Os primeiros genes ligados ao controle do apetite foram identificados em camundongos, fato um tanto surpreendente. Quando foi a última vez que você viu um rato gordo desfilando por aí? Provavelmente, nunca. Ratos com excesso de peso têm dificuldade de fugir dos predadores. Mas em 1949, os cientistas ficaram surpresos ao encontrar um camundongo obeso perambulando tranquilamente em uma gaiola em meio a seus irmãos magros. Por mero acaso, esse camundongo nasceu com uma mutação no gene da leptina; ele foi usado para desenvolver uma linhagem de camundongos obesos chamada *ob/ob*. Como esses camundongos não produzem mais leptina, nunca se sentem satisfeitos. Surpreendentemente, quando os pesquisadores injetaram leptina em um camundongo *ob/ob*, ele parou de comer em excesso. Se oferecermos um cookie a um camundongo *ob/ob*, ele comerá mais e mais. Se lhe dermos leptina, ele se sentirá satisfeito.

Em 1998, os pesquisadores descobriram que mutações no gene da leptina também existiam em vários pacientes com obesidade mórbida. Outro paralelo bizarro entre os camundongos *ob/ob* e esses pacientes com obesidade estão relacionados à reprodução. Camundongos *ob/ob* são estéreis (a menos que essa condição seja corrigida por meio de restrição alimentar ou suplementação de leptina); pacientes com deficiência de leptina e obesidade nunca passam pela puberdade. Produzida pelas células adiposas, a leptina é um indicador da massa corporal. Apesar da grande massa de um corpo, se a leptina não estiver sendo produzida, o cérebro não recebe o sinal de que o corpo possui reservas de gordura suficientes para a reprodução. Isso também explica por que as mutações na leptina são tão raras em humanos e camundongos.

Como observado em camundongos *ob/ob*, a terapia de reposição de leptina consegue levar essas pessoas com obesidade mórbida a um peso quase normal (também induz a puberdade e restaura a fertilidade). Parece maravilhoso, mas será que *alguém* perde peso tomando suplementos de leptina? Desculpe, a resposta é não. A terapia com leptina ajuda apenas as poucas pessoas no mundo com deficiência de leptina. Na verdade, a maioria das pessoas com obesidade produz leptina normalmente. O problema é que o cérebro se tornou resistente aos seus efeitos, deixando de responder adequadamente ao hormônio. As células adiposas estão tentando dizer ao cérebro que ele pode parar de comer, mas o cérebro não está recebendo a mensagem.

Como você pode imaginar, sempre que falamos de um hormônio (ou neurotransmissor), é preciso que haja um receptor para essa molécula sinalizadora — como uma bola atingindo a luva de um jogador de beisebol. O LEPR (receptor de leptina) é o gene que funciona como a luva para a leptina, e as mutações nesse gene também podem interromper o sinal de saciedade da leptina. Descobriu-se também outro tipo de camundongo obeso, chamado *db/db*, com uma mutação no receptor de leptina, uma condição que também é observada em humanos. Um pequeno número de indivíduos com obesidade sofre de deficiência no receptor de leptina — eles nunca recebem o sinal de que estão satisfeitos — o que torna praticamente impossível que eles pararem de comer em excesso. O sinal de saciedade continua batendo, mas não consegue entrar.

A leptina também promove a produção de outro hormônio de saciedade, chamado hormônio estimulante de alfa-melanócitos (alfa-MSH), que ajuda a proporcionar essa sensação de plenitude após uma refeição. O receptor que captura e responde a esse hormônio é chamado MC4R, e os cientistas identificaram mutações no DNA próximas a esse gene em pessoas com obesidade de início precoce.

O que é estranho, assim como a ligação entre mutações da leptina e problemas de puberdade, é que há outra conexão curiosa entre comida e sexo envolvendo o MC4R. Os químicos desenvolveram uma variedade de compostos que se parecem com o alfa-MSH, na esperança de que se liguem ao MC4R e ajudem as pessoas com obesidade a se sentirem satisfeitas. Acontece que alguns desses chamados agonistas do MC4R têm "propriedades erectogênicas", o que significa que aumentam a libido. Se essas substâncias forem transformadas em medicamentos para perda de peso um dia, os homens que normalmente precisam abrir as calças após as refeições ainda o farão, mas por diferentes razões. (Comerão menos e se exercitarão mais — um ganho duplo!) Mas, brincadeiras à parte, esse exemplo destaca o desafio que enfrentamos: a genética subjacente ao nosso apetite é complexa, e os pesquisadores têm muito o que compreender antes de conseguirem determinar se essas substâncias podem ser usadas para nos ajudar a equilibrar nossa ingestão calórica com segurança.

Além dos genes que regulam os aspectos hormonais do comportamento alimentar, existem genes que regulam a alegria que sentimos após comer uma boa refeição. Os pesquisadores descobriram que pessoas com uma variação genética chamada Taq1A são mais propensas a se tornarem obesas porque ela reduz a quantidade de receptores de dopamina (os receptores envolvidos na detecção da recompensa) no cérebro. As pessoas que possuem essa variante precisam comer demais para sentir a mesma recompensa de dopamina que a maioria das outras pessoas experimenta com quantidades menores de alimentos.

Estudos como esse são de suma importância. Os genes são capazes de regular nossos sentimentos. Para algumas pessoas, o apetite não é uma questão de autocontrole — está além do seu controle. É certo julgar ou repreender pessoas com apetites vorazes por causa da maneira como o DNA delas foi organizado?

Mesmo que o DNA construa um cérebro capaz de regular adequadamente a ingestão de alimentos, outras coisas, que estão além de nosso controle, podem dar errado, levando a mudanças no comportamento que resultam em ganho de peso. Os cientistas documentaram vários exemplos de pacientes que ganham ou perdem peso devido a um tumor ou concussão cerebral. Além disso, algumas pessoas que possuem implantes cerebrais, que emitem pulsos elétricos para controlar distúrbios involuntários do movimento (como a doença de Parkinson), repentinamente começam a comer compulsivamente. Da mesma forma, quando certas regiões cerebrais em camundongos são estimuladas, eles começam rapidamente a devorar seus alimentos em segundos. Esses estudos destacam o importante papel do cérebro em nossos hábitos alimentares.

Estudos em andamento para identificar regiões específicas do cérebro que controlam o comportamento alimentar podem levar a novos tratamentos para problemas de peso. Em 2018, o neurobiólogo Charles Zuker, da Universidade de Columbia, conseguiu manipular neurônios específicos no cérebro de camundongos, de modo que o desejo natural por doces e a aversão a sabores amargos fossem apagados. Imagine um dia ter seu cérebro reconectado de uma maneira que torne os brócolis mais atraentes do que bolo de chocolate!

Como Seus Pais Influenciaram Seu Apetite

Não há dúvida de que acidentes em certos genes podem interferir no controle do apetite e no metabolismo de algumas pessoas. Mas a variação genética não é capaz de explicar o rápido aumento da obesidade nas últimas décadas. Estima-se que mutações em genes únicos, como os discutidos anteriormente, representem menos de 10% da epidemia de obesidade. Em vez de mutação no DNA, talvez esteja em jogo um mecanismo epigenético — algo em nosso ambiente pode estar alterando a expressão gênica de maneira a promover a obesidade. Corroborando com essa ideia, há evidências de que os alimentos que ingerimos podem alterar a expressão gênica de maneiras que influenciam o apetite, o metabolismo e a suscetibilidade a doenças.

Uma das observações mais impressionantes que refletem a importância da dieta na expressão gênica vem do trabalho do biólogo Randy Jirtle no Duke University Medical Center. Por meio do estudo de um gene chamado agouti em camundongos, Randy e seus colaboradores mostraram como a dieta da mãe é crucial durante a gravidez. O que esse gene agouti faz, você me pergunta? Ele cria mechas loiras nos pelos de um camundongo. Espere, o quê? A forma como pelos loiros, a dieta da mãe e as mudanças no apetite dos filhos estão associados exige um pouco mais de explicação.

A partir do momento em que o esperma e o óvulo se encontram, uma nova equipe de genes arregaça as mangas e começa a trabalhar na construção de um bebê. Uma elaborada reação em cadeia começa a se desenrolar, onde diferentes ondas de genes são ativadas e desativadas em uma progressão altamente ordenada. Desde o primeiro dia, o ambiente fornecido pelo útero da mãe começa a programar o genoma do bebê para sobreviver por si próprio. A natureza presume que o ambiente que uma mãe experiencia durante a gravidez é o mesmo ambiente em que o bebê terá que viver. Portanto, o nível de atividade de alguns dos genes de um bebê é programado *antes* nascimento em um esforço para preparar a criança para a vida fora do útero. Isso é chamado de programação fetal ou pré-natal.

Imagine um camundongo. Você provavelmente imaginou um roedor ágil, pequeno e peludo com uma pelagem marrom. A maioria dos camundongos realmente é parecida com essa imagem; entretanto, às vezes, um camundongo nasce com uma pelagem amarela e se transforma em uma grande bola de pelo — parecendo mais um exemplar da espécie Pingo, de *Star Trek*. Esses camundongos de pelos amarelos são predispostos a doenças como obesidade, diabetes e câncer. A diferença entre o camundongo normal e o amarelo é que o amarelo nunca desligou seu gene agouti. Se examinarmos de perto os pelos de um camundongo normal, veremos que a parte do meio é amarela, o que indica o período em que o gene agouti estava ativo. As partes marrons do pelo, ao lado das amarelas, indicam quando o gene agouti estava desligado. Em alguns camundongos, o gene agouti nunca está ativo e eles têm pelos totalmente castanhos. Em camundongos amarelos, o gene agouti nunca é desligado, produzindo sua pelagem dourada.

Lembre-se da nossa discussão anterior sobre o hormônio de saciedade, o hormônio estimulante de alfa-melanócitos (alfa-MSH). Como muitos hormônios, o alfa-MSH tem múltiplos efeitos no corpo; além de proporcionar essa sensação de saciedade depois de comer, o alfa-MSH escurece os pelos. A proteína agouti bloqueia a ligação do alfa-MSH ao seu receptor nas células do folículo piloso, para que os pelos fiquem loiros. Mas esses loiros não são a sensação da prole. Infelizmente para os camundongos de pelos amarelos, a proteína agouti também interfere com a ligação do alfa-MSH ao receptor MC4R nas células cerebrais, fazendo com que os camundongos comam demais porque não estão mais recebendo o sinal de que estão satisfeitos.

Mas, você pode estar se perguntando, o gene agouti está presente em todos os camundongos, então por que alguns são marrons e magros e outros são amarelos e gordos? O que causa a variação na cor da pelagem e as perspectivas futuras de saúde é o quanto e quando o gene agouti está ativo.

Como seria de se esperar, camundongos obesos, amarelos, normalmente dão à luz filhotes que se tornam amarelos e não saudáveis, como a mãe. Mas aqui está a descoberta de fato impressionante: se você ajustar a dieta de uma mãe amarela durante a gravidez, ela dará à luz camundongos marrons, magros e saudáveis! Que tipo de bruxaria é essa? O truque era suplementar a dieta da mãe com nutrientes que melhoram a metilação do DNA (como ácido fólico, betaína, vitamina B12 e colina), a alteração química que desativa os genes. Um dos genes silenciados por meio da metilação do DNA orientada pela dieta é o agouti. Com o silenciamento do gene agouti, os filhotes nascidos de mães amarelas obesas tinham pelagem marrom e não comiam demais, porque a proteína agouti, capaz de bloquear os receptores alfa-MSH, nunca foi produzida.

Esse estudo notável tem várias implicações relacionadas ao apetite. Primeira, o DNA de um feto em desenvolvimento está sendo programado ativamente antes do nascimento para se preparar para a vida no ambiente da mãe. Essa programação fetal baseia-se, em parte, nos sinais obtidos a partir da dieta da mãe como representantes do ambiente ao seu redor. Segunda, o que a mãe come durante a gravidez pode ter um impacto permanente nos filhos, alterando a metilação do DNA do bebê. Os suplementos alimentares além do que os profissionais de saúde recomendam devem ser tratados com cautela, porque não temos ideia do que a maioria deles pode fazer com o DNA fetal. Terceira, embora você herde os genes de sua mãe e de seu pai, isso não significa que você os expressará como sua mãe ou pai. Mães agoutis amarelas podem ser gordas, mas seus filhotes não estão destinados a compartilhar esse destino. Obviamente, esse conceito também poderia funcionar ao contrário. Um estudo mais aprofundado dos genes e seu controle epigenético durante o desenvolvimento pode orientar uma mãe grávida a programar seu feto para uma saúde ideal.

Antes que os futuros pais se sintam confortáveis atrás do lombo de porco e da torre de brownie com sorvete de três andares, devem estar cientes de que seus hábitos alimentares também podem afetar seus futuros filhos por meio da programação epigenética de seus espermatozoides. Um estudo de 2010 realizado pela farmacologista Margaret Morris, na Universidade de New South Wales, na Austrália, descobriu que camundongos machos que receberam uma dieta rica em gordura tiveram filhotes com problemas de insulina, que coincidiam com ganho de peso e aumento de gordura. Um olhar mais atento às filhas desses pais que comem junk food revelou uma expressão anormal de mais de 600 genes nas células das ilhotas pancreáticas, as células encarregadas de produzir insulina.

E os humanos? Para descobrir se o peso pode afetar a expressão gênica no esperma humano, o biólogo Romain Barrès, da Universidade de Copenhague, na Dinamarca, examinou os padrões de metilação do DNA em amostras de esperma doadas por homens magros e obesos. Em um estudo de 2015, sua equipe descobriu que mais de 9 mil genes foram metilados de maneira diferente entre os espermatozoides de homens magros e obesos. São muitos genes, e entre eles estavam alguns dos suspeitos comuns já associados ao controle do apetite, como o MC4R. Essas alterações na expressão gênica podem levar a mudanças permanentes na maneira como o cérebro está configurado para o controle do apetite, potencialmente explicando por que algumas pessoas acham quase impossível mudar seus comportamentos alimentares. No mesmo estudo, Barrès e colaboradores também analisaram a metilação do DNA no esperma antes e depois de homens com obesidade serem submetidos à cirurgia bariátrica para perder peso. Alterações na metilação do DNA foram detectadas em genes como MC4R um ano após a cirurgia bariátrica, sugerindo que é possível reverter essas modificações no DNA espermático.

Em contraste com os estudos realizados em roedores, a extensão em que essa metilação do DNA muda no esperma de homens com obesidade afeta seus filhos ainda não foi estudada. No entanto, todos esses estudos fornecem um mecanismo plausível pelo qual os hábitos alimentares de seu pai podem ter influenciado os seus, desde quando metade do seu DNA ainda estava nadando nas partes baixas de seu pai. Desculpe, futuros pais, mas parece que a mãe não é a única que precisa ter um estilo de vida saudável antes de ter filhos.

Por que o Açúcar Pode Tornar Sua Vida Mais Doce e Mais Curta

O que você come quando bebê e criança pode ter efeitos duradouros no seu comportamento alimentar quando adulto. Para ajudar a estudar como certas atividades afetam toda uma vida, os cientistas costumam usar organismos-modelo como moscas-da-fruta e minúsculos vermes chamados *C. elegans*. Como a duração da vida de vermes e moscas é de cerca de quinze e noventa dias, respectivamente, os cientistas conseguem estudar como várias coisas afetam o desenvolvimento desses organismos desde o nascimento até a morte. Estudar uma vida inteira em humanos levaria toda a vida do cientista, mas é realmente difícil conseguir uma carreira estável sem publicar até os setenta anos.

Podemos usar criaturas de vida curta para fazer perguntas como: "O que acontece com os jovens que comem muita junk food? Eles ficam bem?" As notícias não são tão boas. Um estudo de 2017 realizado pelo biólogo Nazif Alic na University College London revelou que o tempo de vida de moscas jovens alimentadas com uma dieta rica em açúcar por três semanas foi reduzido em 7%. Infelizmente, a vida foi abreviada mesmo depois que a dieta rica em sacarose foi mudada para uma mais saudável. É isso mesmo... as moscas que foram alimentadas com muito açúcar durante a juventude morreram prematuramente, mesmo quando passaram a consumir alimentos saudáveis ao se tornarem adultas.

Quando a equipe de Alic investigou o mecanismo por trás da capacidade do açúcar de reduzir irreversivelmente a expectativa de vida, descobriu que a sacarose interferia em um fator de transcrição chamado FOXO. Os seres humanos têm esses mesmos fatores. Os fatores de transcrição regulam a expressão de múltiplos genes, portanto, interferir em um deles interrompe toda uma rede de genes, como uma fileira de peças de dominó. A rede de genes FOXO produz muitas proteínas que mantêm nossas células em boas condições de funcionamento, por isso faz sentido que os organismos vivam mais tempo com essa rede em ação. O excesso de açúcar diminui a atividade da rede de genes FOXO e, assustadoramente, essas mudanças parecem inabaláveis mesmo depois que as moscas alimentadas com açúcar iniciam uma dieta saudável.

Esses estudos sugerem que o excesso de açúcar acelera o envelhecimento, tornando a vida curta e doce. Que belo estraga-prazeres é o açúcar! É importante ter em mente que ainda existem questões não resolvidas sobre como tudo isso funciona, e os estudos em humanos são muito limitados no momento. Embora muitos estudos demonstrem que o excesso de açúcar prejudica nossa saúde, pode ser prematuro concluir que danos permanentes sejam causados a crianças que cresceram com uma dieta prescrita por Willy Wonka. Ainda assim, é aconselhável fazer mudanças sensatas na dieta de seus filhos e na sua dieta o quanto antes.

Como Suas Bactérias Intestinais Podem Influenciar Seu Apetite

Um número crescente de cientistas acredita que nossa microbiota intestinal também pode influenciar nosso apetite e deslocando os ponteiros de nossas balanças. E é mais do que apenas um sentimento nascido nas entranhas dos cientistas, como os estudos com camundongos sem germes mostraram. Camundongos livres de germes nascem e são criados em um ambiente estéril, não há micróbios vivendo neles. Nenhuma outra criatura na Terra é tão pura, nem mesmo Madre Teresa. Embora esses camundongos estéreis possam estar no paraíso para um germófobo, esse nível de pureza tem consequências negativas. Camundongos livres de germes são magricelas, apresentam defeitos no sistema imunológico e respondem inadequadamente ao estresse. As anormalidades observadas em camundongos livres de germes demonstraram uma ideia surpreendente: as bactérias intestinais não são meras vagabundas de passagem, elas desempenham papéis importantes em nossa saúde e bem-estar. A vida sem elas não é como a conhecemos.

Os cientistas se perguntaram o que aconteceria se eles colonizassem o intestino de camundongos sem germes com micróbios. Para fazer isso, os pesquisadores tiveram que usar um truque um tanto sujo nos camundongos. Eles coletaram um pouco de material do ceco (o começo do intestino grosso ou do cólon) de um camundongo normal e o espalharam sobre a pelagem do camundongo livre de germes. Quando o camundongo livre de germes foi se limpar, inconscientemente lambeu a gosma de ceco carregada de bactérias. Após o preparo, o camundongo antes livre deles foi povoado por germes.

Os camundongos magros e livres de germes que se inocularam com bactérias do intestino de um camundongo normal ganharam peso considerável em duas semanas. Em uma incrível descoberta, esse transplante bacteriano fez com que os camundongos magros parecessem tão normais quanto os que "doaram" as bactérias. O ganho de peso não se deveu ao aumento do apetite, porque os camundongos que antes eram livres de germes, na verdade, comiam *menos* depois de receberem as bactérias de um camundongo normal. O que essas bactérias estão fazendo para ajudar os camundongos livres de germes a atingir um peso normal? Elas trouxeram novos genes hábeis na digestão de carboidratos complexos dos vegetais presentes na dieta do camundongo. Eles agora conseguiam extrair mais energia com menos alimentos, graças a melhor digestão proporcionada pelas bactérias.

Os pesquisadores então tiveram uma ideia maluca de testar se todas as bactérias intestinais eram iguais. O que aconteceria com os camundongos livres de germes se fossem alimentados com bactérias provenientes de um doador obeso, como o camundongo *ob/ob*? Os camundongos livres de germes que ingeriram bactérias de um camundongo *ob/ob* obeso ganharam *muito* peso, e logo se assemelhava ao seu doador. Camundongos livres de germes ganharam quase 30% mais gordura quando ingeriram bactérias de camundongos normais, mas mais de 50% de gordura quando ingeriram bactérias de camundongos obesos. Esse resultado sugere que as bactérias intestinais são realmente diferentes em camundongos magros e obesos e que elas têm efeitos além do intestino que afetam o ganho de peso.

Inspirado por esses estudos pioneiros, um grupo de pesquisadores se tornou "a expedição de Lewis e Clark" dos intestinos e começou a mapear as diferentes espécies de bactérias que habitam camundongos de tamanhos distintos. O National Institutes of Health iniciou um esforço semelhante chamado Human Microbiome Project para documentar os habitantes microbianos dos seres humanos. As descobertas ainda estão ocorrendo, mas, assim como os exploradores não encontram os mesmos animais na floresta e no deserto, os cientistas estão observando diferenças nos tipos de bactérias que habitam os intestinos de indivíduos magros e obesos. Por exemplo, camundongos obesos têm mais bactérias Firmicutes e menos bactérias Bacteroidetes. Essas famílias abrigam muitos tipos diferentes de espécies bacterianas que estão comumente presentes no intestino dos mamíferos. As bactérias da família Firmicutes são capazes de extrair mais calorias dos alimentos em comparação com as Bacteroidetes, o que torna mais fácil para o organismo guardar reservas de gordura.

A maioria dos estudos também corrobora uma proporção reduzida entre Bacteroidetes e Firmicutes na obesidade humana. Uma dieta desequilibrada está associada a uma microbiota desequilibrada. Um estudo de 2009 do cientista pioneiro da microbiota Jeffrey Gordon, da Universidade de Washington, comparou as bactérias intestinais de gêmeos obesos e magros, e encontrou diferenças em 383 genes bacterianos. Nos participantes com obesidade, 75% desses genes eram de bactérias da família Actinobacteria e 25% eram de Firmicutes. Nenhum gene de Bacteroidetes foi detectado nos participantes com obesidade. Por outro lado, 42% desses genes em indivíduos magros eram de Bacteroidetes. Muitos desses genes bacterianos que diferem entre indivíduos obesos e magros estão envolvidos no metabolismo.

Evidências adicionais corroboram uma íntima conexão entre nossa dieta, peso e a composição de nossa microbiota. O biólogo Paolo Lionetti, da Universidade de Florença, comparou a microbiota em pessoas que vivem em uma cidade europeia com as de uma vila rural africana. Como você deve suspeitar, as crianças de Florença, na Itália, tendem a ser mais pesadas do que as magras crianças da aldeia africana de Boulpon, em Burkina Faso. Curiosamente, Lionetti descobriu que as crianças em Florença que seguiam uma "dieta ocidental" rica em carboidratos, gordura e sal hospedavam principalmente bactérias Firmicutes. Acredita-se que as crianças em Boulpon ainda consumam alimentos que nossos ancestrais provavelmente comiam: principalmente frutas e vegetais, com proteínas provenientes ocasionalmente de carnes, ovos ou insetos (cupins, neste caso). A microbiota das crianças de Boulpon continha muito mais Bacteroidetes e grandes porções de dois gêneros não encontrados nas crianças italianas: *Prevotella* e *Xylanibacter*, ambos especialistas em digerir a fibra encontrada em alimentos à base de vegetais.

Os tipos de bactérias alojadas em nosso intestino mudam rapidamente em resposta à nossa dieta. As pessoas magras que começam a comer uma dieta com mais calorias sofrem um rápido aumento de bactérias Firmicutes à custa das Bacteroidetes, o que as leva a extrair ainda mais calorias dos alimentos. Comer junk food pode criar um círculo vicioso que muda rapidamente o equilíbrio das bactérias intestinais em direção aos tipos que promovem a formação de gordura.

Assim como o intestino de um camundongo com muitas Firmicutes, a trama fica ainda mais complexa. Foi muito observar as bactérias de um camundongo gordo ajudarem um camundongo magrelo e livre de germes a começar a viver bem. Mas o que acontece se o oferecêssemos bactérias de seres humanos? Em 2013, a equipe de Gordon colheu bactérias intestinais de gêmeos, sendo que um deles era substancialmente mais pesado que o outro. Surpreendentemente, quando eles transplantaram bactérias intestinais do gêmeo com obesidade em camundongos livres de germes, esses camundongos engordaram. As bactérias intestinais do gêmeo magro não induziram ganho de peso significativo quando colocadas nos camundongos sem germes.

Conheça Seu Apetite

Nesse mesmo estudo, Gordon e seus colaboradores inseriram um toque extra na qual os camundongos livres de germes que ingeriram bactérias do gêmeo magro foram colocados na mesma gaiola que os que ingeriram bactérias do gêmeo mais pesado. Para entender o que aconteceu, você precisa conhecer um pouco sobre um hábito dos camundongos que a maioria de nós acha um pouco desagradável: eles comem as fezes uns dos outros. Assim, basicamente executam seus próprios transplantes fecais quando dividem a mesma gaiola. E o resultado surpreendente foi que os camundongos colonizados com bactérias do gêmeo pesado foram capazes de permanecer magros ao ingerir cocô excretado por camundongos que abrigavam bactérias do gêmeo magro. Parece que as bactérias de uma pessoa magra têm algum tipo de superpoder que impede o ganho de peso.

No entanto, antes de enviar uma mensagem aos seus amigos magrelos pedindo um pequeno "favor" com um emoji de cocô, note que, quando esse experimento foi repetido com os camundongos sendo servidos com alimentos com alto teor de gordura, em vez da comida habitual à base de vegetais, as bactérias do gêmeo magro perderam os superpoderes e não conseguiram mais impedir o ganho de peso nos camundongos implantados com bactérias do gêmeo obeso. Em outras palavras, obter bactérias de pessoas magras não é suficiente. Hábitos alimentares saudáveis são necessários. Esses resultados nos dizem que a dieta e as bactérias intestinais influenciam umas às outras de maneiras que provavelmente afetam o metabolismo, mas muitos detalhes ainda precisam ser resolvidos antes que possamos manipular o sistema.

Como Podemos Mudar Nossos Desejos

Como os diferentes tipos de bactérias conquistam um lugar em seu intestino está relacionado ao seu apetite. Parece que as bactérias lá embaixo enviam sinais químicos para o seu cérebro que influenciam seus desejos pelos tipos de alimentos que elas precisam para se propagar e superar outros tipos de bactérias que desejam colonizar seu território. Há um círculo da vida microbiana em sua barriga: o que você come afeta seus micróbios e o que eles comem pode afetar o que você come.

Assim, como qualquer outra criatura viva, as bactérias que infestam nossos intestinos estão competindo por espaço e nutrientes. Para nossa sorte, milhões de anos de evolução criaram relações simbióticas entre nosso DNA e o delas, alcançando um tipo de existência "coça minhas costas que eu coço as suas". Nós fornecemos a elas um lugar para morar e almoço grátis, e elas produzem algumas vitaminas para nós e ajudam a manter as bactérias e fungos patogênicos desagradáveis afastados. Mas todas as bactérias querem otimizar seu crescimento, assim podem ter desenvolvido formas de enganar nosso cérebro para enviar os alimentos que as ajudam a prosperar.

Os tipos de bactérias no intestino de uma pessoa revelam o que ela come. Comparados à maioria das pessoas no Japão, os agricultores do meio-oeste dos Estados Unidos não estão tão bem equipados para digerir algas marinhas, um dos principais elementos de uma dieta baseada em sushi. Pessoas de ascendência japonesa adquiriram bactérias Bacteroides únicas, capazes de digerir e extrair nutrientes das algas marinhas. Outras pessoas também podem desfrutar de um sushi, é claro, mas podem não digerir as algas com a mesma eficiência que os japoneses. Estudos como esse sugerem que a composição de nossa microbiota não é apenas influenciada pelo que comemos hoje, mas também pelo que nossos ancestrais comiam.

Em vez de algas, algumas espécies de bactérias prosperam com açúcar, outras com gordura; essas bactérias podem estar o manipulando a desejar junk food. No entanto, é possível quebrar o feitiço, rebelando-se contra esses viciados em seu intestino e comendo alimentos saudáveis e não processados. Nesse caso, em breve você terá mais bactérias no intestino que o farão ansiar por salada de figo com nozes em vez de um cheeseburger com bacon e batatas fritas.

O que você come (ou deixa de comer) influencia sua população bacteriana. Os alimentos processados tendem a ter uma escassez de fibras, o que é extraordinariamente incomum na história alimentar de nossa espécie. A fibra tem sido um dos pilares da dieta humana, mas a maioria de nós nem chega perto de consumir os 25 a 35 gramas necessários diariamente. Essa carência de fibras não apenas faz com que a movimentação intestinal faça parecer que você está processando concreto, mas também o coloca em risco elevado de câncer de cólon. A falta de fibra mata algumas bactérias que trazem grandes benefícios à saúde.

Estudos em camundongos que receberam um suplemento de fibra tiveram um aumento em suas *Bifidobactérias*, outro tipo de bactéria em nossos intestinos. Elas são os "probióticos" originais e há muito se suspeita que sejam benéficos à saúde intestinal. Probiótico significa "para a vida" e refere-se a micróbios que exercem um efeito positivo na saúde. Esses micróbios são abundantes em alimentos fermentados e laticínios, que são recomendados há milhares de anos para tratar problemas gastrointestinais. A ideia foi popularizada no final do século XIX, depois que o cientista Élie Metchnikoff observou que os búlgaros, que pareciam viver vidas longas e vigorosas, frequentemente consumiam leite azedo ou iogurte.

Os níveis de uma espécie bacteriana chamada *Akkermansia muciniphila* também disparam em resposta à presença de fibras. Essas bactérias são muito mais prevalentes em pessoas magras e praticamente ausentes em pessoas com obesidade, diabetes tipo 2 ou doença inflamatória intestinal. Elas promovem a renovação da mucosa que reveste as paredes intestinais, que atua como uma barreira importante para evitar vazamentos. Quando o conteúdo do intestino vaza, pode causar inflamação no corpo, incluindo inflamação no tecido adiposo, levando ao ganho de peso. Dietas ricas em gordura dizimam as *Akkermansia*, mas fornecer fibras a seus micróbios pode recompensá-lo com uma melhor proporção de gordura/massa corporal, diminuição da inflamação e redução da resistência à insulina.

E isso não é tudo o que a fibra pode fazer por você! Um estudo em camundongos mostrou que a fibra alimentar foi capaz de reduzir a inflamação nos pulmões causada por alergias. O estudo mostrou que, além de transformar a microbiota de Firmicutes em Bacteroidetes, a fibra foi processada em ácidos graxos de cadeia curta (AGCCs) que atuam em outras partes do corpo. Nesse caso, os AGCCs produzidos a partir da fibra digerida foram para os pulmões e alteraram a resposta imune de maneira a reduzir a inflamação alérgica. Por outro lado, os camundongos alimentados com uma dieta pobre em fibras apresentaram aumento da doença alérgica das vias aéreas. Lembre-se do estudo mencionado por Lionetti, que comparou a microbiota de crianças urbanas italianas e africanas rurais. Ele também descobriu que as bactérias nas crianças africanas se correlacionavam com níveis mais altos de AGCCs, em comparação com as crianças italianas. Ele especula que isso pode ajudar a explicar por que os africanos sofrem menos doenças inflamatórias.

Sabendo que as bactérias decompõem as fibras e outros alimentos em produtos químicos que podem afetar vários sistemas do corpo, os cientistas propuseram duas potenciais táticas que os micróbios podem usar para manipular nosso apetite. Primeira, as bactérias podem produzir substâncias químicas que se movem até o cérebro e provocam desejos por alimentos de que elas precisam para crescer. Segunda, as bactérias podem produzir substâncias químicas que nos fazem sentir mal até comermos os alimentos de que elas precisam. Portanto, nossos senhores bacterianos não apenas controlam nosso apetite, mas também podem estar causando nossas mudanças de humor. Mais sobre isso nos próximos capítulos.

Portanto, da próxima vez que se sentar à mesa, lembre-se de que não está comendo por um; mas sim por trilhões de criaturinhas espalhadas pela sua barriga. Elas podem fazê-lo comer quando não está com fome, porque essas bactérias estão sempre pedindo para serem alimentadas. E, no mundo moderno, onde a comida é abundante, é muito fácil oferecer às bactérias o que elas querem, que nem sempre é do que você precisa.

Por que Não Temos Apetite por Exercícios

Apesar de o exercício ser o melhor remédio para o que nos aflige, nossas desculpas para evitar a malhação podem preencher livros de uma estante inteira. Embora nossas desculpas variem de absurdas (já carreguei uma caixa pesada de rosquinhas pelas escadas no trabalho hoje) a legítimas (um cachorro mordeu meu dedão do pé durante a corrida de ontem), há pouca controvérsia de que praticamos apenas uma pequena fração de atividade física de que nosso corpo precisa.

É bastante óbvio o porquê. O exercício dói. É desconfortável. Ele nos faz cheirar mal. Por que gastar um tempo precioso nos tornando miseráveis quando podemos relaxar com uma barra de chocolate nas mãos e assistir a outro episódio de *Batalha dos Confeiteiros*? A verdade é que se exercitar não é tão penoso quanto nos fazemos acreditar; o problema é que nos mimamos a tal ponto que pressionar o botão de um controle remoto hoje é considerado muito esforço, porque já podemos emitir comandos de voz para exibir e transmitir o próximo episódio de *Master Chef*.

Em nosso mundo moderno, o exercício leve parece um esforço hercúleo, porque tornamos todas as demais tarefas sem esforço. A ciência documentou minuciosamente os benefícios abundantes do exercício: ele cria força, aumenta nosso nível de energia, reduz a pressão sanguínea, reduz o estresse, ajuda na depressão e evita o ganho de peso e os inúmeros problemas de saúde associados ao excesso de peso. Já foi demonstrado que o exercício prolonga a vida, melhora a memória e o aprendizado e diminui a degeneração mental. Então, por que não estamos todos levantando o traseiro do sofá?

Nossos genes podem fornecer parte da resposta. Estudos com gêmeos revelaram um componente genético que influencia nossa tendência a se exercitar ou ser sedentário. Algumas pessoas nascem com genes que constroem corpos menos propensos a certos tipos de exercício. Kathryn North, da Universidade de Sydney, na Austrália, conduziu um estudo mostrando uma ligação significativa entre um gene chamado ACTN3 e o desempenho atlético. Essa proteína, encontrada nas fibras musculares de contração rápida que geram força em alta velocidade, é aumentada em velocistas e praticantes de musculação. Outras têm uma mutação que impede que essa proteína seja produzida, e essas pessoas tendem a ser atletas de resistência. Portanto, a sua preferência por correr curtas ou longas distâncias, ou levantar pesos em vez de fazer exercícios aeróbicos, pode se resumir ao tipo de músculos que seus genes construíram.

Não há dúvida de que os atletas profissionais trabalham e treinam muito, mas muitos também têm uma vantagem genética a agradecer pelo talento. Às vezes, o benefício genético é óbvio, como no caso de jogadores de basquete tão altos que precisam tomar cuidado com aeronaves que voam baixo. Mas, às vezes, o benefício genético é mais enigmático. Por exemplo, o herói olímpico Eero Mäntyranta faz o esqui cross country parecer fácil. Hoje, sabemos que eventos de alta resistência *eram* de fato mais fáceis para ele, graças a uma mutação que ele carregava no gene do receptor da eritropoietina (EPOR). Essa mutação faz com que ele produza um número maior de glóbulos vermelhos do que o normal, concedendo a ele um superpoder de fornecer oxigênio aos músculos famintos muito mais rápido do que seus concorrentes. O que suscita uma pergunta interessante: você acharia justo se tivesse que competir contra alguém com essa condição? Ou, caso competisse, deveria poder tomar eritropoietina (EPO) — o hormônio que o ciclista Lance Armstrong admitiu tomar — para aumentar sua contagem de glóbulos vermelhos?

Outra razão pela qual algumas pessoas gostam de se exercitar mais do que outras pode ser por experimentarem uma recompensa maior no cérebro após o esforço físico. Variações nos genes envolvidos nas vias de recompensa da dopamina no cérebro podem estar ligadas ao nível de atividades físicas praticado por uma pessoa. Quando as pessoas se sentem recompensadas pelo exercício, são mais propensas a praticá-lo. Se você não sentir uma recompensa inata depois de ir à academia, poderá encontrar outras maneiras de se recompensar por concluir um treino.

Qualquer fã de "Garfield" sabe que não somos os únicos animais que gostam de relaxar. Frank Booth, da Universidade do Missouri, notou que alguns de seus camundongos de laboratório se exercitavam com muito mais frequência na roda da gaiola do que outros, que evitavam a roda como Homer Simpson evitaria uma bicicleta. Sua equipe criou seletivamente esses animais para produzir camundongos que adoram se exercitar e que odeiam exercícios, e depois compararam a expressão gênica em seus cérebros. Algumas variações da expressão gênica corroboram uma diferença nas vias de recompensa da dopamina entre esses camundongos, reforçando a ideia de que alguns indivíduos genuinamente experimentam uma recompensa após o exercício e outros não.

A motivação para o exercício pode ser drasticamente reduzida pela ingestão de junk food, criando um golpe duplo contra a boa saúde. Estudos mostraram que a dieta ocidental se correlaciona fortemente com a preguiça e a depressão, levando os pesquisadores a concluir que as pessoas com obesidade não são necessariamente pesadas porque são preguiçosas ou têm falta de disciplina, mas porque a junk food mudou seu humor e comportamento. Estudos realizados em camundongos corroboram essa ideia. Os camundongos alimentados com uma dieta não saudável não engordam; eles também são significativamente menos motivados para executar tarefas de recompensa.

Os cientistas também estão investigando as diferenças na microbiota entre atletas e não atletas. Muitos dos mesmos temas estão surgindo, observados em comedores saudáveis versus não saudáveis. Um estudo de 2017 liderado pela bióloga computacional Orla O'Sullivan, no Teagasc Food Research Center, no condado de Cork, na Irlanda, comparou a microbiota intestinal de jogadores do sexo masculino de rugby com a de homens sedentários. A microbiota dos atletas não era apenas mais diversa, mas também repleta de bactérias *Akkermansia*, promotoras da saúde. Além disso, apesar do desgaste dos músculos, os atletas apresentaram níveis mais baixos de inflamação, o que pode ser atribuído em parte à sua microbiota mais saudável.

As espécies microbianas encontradas em pessoas que se exercitam rotineiramente produzem butirato, que possui fortes propriedades anti-inflamatórias. Em outro estudo de 2017, Maria del Mar Larrosa Pérez, da Universidade Europeia de Madri, descobriu que a microbiota de mulheres que praticavam exercícios moderados (três a cinco horas por semana) era marcadamente diferente das mulheres sedentárias. Mesmo exercícios leves foram associados a uma presença aumentada de espécies bacterianas benéficas como a *Akkermansia*.

Para Refletir

Em 1966, Brian Wilson, do Beach Boys, cantou: "Eu simplesmente não fui feito para esses tempos." Na verdade, nenhum de nós é feito para esses tempos. Somos projetados para viver como caçadores-coletores que comem comida real (não processada) e praticam bastante atividade física. Mas criamos um ambiente tão oposto ao de nossos ancestrais que agora estamos enfrentando uma epidemia. Para a maioria das pessoas que lutam com a cinturinha de muffin ou uma barriguinha de chope, manter a forma é uma simples questão de educação para fazer melhores escolhas alimentares e sair do sofá. Porém, para outros, o controle de peso é um sério desafio ao longo da vida causado por uma complexa interação de genes, ambiente e possivelmente microbiota.

Considere os índios Pima, que agora estão espalhados entre o Arizona e o México. Vivendo como caçadores-coletores no deserto ou perto dele há milhares de anos, os Pima desenvolveram genes "econômicos" que os tornaram mestres na extração de calorias de suas escassas fontes de alimento. Hoje, uma diferença marcante é evidente para quem visita os Pima no México, que mantêm um estilo de vida agrário de intenso trabalho, e os Pima no Arizona, que adaptaram o estilo de vida ocidental de comer muitos alimentos processados e movimentar-se muito pouco. Adivinhe a diferença que você notaria. Os Pima do Arizona hoje enfrentam um dos maiores problemas de obesidade no mundo, com 60% sofrendo de diabetes tipo 2. Os Pima do México não têm esses problemas. Como os Pima em ambas as áreas têm variação genética mínima, o ambiente é um culpado claro que contribui para a situação do grupo do Arizona. Uma abundância de porcarias combinada com atividade física reduzida transformou seus genes outrora econômicos em um risco de vida.

Os Pima ilustram o quanto é importante comer e se mover como nossos ancestrais. Eles também ilustram a importância dos genes na equação da perda de peso, pois algumas pessoas simplesmente nascem para serem metabolicamente mais econômicas. Centenas, talvez milhares de genes afetam nosso apetite, metabolismo e nossa capacidade de se exercitar. Devemos reconhecer que os genes em nosso DNA e nosso microbioma desempenham um papel importante nos hábitos alimentares e no ganho de peso, e aceitar que algumas coisas sobre a forma do nosso corpo estão além do nosso controle. A ciência demonstrou que pessoas com a mesma dieta e estilo de vida ganham quantidades muito diferentes de peso por causa da composição genética. Escrevendo para a revista científica *Natureza*, Stephen O'Rahilly resume muito bem o estado atual de nosso conhecimento: "A crescente evidência de que humanos podem ser geneticamente configurados para se tornarem obesos graves deve levar a uma percepção mais ampla de que a obesidade mórbida é uma doença que requer mais pesquisas científicas, em vez de um fracasso da força de vontade que exige um preconceito moral altivo." Humilhar pessoas gordas não é apenas uma abordagem cruelmente repugnante, mas muitos estudos provaram que é ineficaz e prejudicial à saúde e ao bem-estar das pessoas.

Como vimos, numerosos fatores biológicos — agentes nem sempre sob nosso controle — dificultam incrivelmente para algumas pessoas controlarem seu apetite. Se a força de vontade funciona para você, parabéns. Mas saiba que a autodisciplina também é influenciada pela genética. A ciência acabará por resolver o nosso problema de obesidade. Mas até então, o apoio e o incentivo compassivos são uma maneira muito melhor de ajudar a nós mesmos e aos outros a atingir objetivos de saúde realistas.

» CAPÍTULO QUATRO «

CONHEÇA SEUS VÍCIOS

Na verdade, não existe razão médica plausível para eu ainda estar vivo. Talvez meu DNA possa explicar.
— Ozzy Osbourne

Atualmente, é possível sequenciar seu genoma em um fim de semana por cerca de mil dólares. Mas você acredita que o primeiro genoma humano sequenciado levou 13 anos (1990 a 2003) e custou US$2,7 bilhões?

Naqueles dias, quando Harry Potter acabava de começar suas aventuras na tela em Hogwarts, ter seu genoma sequenciado era um privilégio raro. Entre as primeiras pessoas a remover a capa da invisibilidade de seu DNA estavam James Watson, um dos cientistas que ajudou a revelar a estrutura do DNA em 1953, e Craig Venter, que foi fundamental para que o Projeto Genoma Humano acontecesse. Steve Jobs também foi um dos primeiros a ter seu genoma sequenciado (o que eu imagino que os técnicos de laboratório chamaram de iGenoma). Que outros seres humanos notáveis os cientistas procuraram na tentativa de descobrir os segredos de seus DNAs? Stephen Hawking? Marilyn vos Savant, o recordista de QI mais alto? O ex-presidente Barack Obama? O cara que ganhou 74 rodadas seguidas no *Jeopardy*?

Não. Eles quiseram Ozzy Osbourne.

Nascido em 1948, John Michael Osbourne responde a vários nomes, incluindo "Ozzy", "Príncipe das Trevas" e "Pai do Heavy Metal". Ozzy conquistou o estrelato com o Black Sabbath na década de 1970 e depois seguiu para uma carreira solo agitada e de muito sucesso. Mas a música de Ozzy costuma ser ofuscada por suas lendárias farras regadas a álcool e drogas. Então, por que os pesquisadores queriam tanto espiar os genes de Ozzy?

Verdade seja dita, Ozzy é um espécime humano notável. Ele está constantemente lutando contra vários vícios (cocaína, bebida, sexo, pílulas, burritos), viajou incansavelmente e festejou por meio século, resistiu à exposição quase diária ao ruído ensurdecedor de "30 bilhões de decibéis" dos alto-falantes e sobreviveu a reality shows (embora tomasse até 25 comprimidos de hidrocodona por dia na época). Seu sistema imunológico estava tão enfraquecido por drogas e álcool que certa vez teve um falso positivo para HIV.

Viver uma semana do estilo de vida Ozzy mataria facilmente a maioria de nós, então os cientistas mal podiam esperar para colocar as mãos com luvas de látex na sequência de DNA desse Homem de Ferro, como diz a música. Quais genes com gosto por desafiar a morte Ozzy poderia ter para permitir que sobrevivesse à cocaína no café da manhã e a quatro garrafas de conhaque por dia durante décadas?

Em 2010, os cientistas da Knome, Inc., leram o diário do DNA de um louco e descobriram que Ozzy é realmente um mutante genético. Entre algumas das coisas mais intrigantes encontradas em seu DNA, estava uma mutação nunca antes vista próxima ao gene ADH4, o que pode explicar por que ele consegue consumir o estoque de uma loja de bebidas em um dia. O ADH4 produz uma proteína chamada álcool desidrogenase-4, que decompõe o álcool. É provável que uma mutação próxima ao ADH4 afete a quantidade de proteína produzida. Se o corpo de Ozzy é construído para desintoxicar o álcool muito mais rápido que o normal, isso pode ajudar a explicar por que o fígado dele não explodiu.

Ozzy também possui variações nos genes ligados ao vício, alcoolismo e absorção de maconha, opiáceos e metanfetaminas. Ao todo, o seu DNA revelou que ele tem seis vezes mais chances de ter dependência ou desejo de álcool, 1,31 vez mais chances de ter um vício em cocaína e 2,6 vezes mais chances de ter alucinações causadas por maconha.

Ozzy, que afirmou que "o único Gene que eu conheço é o integrante do KISS", ficou fascinado com os resultados. E, embora as variantes encontradas em seu genoma sejam tentadoras, a verdade é que ainda não sabemos o suficiente sobre esses genes para criar uma imagem abrangente que nos mostre por que esse homem tem uma personalidade aditiva ou por que ainda é razoavelmente saudável depois de abusar do corpo por mais de cinquenta anos. Francamente, no momento os dados são apenas uma "miragem de Ozz". O vício é um comportamento complexo, mas a pesquisa revela que nossos genes, com outros fatores biológicos fora de nosso controle, podem, para alguns, conspirar para tornar a vida um inferno.

O Alcoolismo Está em Nossos Genes?

O alcoolismo inclui os seguintes quatro sintomas: fissura, perda de controle, dependência física e tolerância. O National Council on Alcoholism and Drug Dependence estima que um em cada doze adultos sofre de abuso ou dependência de álcool apenas nos Estados

Unidos. Os norte-americanos gastam quase US$200 milhões *por dia* em bebida, e cerca de 100 mil pessoas morrem a cada ano por causas relacionadas ao álcool, como dirigir embriagado, suicídio, cair de escadas ou pensar que podem voar.

O vício em álcool é claramente um problema sério, mas não estou tentando lançar a ideia de que o álcool é o néctar do diabo. A questão importante é por que algumas pessoas não conseguem parar de beber quando sabem que deveriam. A grande maioria das pessoas gosta de bebidas alcoólicas porque gosta do sabor, quer relaxar um pouco ou precisa visitar os sogros. A maioria das pessoas usa álcool, mas algumas abusam. Por quê?

Durante muito tempo, o estereótipo é que as pessoas que sofrem de alcoolismo são indivíduos fracos que simplesmente não têm força de vontade para deixar de beber. Da mesma forma, que as pessoas que são capazes de beber como os caras da série *Mad Men* com consequências mínimas contam com sua capacidade de usar o poder da mente. Nenhuma dessas noções é verdadeira. A ciência demonstrou que sua capacidade de controlar a ingestão de álcool e o quanto ele o afeta tem um componente genético significativo. É por isso que especialistas reconhecem o vício como uma doença. O desejo por álcool pode ser tão poderoso quanto o de comida ou água; a fissura pode ser tão intensa que supera praticamente tudo na vida, incluindo família, amigos e até o próprio bem-estar. Pessoas com dependência podem ter tanta dificuldade em recusar uma bebida quanto uma pessoa faminta em recusar uma refeição.

O National Institute on Alcohol Abuse and Alcoholism afirma que os genes são responsáveis por cerca de metade da propensão de alguém a desenvolver o vício em álcool. Mas, como no genoma de Ozzy, raramente existe um único gene que explique completamente esse comportamento complexo. De fato, inúmeros genes têm sido associados à dependência do álcool. O primeiro que analisaremos diz respeito ao motivo pelo qual as pessoas gostam de ir ao bar depois de um dia estressante no trabalho.

Um estudo de 2004 da geneticista Tatiana Foroud, da Faculdade de Medicina da Universidade de Indiana, vinculou um gene chamado GABRG3 ao alcoolismo. Esse gene produz uma subunidade do receptor de células cerebrais que reconhece o ácido gama-aminobutírico (conhecido pela sua sigla em inglês, GABA), o chamado neurotransmissor "inibitório" que instrui o cérebro a se acalmar. O GABRG3 também tem sido associado a outras condições que envolvem interrupções na atividade cerebral normal, como epilepsia, autismo e síndrome de savant.

A descoberta de que o GABRG3 está associado ao abuso de álcool corrobora a teoria de que a doença provém de um cérebro hiperativo. Devido às suas propriedades sedativas, o álcool relaxa os neurônios hiperativos, servindo para barrar os furiosos rios da mente. Como o vício em álcool geralmente começa antes que o cérebro termine de se desenvolver por volta dos vinte anos, pessoas com cérebros hiperativos aprendem a associar álcool a alívio. Comportamentos aprendidos adquiridos nessa idade podem ser extraordinariamente difíceis de mudar, porque são essencialmente gravados no cérebro.

Um estudo de 2015 conduzido em camundongos associou um gene chamado NF1 à dependência de álcool. Porque o NF1 influencia a produção do GABA, esse estudo reforça a ideia de que a via de sinalização do GABA desempenha um papel importante no alcoolismo. Quando os pesquisadores mutaram o NF1 em camundongos, aqueles com o gene mutante beberam mais álcool do que os normais. (Os camundongos também gostam de álcool e drogas, o que os torna organismos modelo úteis para estudar o comportamento do vício.)

Para garantir que a conexão entre NF1 e alcoolismo não ocorra apenas em camundongos, a equipe examinou o gene NF1 em 9 mil pessoas. Consistente com os estudos em camundongos, eles encontraram uma associação entre NF1 e o advento e a gravidade do alcoolismo. Mas, assim como os estudos com o receptor GABRG3, são necessárias mais pesquisas para descobrir com precisão como essas alterações genéticas resultam em alcoolismo. Uma pista pode ser que camundongos com NF1 mutante não produzem tanto GABA. Sem o GABA, o cérebro tem problemas para se acalmar, o que pode levar alguém a beber mais em busca do efeito calmante.

Os cientistas estão desenvolvendo maneiras inteligentes de identificar outros genes associados ao alcoolismo. Um estudo de 2014 liderado pelo hematologista Quentin Anstee, da Universidade de Newcastle, expôs camundongos a um mutagênico químico que altera seu DNA (isso é vagamente semelhante a David Bruce Banner, se expusesse voluntariamente a radiação gama na tentativa de transformar seu DNA de fracote no DNA do Hulk). Os pesquisadores então selecionaram quais filhotes mutantes prefeririam a água com álcool em vez de água normal. Os cientistas rastrearam o defeito do DNA até o receptor de GABA mais uma vez, mas desta vez uma subunidade diferente do receptor (chamada $GABA_A R\beta 1$). A mutação mostrou que um pequeno ajuste em uma única subunidade de apenas um tipo de receptor cerebral aumentou a atividade elétrica, colocando suas mentes em constante estado acelerado. O frenesi elétrico no cérebro desses camundongos precisa ser reprimido; a água não tem esse efeito, mas o álcool sim. Esses camundongos não apenas preferiram a água com álcool, mas também continuaram a beber mesmo depois de estarem para lá de Bagdá.

Estudos mostram repetidamente que problemas de dependência de álcool não são falhas de caráter; ao contrário, o alcoolismo tem uma base genética. Evidências demonstram uma explicação biológica para esse comportamento incomum e muitas vezes autodestrutivo. Descobrir as questões genéticas que dão origem ao abuso de substâncias oferecerá maneiras muito mais eficazes e racionais de combater essa doença do que culpar e humilhar a vítima.

Por que Algumas Pessoas Simplesmente Dizem Não

Os genes que controlam como o corpo lida com álcool ou outras drogas também influenciam se alguém é mais propenso a se tornar um viciado em drogas. Por exemplo, algumas pessoas, principalmente as de descendência do leste asiático, experimentam rubor rápido e batimento cardíaco acelerado ao consumir álcool. Isso é comumente chamado de rubor asiático, mas o nome mais inclusivo é síndrome do rubor facial induzida pelo álcool. Pessoas com rubor asiático possuem uma variante genética que prejudica a produção de uma enzima que ajuda a metabolizar (decompor) o álcool.

No fígado, o álcool é decomposto em acetaldeído (ainda tóxico) e depois em acetato (não tóxico). Nas pessoas com rubor asiático, o álcool é convertido em acetaldeído normalmente, mas o acetaldeído não é decomposto de maneira eficiente. O acúmulo de acetaldeído tóxico causa a dilatação dos vasos sanguíneos, o que produz a vermelhidão e o calor que chamamos de rubor. O acetaldeído em excesso também pode causar dores de cabeça e náusea. As sensações desconfortáveis associadas à bebida levam alguns a evitar o álcool, tornando as pessoas com essa síndrome menos propensas a sofrer de alcoolismo.

Por que o rubor asiático surgiu em algumas pessoas durante o curso da evolução? Segundo um estudo, a mutação genética que causa a síndrome se originou cerca de 10 mil anos atrás no sul da China, quando as pessoas começaram a cultivar arroz. Além de fonte de alimento, o arroz também pode ser fermentado para produzir álcool, o que provavelmente era usado como desinfetante ou conservante. Alguns dos mais curiosos do grupo provavelmente ingeriram alguns para ver o que aconteceria, descobrindo que o álcool era uma bênção e uma maldição. Os pesquisadores especularam que a intolerância ao álcool entre esses povos antigos pode ter conferido uma vantagem de sobrevivência ao dissuadir os portadores dessa síndrome de beber quantidades excessivas. O mesmo princípio se aplica ao uso do dissulfiram como tratamento para o abuso de álcool. O dissulfiram faz com que consumidores de álcool experimentem as mesmas reações desagradáveis do rubor asiático ao consumir álcool, desencorajando-os a beber.

As drogas têm efeitos diferentes em pessoas diferentes, em grande parte dependentes do que os usuários trazem em sua caixa de ferramentas genética para processar a substância em questão. A maneira como nosso corpo responde a várias drogas também explica por que a maconha é muito menos perigosa que o crack. Um estudo de 2014 do neurocientista Pier Vincenzo Piazza, da Universidade de Bordeaux, descobriu que os roedores produzem um hormônio chamado pregnenolona em resposta à maconha. Você provavelmente está se perguntando como os cientistas enrolam pequenos baseados para que os roedores fumem, mas, na verdade, eles recebem uma injeção de tetrahidrocanabinol (THC), a substância química psicoativa da maconha que deixa as pessoas chapadas quando se ligam aos receptores de canabinoides no cérebro. Produzida a partir do colesterol, a pregnenolona impede o THC de se ligar a esses receptores, reduzindo o impacto da droga. Se essa resposta for igual em pessoas, pode explicar por que a maconha não parece ter uma dose letal e não leva facilmente ao vício.

Em outro exemplo, cerca de 20% dos norte-americanos têm uma mutação em um gene chamado amido hidrolase de ácidos graxos (FAAH), que produz uma enzima que decompõe a anandamida, a chamada "molécula da felicidade" produzida naturalmente para diminuir a ansiedade ligando seus receptores de canabinoides. Pessoas com mutação no gene FAAH têm mais anandamida no cérebro o tempo todo; elas não apenas tendem a ser mais calmas e felizes que as outras, mas também têm menor probabilidade de usar maconha porque simplesmente não faz muito efeito para elas.

Finalmente, algumas pessoas têm mutações em um receptor de opioides em seu corpo que as protege da dependência de opiáceos como morfina e oxicodona. Essas descobertas demonstram que as diferenças genéticas explicam por que algumas pessoas não sentem o barato e por que são menos propensas a se tornarem viciadas.

Por que o Álcool Afeta Mais Algumas Pessoas

Todos conhecemos um amigo que cai do banquinho do bar em um frenesi de risos depois de apenas uma bebida. O álcool pode afetar nossos amigos mais magros rapidamente, porque eles são literalmente mais leves, têm menos massa. Outra possibilidade é que eles possuam uma variante de um gene chamado CYP2E1, que foi associado a deixar as pessoas bêbadas mais rapidamente com menos álcool.

O gene CYP2E1 produz outro tipo de enzima importante para degradar o álcool em acetaldeído. Para 10% a 20% das pessoas que possuem uma variante específica do CYP2E1, as primeiras doses de bebidas alcoólicas as deixam mais embriagadas do que o restante da população. Considerando que as pessoas que respondem fortemente ao álcool são menos propensas a cair no alcoolismo (como aquelas com AFR), a variante do CYP2E1 pode ser outro tipo de vantagem de sobrevivência que ajuda os portadores a permanecer dentro de seus limites. Deveríamos entender melhor nossos amigos magros que ficam rosados depois de beber. Eles não são fracos; seus corpos estão gerando mais toxinas em um ritmo mais rápido.

Além de nossos companheiros de copo mais franzinos, sempre há alguém na multidão com maior probabilidade de agir como um idiota depois de virar umas doses. (Você sabe, as pessoas que começam a cantar "You Make Me Feel Like Dancing" de Leo Sayer em cima do carro de um estranho.) Esses amigos podem ser mutantes genéticos. O psiquiatra Roope Tikkanen, da Universidade de Helsinque, descobriu que pessoas que sofrem de falta de noção de ridículo após tomar um drinque apresentam uma mutação que resulta em uma redução dos receptores de serotonina, especificamente o chamado receptor de serotonina 2B. A serotonina é um neurotransmissor que regula o humor e o comportamento; portanto, a perda de um receptor de serotonina poderia causar um curto-circuito na capacidade de controlar o comportamento (em outras palavras, os neurônios no cérebro não estão recebendo a mensagem). Portanto, os portadores da mutação que leva a menos receptores de serotonina 2B têm maior probabilidade de se envolver em comportamentos impulsivos e agressivos enquanto estão sob a influência do álcool e também são mais propensos a mudanças de humor e sintomas depressivos enquanto estão sóbrios.

Por que É Tão Difícil para Algumas Pessoas Parar de Beber

Como outras drogas, o álcool causa a liberação de dopamina no cérebro. Lembre-se de que a dopamina é o neurotransmissor associado a comportamentos de recompensa; faz você se sentir bem e o motiva a repetir o referido comportamento. Quando as drogas induzem a dopamina, elas incitam os usuários a embarcar novamente no trem bioquímico da euforia. E de novo. E de novo.

O poder da dopamina em nos zumbificar foi ilustrado em um episódio de *Star Trek: A Nova Geração* chamado "The Game", no qual a tripulação foi seduzida por uma espécie alienígena depois de se tornar viciada em um videogame apresentado pelos alienígenas. O jogo se tornou viciante porque estimulou diretamente o centro de prazer do cérebro alimentado pela dopamina, literalmente recompensando o usuário por jogar. Isso não é diferente dos videogames populares do nosso planeta, como Candy Crush ou Angry Birds. Estudos demonstram que os videogames estimulam a liberação de dopamina, abrindo caminho para um jogo viciante. Nos últimos anos, em raras ocasiões, jovens do sexo masculino morreram depois de jogar compulsivamente videogame por 24 horas consecutivas ou mais. Praticamente qualquer atividade que uma pessoa considere gratificante libera dopamina e tem a capacidade de se tornar viciante; portanto, é melhor escolher suas atividades com sabedoria.

Álcool e outras drogas são substâncias químicas estranhas processadas pelo organismo. Se o corpo continua tendo contato contínuo com álcool, ele reage fazendo o fígado trabalhar horas extras para aumentar o número de enzimas e se livrar dele. A tentativa do corpo de retornar à normalidade é o motivo pelo qual os bebedores desenvolvem maior tolerância ao álcool, o que significa que precisam ingerir cada vez mais para obter a mesma satisfação. Para os bebedores iniciantes, uma dose pode causar uma sensação de euforia. Mas, depois de algumas semanas bebendo, serão necessárias duas ou três doses para atingir o mesmo efeito, porque o fígado processa o álcool com mais eficiência.

Após o consumo prolongado, as pessoas precisam consumir álcool apenas para se sentirem normais. Para compensar os efeitos sedativos do álcool, a química do nosso cérebro se adapta para produzir mais neurotransmissores que ativam os neurônios e os excitam novamente. Se a ingestão de álcool parar repentinamente, o cérebro não desfrutará do efeito sedativo, mas esses neurotransmissores excitatórios ainda serão acionados no máximo. É por isso que as pessoas em abstinência experimentam os tremores, a ansiedade e a inquietação.

Como o cérebro leva um tempo para se recalibrar com a falta de álcool, muitas pessoas que sofrem de sintomas de abstinência voltam a beber apenas para se acalmar. O excesso de álcool que precisa ser consumido começa a causar estragos em outros sistemas corporais, incluindo fígado, rins e estômago. Às vezes, benzodiazepínicos como alprazolam e diazepam são prescritos para pessoas submetidas à abstinência alcoólica como forma de substituir os efeitos do álcool por um medicamento que aumenta o neurotransmissor GABA, redutor de ansiedade. A administração de benzodiazepínicos pode ser melhor controlada do que a ingestão de álcool e geralmente ajuda a restaurar o equilíbrio adequado entre atividades excitatórias e inibitórias nos neurônios.

O álcool interage com vários outros sistemas no cérebro, e podem existir variações genéticas em qualquer um deles, o que explica por que as respostas ao álcool e a tendência a se tornar viciado variam muito. Tradicionalmente, os cientistas descobriram genes associados ao aumento do consumo de álcool, mas um estudo de 2016 liderado por Gunter Schumann no King's College London revelou um gene que pode explicar por que algumas pessoas conhecem seus limites. Uma variante do gene que produz uma proteína chamada beta-Klotho foi encontrada em aproximadamente 40% dos participantes do estudo que demonstraram um desejo reduzido de beber álcool.

A proteína beta-Klotho é um receptor no cérebro que captura um hormônio chamado FGF21, que o fígado secreta ao processar álcool. Os cientistas acreditam que o beta-Klotho pode estar envolvido em conversas cruzadas entre o fígado e o cérebro, um tipo de mensagem SOS de que há muito álcool no fígado. Quando a equipe modificou geneticamente os ratos sem beta-Klotho, eles consumiram mais álcool. Esse mecanismo de retroalimentação é análogo ao modo como o hormônio da saciedade leptina diz ao cérebro quando o estômago está cheio (veja o Capítulo 3).

Estudos como esses sugerem que a capacidade das pessoas de conhecer seus limites com o álcool não se deve necessariamente a um forte caráter ou à maior autodisciplina. Em vez disso, tiveram a sorte de nascer com um sistema de comunicação fígado–cérebro mais eficaz. Além disso, a compreensão da biologia do vício levará a novas terapias para combater o alcoolismo. Por exemplo, quando a equipe de Schumann administrou o hormônio FGF21 em camundongos, suprimiu sua preferência pelo álcool.

Ao imaginar o cérebro de pessoas com dependência, os cientistas estabeleceram que o uso prolongado de álcool e outras drogas produz mudanças significativas e duradouras. Exames cerebrais de pessoas com abuso de drogas em longo prazo revelam alterações em regiões importantes para controle de impulsividade, julgamento e tomada de decisão. Uma vez que esses tipos de mudanças ocorrem, torna-se cada vez mais difícil interromper o ciclo do vício.

Como argumentam muitos especialistas e pessoas viciadas, ser escravizado por uma droga não é um estilo de vida que as pessoas normais desejariam. Não é que as pessoas viciadas não queiram mudar, mas seu cérebro foi danificado. Como um pâncreas que não pode mais produzir insulina, um cérebro viciado se torna incapaz de gerar os produtos químicos que regulam o autocontrole. Não culpamos os diabéticos por suas deficiências hormonais, então é justo culpar pessoas com dependência de drogas por seus vícios?

Atualmente, mecanismos epigenéticos estão sob investigação para reprogramar o cérebro de pessoas com dependência. Drogas de abuso podem produzir alterações epigenéticas estáveis no DNA, que podem voltar a assombrar os usuários mesmo depois de anos de sobriedade. Lembre-se de que as proteínas histonas interagem com o DNA e podem ser quimicamente modificadas (por exemplo, por meio da acetilação) para afetar a expressão gênica (veja o Capítulo 1). Em um estudo de 2017, o neurocientista Yasmin Hurd, do Center for Addictive Disorders em Monte Sinai, descobriu que quanto mais uma pessoa usa heroína, mais a acetilação da histona ativa genes como o GRIA1, envolvido no comportamento de uso de drogas. É importante ressaltar que a equipe de Hurd foi capaz de diminuir o uso de drogas em ratos viciados em heroína, ministrando-lhes JQ1, um composto que interfere na acetilação da histona. Esses estudos sugerem que pode ser possível reparar os danos epigenéticos no cérebro de pessoas com dependência e evitar recaídas no futuro.

Surpreendentemente, até nossas bactérias intestinais podem desempenhar um papel no vício e na capacidade de resistir à recaída. De um estudo de 2014, o microbiologista Fredrik Bäckhed, da Universidade de Gotemburgo, relatou que as diferenças em como as pessoas com alcoolismo se recuperavam na reabilitação poderiam estar ligadas à composição de sua microbiota intestinal. Quase metade das pessoas com alcoolismo no estudo tinha uma microbiota alterada associada a uma condição chamada síndrome do intestino solto, que se refere à infiltração de bioquímicos intestinais e detritos do intestino e para o corpo. É tão desagradável quanto parece, porque em locais do corpo a que não pertencem, esses bioquímicos causam inflamação nos órgãos e tecidos. O estudo de Bäckhed descobriu que pessoas com alcoolismo e intestinos com vazamento ansiavam mais por álcool do que aquelas com alcoolismo e bactérias intestinais normais. Espera-se que um dia os suplementos microbianos sejam dados às pessoas que se recuperam de vícios para evitar vazamentos no intestino, o que, por sua vez, pode ajudá-las a se recuperar, reduzindo a fissura.

Por que Algumas Pessoas Não Usam Drogas?

Se as drogas nos fazem sentir tão bem, talvez a pergunta realmente não seja "Por que alguém usa drogas?", mas "Por que alguém *não* usa drogas?". Apesar do mito, a grande maioria das pessoas que experimenta drogas não se vicia. Um estudo realizado em 2008 mostrou que apenas 3,2% das pessoas que experimentam álcool ficam viciadas. Você já ouviu o alerta de que uma dose única de crack, metanfetamina ou heroína é suficiente para converter alguém em um viciado ao longo da vida? Não é verdade para a maioria das pessoas. Embora a experimentação de drogas seja comum, a dependência é rara, apenas 10% a 20% dos usuários se tornam dependentes. Isso não é de forma alguma um convite para experimentar substâncias arriscadas; a tragédia pode assumir proporções catastróficas se você se encaixar no grupo minoritário que se vicia instantaneamente. A questão é que entender por que a maioria das pessoas não é fisgada pela droga pode nos ajudar a quebrar as correntes que prendem aquelas que o fazem.

Como vimos, algumas pessoas têm uma predisposição genética que ajuda a impedir que caiam no vício. Algumas pessoas reagem mal às drogas, sentem pouco o efeito ou têm genes que as ajudam a conhecer seus limites. Mas, além de nossos genes, o ambiente desempenha um papel importante no fato de uma pessoa permanecer limpa e sóbria após experimentar drogas.

Uma predisposição para o vício pode ser programada em crianças antes mesmo de nascerem, com base no ambiente da mãe. O cortisol, hormônio do estresse, produzido pelas glândulas suprarrenais, tende a se acumular em pessoas que vivem em condições estressantes. A exposição a altos níveis de cortisol no útero pode perturbar o sistema de controle de estresse do bebê, que pode emergir como um fator de risco para o vício, mais tarde na vida. Essa ideia foi validada em ratos; filhotes de ratos que foram submetidos a estresse pré-natal no útero são mais propensos a comportamentos de busca de drogas e dependência quando crescem.

Não é de surpreender que as crianças nascidas de mães usuárias de drogas durante a gravidez correm maior risco de se tornarem viciadas. Os medicamentos tomados por uma mãe grávida podem afetar adversamente o DNA do feto por meio da epigenética. Em um estudo de 2011, Yasmin Hurd mostrou que ratas grávidas expostas à maconha dão à luz filhotes que foram programados epigeneticamente para expressar menos receptores de dopamina. Com sua resposta à dopamina atenuada, esses filhotes passaram a ter comportamentos de risco e busca de prazer mais elevados, tornando-os mais vulneráveis ao vício. No mesmo estudo, o grupo de Hurd validou essa resposta em humanos: a exposição pré-natal à maconha também diminuiu a expressão do receptor de dopamina no cérebro. Parece biologicamente injusto, mas as crianças pagam o preço pelo comportamento da mãe durante a gravidez na forma de programação fetal.

O trauma na primeira infância, referido como uma experiência adversa na infância (ACE na sigla em inglês), é outro fator de risco importante no desenvolvimento da dependência. Um estudo realizado na Suécia que monitorou os participantes entre 1995 e 2011 demonstrou que uma única ACE, incluindo morte ou agressão dos pais, antes dos 15 anos é suficiente para dobrar as chances de dependência. Quanto mais ACEs, maiores as chances de abuso de substâncias mais tarde na vida.

Não é segredo que as drogas são altamente prevalentes entre as pessoas pobres e desprivilegiadas. Pessoas sem algo a perder que precisam fugir de seu ambiente extenuante são mais propensas a experimentar drogas para fugir de suas preocupações. Na Universidade Simon Fraser, o psicólogo Bruce Alexander demonstrou em 1977 a extensão em que um ambiente saudável pode impedir o abuso e a dependência de substâncias. Como muitos outros pesquisadores, Alexander usou ratos para estudar o abuso de drogas; os roedores reagem tanto à cocaína quanto ao álcool e a outras substâncias ativadoras da dopamina, e sua atração por essas substâncias pode se transformar em um vício completo. Ratos de laboratório treinados para pressionar uma alavanca para obter cocaína podem se tornar tão viciados que não param sequer para comer. Isso por si só deve dar uma nova perspectiva de como os desejos podem ser anormalmente intensos para as pessoas com vícios.

Alexander ficou impressionado com o fato de que todos os estudos sobre drogas da época estavam sendo realizados em ratos mantidos em pequenas gaiolas, sozinhos e sem nada para fazer. Ele se perguntou o que aconteceria se os ratos fossem colocados em um ambiente mais estimulante, o que o levou a construir o "Parque dos Ratos". Sem poupar custos, ele criou um verdadeiro paraíso para os ratos, dando-lhes muito espaço para passear e objetos para explorar. Ele juntou machos e fêmeas no parque e até criou áreas onde eles poderiam se aconchegar e começar uma família.

Alexander passou seis semanas viciando um grupo de ratos em morfina antes de liberá-los no Parque dos Ratos ou em uma jaula sombria e isolada. Ambos os ambientes continham água com morfina e água comum. Surpreendentemente, a esmagadora maioria dos ratos que viviam no Parque dos Ratos mudou para a água pura. Por outro lado, os pobres ratos enjaulados ficaram presos na água com morfina. Em média, nosso comportamento não é muito diferente dos ratos desse experimento. Se as pessoas tiverem a sorte de estar em um ambiente que naturalmente estimula sua resposta à recompensa da dopamina, a maioria não procurará maneiras não naturais de fazê-lo.

Trabalhos mais recentes do neurocientista Carl Hart, da Universidade de Columbia, também sugerem que as pessoas rejeitam as drogas quando têm melhores opções. Em 2013, ele recrutou pessoas viciadas em crack para ficar no hospital por várias semanas. Todas as manhãs, elas recebiam crack. No final do dia, tiveram uma escolha: mais crack ou US$5. Hart descobriu que muitas pessoas optaram pelo dinheiro. Quando ele elevou o valor para US$20, todas escolheram o dinheiro em vez de outra dose. Hart acredita que outros "reforçadores concorrentes", além do dinheiro, como esportes, música, artes ou clubes, ajudam a afastar as pessoas predispostas do caminho do vício, conectando sua necessidade de estímulo a um meio mais saudável.

Descobertas semelhantes surgiram para outro tipo de vício: a comida. Em vez de desperdiçar dinheiro com dietas da moda, um estudo de 2017 demonstrou que a perda sustentada de peso é melhor alcançada quando pessoas com excesso de peso são pagas para atingir seus objetivos de saúde. As recompensas monetárias parecem ser uma maneira muito mais eficaz de incentivar as pessoas a lidar com seus comportamentos viciantes. Estudos demonstraram que pagar uma pequena quantia para as pessoas pararem de fumar agora poupa à sociedade enormes somas de dinheiro por seus cuidados mais tarde.

Ter oportunidades concorrentes é especialmente crítico durante a adolescência, o período em que a maioria das pessoas é apresentada a substâncias viciantes que podem dominar suas vidas. Se você sobreviver à adolescência sem desenvolver um vício, é provável que não o desenvolva mais tarde. Da mesma forma, muitas pessoas com vícios os resolvem por conta própria, geralmente sem intervenção, mais ou menos aos trinta anos. Por que a adolescência nos torna particularmente suscetíveis ao vício?

Muitas pessoas não percebem que durante a puberdade, o cérebro sofre mudanças drásticas no desenvolvimento que não são concluídas até por volta dos vinte anos. Ainda que isso contrarie as normas sociais modernas, a adolescência é quando estamos preparados para gerar uma nova vida. Embora os livros sobre o estilo de vida Paleo não incentivem essa prática, a verdade é que nossos ancestrais do período Paleolítico tinham seu primeiro filho muito mais cedo do que hoje. Portanto, em um contexto evolutivo, a puberdade nos permite reproduzir nosso DNA; como resultado, tendemos a adotar um comportamento exploratório de correr mais riscos para procurar e impressionar um parceiro. (Por esse raciocínio, um jovem que se aventurava em lutar com um urso pela tribo tinha mais chances de conquistar as garotas — desde que ele não se tornasse o almoço do urso.)

Como qualquer pessoa que convive com um adolescente sabe, áreas do cérebro que regulam o autocontrole e o bom senso ainda não se desenvolveram completamente. O "cérebro adolescente" reage mais fortemente ao receber recompensas, o que pode ser uma faca de dois gumes; isso facilita o aprendizado, mas também pode levar a comportamentos mais arriscados. A maioria dos adolescentes de hoje não luta com ursos. Mas se deparará com oportunidades para experimentar drogas e álcool, motivados pelos mesmos impulsos evolutivos. Os adolescentes que não vivem em um equivalente humano ao Parque dos Ratos são especialmente vulneráveis.

Em *Unbroken Brain* [sem publicação no Brasil], Maia Szalavitz argumenta que o vício é um distúrbio de aprendizagem adquirido durante essa janela crítica do desenvolvimento do cérebro adolescente. Szalavitz propõe que alguns adolescentes experimentem álcool ou outras drogas como um mecanismo de enfrentamento, que se consolidará como um comportamento aprendido em um subconjunto menor de jovens predispostos ao vício. Em outras palavras, o cérebro foi religado para associar a droga ao alívio e à capacidade de se sentir normal. Apesar de serem um meio mal adaptativo para lidar com o estresse, esses comportamentos aprendidos durante a adolescência são particularmente difíceis de desaprender, dificultando a reversão do quadro.

Embora o ambiente seja um fator crítico do vício, nunca é o único. Os estudos citados anteriormente parecem sugerir que, se criarmos ambientes estimulantes para todos, nossos problemas com drogas evaporarão. E embora não haja dúvida de que a engenharia de ambientes mais inteligentes e mais humanos ajudaria muitas pessoas a ficarem sóbrias, é ingênuo pensar que elas serão a cura para todos. Sempre há exceções às regras gerais. Muitas pessoas pobres evitam os perigos das drogas e muitos abusadores de drogas vivem em condições abastadas. Como aprendemos, as pessoas exibem características biológicas que influenciam a probabilidade de dependência de uma determinada substância. Agora examinaremos traços de personalidade que dificultam a resistência à tentação para alguns.

Por que Nos Envolvemos em Atividades Arriscadas

Algumas pessoas parecem nascer com um desejo de morte: um vício em adrenalina, muitas vezes um prelúdio para o álcool e as drogas. Essas pessoas se envolvem em comportamentos de risco, como paraquedismo, surfe de ondas gigantes, apostas ou beber leite cru. Não é mera imaginação que a imprudência parece ser característica de família; estudos de gêmeos corroboram a existência de um componente genético para a busca de emoções. As pessoas experimentam diferentes graus de prazer em resposta aos mesmos estímulos, devido a variações genéticas em seu sistema de dopamina. Aqueles que não sentem um nível normal de prazer podem se inclinar a correr maiores riscos para preencher esse vazio. Enquanto uma pessoa pode sentir um imenso prazer em ler um livro sobre criaturas marinhas, outras só ficam felizes lutando com tubarões.

Um dos genes mais conhecidos associados ao comportamento de risco é o DRD4, que codifica um tipo de receptor de dopamina ligado à nossa motivação para obter e extrair prazer de uma recompensa. As variantes no gene DRD4 foram associadas ao aumento da busca por novidades e à tomada de riscos, e podem ter sido selecionadas há muito tempo quando nossos ancestrais começaram a migrar de sua terra natal na África. Embora alguns de nossos ancestrais inquietos desejassem aventura e uma mudança de cenário, outros disseram: "Não, eu estou bem aqui", optando por ficar em casa e relaxar. Quando o gene DRD4 foi examinado em povos nativos ao redor do mundo, as pessoas mais distantes do local de nascimento de nossa espécie eram as mais propensas a abrigar a variante de assunção de risco.

A propensão à busca da sensação exploratória pode ter suas vantagens, mas também tem algumas desvantagens. As variantes do DRD4 são encontradas em pessoas diagnosticadas com transtorno de *deficit* de atenção e hiperatividade (TDAH); aliás, uma em cada quatro pessoas que têm um problema de dependência também tem TDAH. As variantes do DRD4 foram associadas ao alcoolismo, dependência de opioides, sexo inseguro e jogos de azar. Deve-se notar, no entanto, que as pesquisas que correlacionam variantes do DRD4 com a busca de novidades nem sempre concordam e certamente essa correlação depende da interação com outros fatores genéticos ou ambientais. Para aqueles que podem ter uma predisposição genética para práticas temerárias, o que os faz escolher o Monte Everest a uma montanha de cocaína? É aí que os fatores ambientais podem fazer toda a diferença. A cinesiologista Cynthia Thomson, da Universidade da Colúmbia Britânica, que encontrou uma variante DRD4 enriquecida em esquiadores e praticantes de snowboard, declarou: "Não havendo escapes saudáveis para a busca de sensações, esses indivíduos podem recorrer a comportamentos mais problemáticos, como jogos de azar ou drogas."

Você toma decisões precipitadas ou conhece alguém assim? Algumas pessoas são mais impulsivas que outras. Elas não deliberam muito sobre as opções a sua frente, nem reservam um tempo para avaliar as possíveis consequências. É o tipo de comportamento que torna a vida dos rapazes da série norte-americana *Sons of Anarchy* tão emocionante e tão miserável. Mais de uma dúzia de genes foram associados a *deficits* no controle dos impulsos, e a maioria envolve diferentes aspectos do sistema nervoso, incluindo neurotransmissores, como serotonina, dopamina e norepinefrina, entre outros. É importante ressaltar que todos os genes associados à impulsividade também estão associados ao alcoolismo ou a algum outro vício. Essas descobertas reforçam o argumento de que o vício tem mais a ver com nossa fibra de DNA do que com nossa fibra moral.

Independentemente de nascermos ou não com uma predisposição para um comportamento impulsivo, isso pode ter consequências dramáticas para toda a nossa vida. O "experimento do marshmallow" realizado pelo psicólogo Walter Mischel, da Universidade de Stanford, ilustrou esse fato. Na década de 1960, Mischel disse a um grupo de crianças em idade pré-escolar que elas poderiam comer um marshmallow imediatamente ou poderiam comer dois se esperassem quinze minutos. Um terço das crianças devorou seu único marshmallow na hora. Outro terço resistiu por cerca de três minutos antes de ceder à tentação. O último terço foi capaz de aguentar os quinze minutos inteiros para receber dois marshmallows. Esses resultados confirmam que o autocontrole (ou a falta dele) é um comportamento que pode ser observado muito cedo na vida. No entanto, a parte realmente interessante veio trinta anos depois, quando Mischel conduziu um estudo de acompanhamento com as crianças que participaram do experimento do marshmallow décadas antes. Acontece que, em média, as crianças impulsivas que mal puderam esperar para comer o marshmallow cresceram com problemas alarmantes que geralmente não eram observados em crianças capazes de adiar a gratificação. As crianças em fase pré-escolar que devoravam o marshmallow imediatamente tenderam a obter notas mais baixas nos testes admissionais para universidades norte-americanas e conseguiram empregos com salários mais baixos; além disso, tinham mais propensão a ser obesos, presos por comportamento criminoso ou viciados em drogas.

Devo ressaltar que o estudo de marshmallow de Mischel foi criticado por ter um tamanho de amostra muito pequeno e estar repleto de variáveis confusas. Estudos mais recentes sugeriram que a pobreza e outras desvantagens sociais incentivam as crianças a aproveitar recompensas de curto prazo, enquanto as crianças de famílias com mais educação e dinheiro acham mais fácil adiar a gratificação e esperar pela recompensa maior.

Apesar das advertências, você pode ser tentado a testar se seus filhos são capazes de resistir à tentação. Mas não se preocupe se eles falharem. Conhecimento é poder, e você pode se concentrar em ensiná-los estratégias para adiar a gratificação e desenvolver autodisciplina.

(Outros estudos mostraram que apenas saber o que acontece com as pessoas que são reprovadas no experimento do marshmallow ajuda as pessoas a exercer melhor o autocontrole. Sendo assim, de nada!) Você também pode ensinar aos seus filhos a estratégia simples que as crianças que foram capazes de resistir à tentação usaram: se distrair de pensar na recompensa.

Um estudo de 2016, liderado pelo neurocientista Huda Akil, da Universidade de Michigan, demonstrou um componente epigenético no comportamento de assumir riscos, também ligado ao vício. Sua equipe criou ratos para exibirem "alta resposta (AR)" ou "baixa resposta (BR)". Os ratos com AR estão mais inclinados a serem inovadores e impulsivos, enquanto os ratos com BR não se arriscam. Como você deve imaginar, os ratos com AR são muito mais propensos a se tornarem viciados em cocaína do que os ratos com BR. Uma diferença epigenética entre os ratos com AR e BR resulta na expressão diminuída de um receptor de dopamina. Acredita-se que a falta desse receptor de dopamina em ratos com AR diminua a resposta do prazer, fazendo com que sejam buscadores de emoções. A título de comparação, não é preciso muito estímulo para os ratos com AR sentirem prazer, para que não precisem se esforçar tanto com objetivo de obter satisfação. Corroborando essa ideia, depois que os ratos com AR se tornam viciados em cocaína, seus níveis de receptor de dopamina aumentaram para coincidir com os níveis observados em ratos com BR não viciados. Essas descobertas não apenas demonstram que as diferenças epigenéticas contribuem para o comportamento de assumir riscos, mas também confirmam que as drogas alteram as marcas epigenéticas no DNA.

Evidências surpreendentes produzidas pelo gastroenterologista Premysl Bercik na Universidade McMaster, em Hamilton, Canadá, também mostram que nossa microbiota pode influenciar nossa predileção pelo risco ou pela segurança. Uma das descobertas mais impressionantes sobre esse ponto ocorreu quando os membros de uma linhagem mais medrosa de ratos se tornaram subitamente aventureiros depois de receber micróbios intestinais de uma linhagem de ratos mais corajosa. Os tipos de bactérias em nosso intestino em determinado dia podem realmente influenciar nossa disposição para correr riscos na vida? (Em vez de uma mera medalha, talvez o Mágico de Oz devesse ter dado ao Leão Covarde um transplante fecal usando as fezes de um leão normal.)

Enquanto isso, outro micróbio — um que é muito mais furtivo e sinistro — pode estar manipulando nosso comportamento de várias maneiras. Um terço surpreendente de nós tem um parasita unicelular chamado *Toxoplasma gondii* espreitando em nosso cérebro. O parasita causa apenas sintomas em indivíduos imunocomprometidos, mas persiste pelo resto da vida de qualquer pessoa infectada na forma latente de cistos de tecido, que gostam de acampar no cérebro, entre outros lugares. Atualmente, não há cura para esse estágio latente da toxoplasmose.

Estudos do parasitologista Jaroslav Flegr, da Charles University, em Praga, demonstraram que as pessoas infectadas por esse parasita (que podemos obter de gatos ou do consumo de alimentos ou água contaminados) exibem perfis de personalidade distintos, que podem aumentar a impulsividade e o comportamento de assumir riscos. Consistente com essa observação, uma metanálise de 2015 (um estudo de estudos) encontrou uma correlação positiva entre a infecção pelo *Toxoplasma* e dependência. O aumento do risco pode, em parte, também explicar estudos que mostram que pessoas infectadas com o *Toxoplasma* têm quase três vezes mais chances de sofrer um acidente de trânsito. Você conhece alguém com preferências, digamos, exóticas na cama? Estudos comprovam que o *Toxoplasma* também pode ser a razão disso. (Imagine, um parasita de gato transformando pessoas em leões na cama!)

Como esse parasita consegue manipular o cérebro é uma questão sob intensa investigação, e é provável que o parasita afete pessoas diferentes de maneiras diferentes. Como o *Toxoplasma* invade o cérebro e cria cistos de parasitas dentro dos neurônios, pode causar danos estruturais ou alterar a química do cérebro. O parasita secreta uma grande variedade de proteínas nas células do organismo hospedeiro, a maioria das quais ainda não foi caracterizada. Além disso, a infecção pelo *Toxoplasma* altera a resposta imune do hospedeiro, o que também pode influenciar o comportamento.

Que Viagem Longa e Maluca Foi Essa

Você pode nunca ter pensado dessa maneira, mas quase todo mundo é ou já foi viciado em cafeína. Certamente, a cafeína é branda em comparação com as drogas pesadas, mas os princípios fundamentais são os mesmos. Apreciamos o choque de energia que a cafeína traz, e em pouco tempo não conseguimos funcionar sem ela. Ficamos cansados e irritadiços. Muitas pessoas são completas ogras até tomarem o primeiro café pela manhã. Depois de um tempo, nos vemos tomando uma segunda ou terceira xícara, simplesmente porque uma não traz mais o mesmo efeito. Tente parar e você será torturado com fadiga, dores de cabeça e irritabilidade. É mais fácil preparar outro bule e manter o hábito. Se pedirmos para algumas pessoas abrirem mão de suas cafeteiras, a resposta seria: "Só sobre o meu cadáver!"

É o mesmo ciclo básico para pessoas com outros vícios, mas envolve substâncias que são muito mais difíceis de abandonar. Talvez possamos usar esse ponto em comum para reformular nossa abordagem para ajudar pessoas com problemas de dependência. O vício já é punitivo o suficiente, e outras ações punitivas provaram ser um fracasso catastrófico que arruinou desnecessariamente a vida de muitas pessoas boas. O verdadeiro crime das pessoas com dependência é ter os genes errados no lugar errado e na hora errada. Com uma educação melhor, podemos impedir que mais pessoas usem drogas para início de conversa. Com uma melhor compreensão da biologia por trás do vício, podemos desenvolver tratamentos eficazes. Com uma melhor noção dos genes que predispõem as pessoas a uma personalidade viciante, podemos rastrear pessoas que podem estar em risco. Com uma melhor compreensão das forças ambientais que impulsionam o vício, nossos recursos podem ser gastos com mais inteligência.

Na guerra equivocada às drogas, a mira está sobre as *vítimas*. Supomos que as pessoas predispostas ao vício deveriam ter força de vontade suficiente para dizer não, mas a ciência mostrou que essa suposição está terrivelmente errada. De fato, a maioria das pessoas não se torna viciada em álcool e drogas. Mas uma minoria de pessoas tem genes que as colocam em risco de aumentar a experimentação ao vício. Ao longo do caminho, o cérebro muda e torna praticamente impossível interromper o ciclo sem intervenção profissional. Precisamos de uma guerra contra o vício, não uma guerra contra as drogas, e certamente não uma guerra contra os viciados.

Em *The Anatomy of Addiction* [sem publicação no Brasil], o psiquiatra Akikur Mohammad aponta as falhas em nossos métodos atuais para tratar pessoas com dependência. Apesar da popularidade, os famosos programas de dependência de 12 passos são terrivelmente malsucedidos, ajudando apenas de 5% a 8% dos participantes a permanecerem sóbrios. Muitos desses programas não têm um terapeuta licenciado ou profissional médico; muitos também proíbem o uso de medicamentos como a combinação de buprenorfina e naloxona, que ajuda a interromper o desejo por opiáceos, ou de outros medicamentos que aliviam a dor da abstinência. Alguns até proíbem o uso de medicamentos que uma pessoa com um vício possa precisar para um distúrbio de humor. (Quase metade das pessoas com problemas graves de saúde mental é afetada pelo abuso de substâncias.)

Para vencer a guerra contra o vício, Mohammad propôs uma estratégia baseada em evidências, que inclui componentes biomédicos, psicológicos e socioculturais. Além de tomar medicamentos elaborados para combater o vício, as pessoas com um vício devem receber treinamento comportamental de autocontrole e terapia de aversão, bem como apoio da comunidade. Consistente com os estudos do neurocientista Carl Hart, a gestão de contingências, que envolve a concessão de recompensas pela sobriedade, está emergindo como uma das ferramentas mais eficazes contra o vício. A nicotina é um exemplo ideal de uma substância nociva cujo uso diminuiu bastante nos últimos anos, graças a campanhas educacionais, incentivos no seguro de saúde e desenvolvimento de medicamentos para ajudar os fumantes a pararem de fumar.

É importante entender que o vício é uma doença cerebral crônica e incurável, que requer gerenciamento ao longo da vida. Culpar, humilhar e punir as vítimas simplesmente não funciona. E, no entanto, a sociedade parece não conseguir abandonar seu próprio apego a essa abordagem ultrapassada e ineficaz.

» **CAPÍTULO CINCO** «

CONHEÇA SEU HUMOR

> Se você fosse feliz todos os dias da sua vida, não seria humano. Seria um apresentador de um game show.
> — Veronica Sawyer, *Atração Mortal*

"Mork chamando Orson... Responda Orson!

No momento em que ouvi essas palavras, aos oito anos, fui fisgado. Como muitos outros, me apaixonei pela genialidade cômica de Robin Williams. Em sua estreia na televisão norte-americana, como Mork, Williams interpretou um alienígena enviado à Terra para estudar o comportamento humano (como estamos fazendo nestas páginas). O programa lançou uma carreira lendária que terminou abruptamente em 2014, quando Williams cometeu suicídio. A tragédia chocou o mundo: como poderia um homem tão maravilhosamente engraçado — alguém capaz de iluminar a sala com seu sorriso — se sentir tão triste internamente a ponto de extinguir sua própria luz? O riso foi a graça redentora em uma vida nebulosa, obscurecida por vícios e crises de depressão.

Robin Williams é uma prova da complexidade e fragilidade do nosso humor. Muitos cientistas acreditam que nascemos com um humor basal, muito parecido com um termostato, definido pela nossa genética e ambiente inicial. À medida que Williams crescia, seu humor era levado para longe de sua linha de base, devido a uma doença chamada demência com corpos de Lewy, ou DCL. Observados pela primeira vez por Fritz Heinrich Lewy em 1912, os corpos de Lewy são agregados anormais de proteínas no cérebro que sabotam a comunicação neuronal, fazendo com que as vítimas pensem e se comportem de maneira irregular.

Mais de um milhão de pessoas sofrem da doença, mas não sabemos por que os corpos de Lewy se formam ou como se livrar deles. À medida que a DCL progride, os pacientes podem sofrer de depressão, insônia, paranoia e alucinações. A viúva de Robin, Susan Williams, referiu-se à DCL como "a terrorista dentro do cérebro do meu marido".

A tragédia de Robin Williams demonstra que nosso humor está firmemente enraizado em nossa biologia; a doença é apenas um exemplo que nos mostra que não temos tanto controle quanto gostamos de pensar. Shazbot!

De Onde Vêm Seus Sentimentos

As emoções são difíceis de definir, mas com certeza as conhecemos quando as sentimos: amor, ódio, raiva, alegria, inveja, empatia, entre outras. Nossos antepassados costumavam pensar que os espíritos emanavam de vários órgãos para criar esses sentimentos dentro de nós. Costumava-se pensar que o amor vinha do coração, e a raiva, da bílis negra do baço. Mas logo percebemos que um coração doente não para de amar, e as pessoas que tiveram o baço removido ainda são capazes de sentir raiva.

Com o tempo, aprendemos que mudanças nos estados emocionais ocorrem se o cérebro é lesionado ou sua bioquímica é alterada. Por mais mágicas que possam parecer, suas emoções têm origem puramente biológica, geradas por substâncias químicas cerebrais chamadas neurotransmissores que estimulam regiões específicas do cérebro (observe que alguns hormônios também funcionam como neurotransmissores). As emoções também podem ser sentidas quando uma sonda elétrica toca parte do cérebro, simulando a atividade dos neurotransmissores. Como tal, grande parte do nosso estado emocional é controlada em nível genético, uma vez que os genes codificam as enzimas que fabricam esses neurotransmissores, os receptores aos quais se ligam e as enzimas que os degradam.

Uma grande variedade de hormônios e neurotransmissores estão envolvidos na criação de emoções; portanto, apenas apontaremos alguns exemplos para demonstrar que os sinais bioquímicos governam nossos sentimentos. Já conhecemos a dopamina, o neurotransmissor liberado em resposta ao que nosso corpo considera importante para a sobrevivência ou a reprodução, como pescar ou fazer sexo.

Nosso cérebro não evoluiu neste mundo moderno de conforto, por isso não é muito bom na tarefa de distinguir entre façanhas triviais e não triviais. Portanto, a dopamina será ativada, seja por você se exercitar bastante, subir de nível em um videogame ou voltar para casa sem precisar parar em um único sinal vermelho. Ela está entrelaçada com a nossa expectativa de recompensa, motivando-nos a realizar certas atividades. Como aprendemos no Capítulo 4, falhas na sinalização da dopamina podem levar as pessoas a comportamentos de risco ou viciantes. A dopamina reduzida está associada à falta de motivação, procrastinação e perda de confiança. Níveis cronicamente baixos de dopamina podem suprimir completamente a capacidade de sentir prazer, que é a depressão clínica; o excesso de dopamina tem sido associado a agressão e distúrbios psiquiátricos, incluindo esquizofrenia e transtorno de *deficit* de atenção.

Embora estudos de dopamina tenham revelado um sistema de recompensa em nosso cérebro, outras pesquisas sugerem que um sistema "antirrecompensa" também está presente. Normalmente, o sistema antirrecompensa funciona para nos trazer de volta à Terra, liberando neurotransmissores para acabar com a recompensa (todas as coisas boas devem terminar!). No entanto, em algumas pessoas, o sistema antirrecompensa funciona bem demais, e tem sido associado à depressão e ao suicídio.

Também mencionamos a serotonina (também chamada 5-hidroxitriptamina ou 5-HT), um neurotransmissor e hormônio criado a partir do triptofano, o aminoácido que está erroneamente implicado em fazer você dormir depois de comer peru demais. A maioria das pessoas está familiarizada com a serotonina devido a medicamentos antidepressivos comuns, como o Prozac (fluoxetina), que supostamente aliviam a depressão grave, mantendo os níveis de serotonina mais altos no cérebro.

Embora a serotonina seja mais conhecida por seu papel na regulação do humor e esteja presente no cérebro, a maior parte é encontrada em nosso intestino, onde promove o peristaltismo (o processo de movimentar o conteúdo do estômago até o banheiro). A serotonina é comumente associada a sentimentos de felicidade e bem-estar, que podem estar ligados a outras funções do corpo; por exemplo, muitos indivíduos com depressão também sofrem de problemas gastrointestinais, e vice-versa. Estudos recentes sugeriram que nossa microbiota é importante para a produção de serotonina, o que provavelmente explica por que nossos micróbios intestinais estão intimamente conectados aos nossos sentimentos. A serotonina também é precursora da melatonina, um hormônio que regula o sono, que tem uma enorme influência no nosso humor.

Os hormônios do estresse são fundamentais em nossa resposta de luta ou fuga. De particular relevância para este capítulo é o cortisol, produzido pelas glândulas suprarrenais, localizadas em cima dos rins, em resposta a uma ameaça percebida, como vislumbrar o que parece ser o terrível palhaço de Stephen King, Pennywise, pelo canto do olho.

O cortisol mantém você alerta e preparado para a ação: ele faz seu coração acelerar para que o sangue possa levar oxigênio aos músculos mais rapidamente e ajuda a liberar açúcar no sangue para fornecer uma explosão de energia. Ao mesmo tempo, coloca outras tarefas que exigem alta energia, como digestão e imunidade, em pausa, para desviar a energia para a ameaça. Suprimir o sistema imunológico também ajuda a reduzir a inflamação no caso de você se machucar. Essas são respostas úteis caso o Pennywise esteja realmente atrás de você. Mas se for apenas o Ronald McDonald, seu corpo precisa de uma maneira de se acalmar, para que possa terminar de digerir o café da manhã e retomar a função de proteção contra patógenos.

É aí que os receptores de glicocorticoides entram em cena. Esses receptores, que são expressos no cérebro e nas células imunológicas, absorvem o cortisol. Sem a capacidade de eliminar o cortisol, ocorre uma resposta crônica ao estresse que pode provocar um comportamento agressivo e paranoico. Além disso, o sistema imunológico permanece deprimido, o que explica por que as pessoas estressadas o tempo todo ficam doentes com mais frequência.

Finalmente, hormônios sexuais, como testosterona e estrogênio, são conhecidos mediadores de nosso humor. Os níveis desses hormônios aumentam e diminuem à medida que envelhecemos, afetando nosso humor de maneiras sutis e drásticas. A deficiência de estrogênio pode causar depressão, fadiga e lapsos de memória, enquanto um excesso pode produzir sentimentos de ansiedade e irritabilidade. A baixa testosterona está associada à depressão e à fadiga; pode dispersar o foco e reduzir o desejo sexual. Foi demonstrado que o excesso de testosterona torna os homens mais *(ham-ham)* arrogantes e cegos a falhas no próprio raciocínio, muitas vezes levando a muitas decisões ruins e relutância em ler os briefings diários dos serviços de inteligência. E isso não é apenas uma coisa de homem; as mulheres que recebem testosterona oral também pensam que são invencíveis e ignoram a contribuição de outras pessoas.

A testosterona popularmente é associada à agressividade, mas determinar se realmente a provoca de modo geral tem sido problemático. O hormônio aumenta o otimismo, a confiança e a impulsividade — fatores que podem ajudar a pessoa a enfrentar um desafio de status. Mas a testosterona também é aumentada na prática de atos de caridade ou generosidade. Essas observações levam alguns cientistas a argumentar que a testosterona alimenta comportamentos que promovem a posição social; se as ações tomadas são agressivas ou benevolentes depende do contexto da situação.

A revelação de que genes e bioquímicos conduzem nossos sentimentos pode parecer mecânica e perturbadora para alguns. Mas não tema: saber como um carro funciona não torna menos divertido dirigir. Aprender como as emoções funcionam em nível molecular não nos priva das experiências que elas induzem; apesar de tudo o que aprendemos aqui, você ainda chorará ao assistir *This is Us*, ainda rirá quando assistir *The Office*, ainda se encolherá de medo ao assistir *Halloween*, e ainda ficará irritado se morder um biscoito baunilha com gotas de chocolate e perceber que é de aveia com passas.

Desmistificar nossos sentimentos de forma alguma diminui seu impacto em nosso corpo e comportamento, mas nos faz recordar de nosso raro dom: a capacidade de controlar nossas emoções, em vez de ser controlado por elas. Afinal, as emoções são apenas uma informação usada por nossa mente para construir uma imagem do mundo, e essas informações não são infalíveis. (Lembre-se, às vezes, o Pennywise é apenas o Ronald McDonald.) O reconhecimento de que emoções são sinais bioquímicos que podem estar certos ou errados deve nos motivar a encarar esses impulsos através das lentes da razão, em vez de sermos movidos puramente por instintos impensados. E, embora as emoções sejam vozes importantes no sistema democrático mental, não devemos permitir que nenhuma delas se torne uma ditadora.

As respostas emocionais são velozes e furiosas, mas abrem caminho para um humor surgido quando há uma experiência emocional sustentada. Por exemplo, pessoas como Charlie Brown, que experimentam reiterados infortúnios, geralmente desenvolvem gradualmente uma linha de base mais ansiosa, o que significa que permanecem ansiosas mesmo quando as coisas estão bem. Um distúrbio de humor se desenvolve quando a linha de base de uma pessoa chega a um ponto em que uma emoção é tão persistente que parece inescapável. Com todos os sinais mencionados trabalhando no cérebro, é fácil entender como manter o humor é um ato de delicado equilíbrio para o corpo. Não é preciso muito para estragar o clima.

Por que Algumas Pessoas Parecem Infelizes o Tempo Todo

Todo mundo fica triste de vez em quando, mas a depressão clínica vai muito além de um desânimo normal. Ela se instala quando alguém sofre uma tristeza incessante que chega ao ponto da anedonia, a perda de interesse em atividades que trazem alegria. Agravando o quadro do distúrbio, os indivíduos com depressão não conseguem nem obter prazer com a comida e o sexo (ou, se o fazem, a alegria é passageira e eles rapidamente retornam ao estado de tristeza).

A Organização Mundial da Saúde estima que mais de 300 milhões de pessoas sofrem de depressão em todo o mundo, e quase 800 mil cometem suicídio a cada ano. Se pudéssemos identificar os genes que estão ligados à depressão — ou, inversamente, quais genes estão ligados à felicidade —, isso talvez levasse a novos medicamentos que alteram o humor de maneiras positivas. A busca por fatores que fazem nosso anel do humor mudar de cor (lembra-se deles?) tem sido uma corrida genética ao ouro. Mas encontrar esse pote de ouro no fim do arco-íris provou ser mais desafiador do que o esperado.

Após décadas vasculhando as sequências do genoma, tornou-se evidente que muitas doenças e comportamentos são complexos demais para serem explicados por um gene. Existem exceções: por exemplo, certas variações nos genes da doença de Huntington ou fibrose cística praticamente garantirão o desenvolvimento dessas condições. Mas não existe um gene único para a depressão.

Há fortes evidências, no entanto, de que a depressão tem um componente genético. Sabe-se que a depressão é hereditária: em outras palavras, ocorre nas famílias. Estudos de gêmeos idênticos e fraternos revelaram que a depressão é cerca de 37% hereditária. Essa descoberta confirma um componente genético do distúrbio, mas também significa que 63% da causa vem de outros lugares (por exemplo, o ambiente). Também é aparente que a depressão é poligênica, causada por múltiplos genes.

Caçar os genes que causam algo como depressão é como tentar encontrar uma agulha no palheiro. A estratégia é simples: compare a sequência de DNA de muitas pessoas deprimidas com a sequência de DNA de muitas pessoas que não estão deprimidas. Parece fácil o suficiente — e, por acaso, temos uma técnica incrível chamada estudos de associação genômica ampla (GWAS, na sigla em inglês), que emprega computadores para comparar sequências de DNA de milhares de pessoas diferentes. O problema é que muitas diferenças entre as sequências de DNA de duas pessoas não têm nada a ver com depressão. Precisamos encontrar uma maneira de extrair o sinal (as diferenças genéticas associadas à depressão) do ruído (aquelas não associadas à depressão).

Apesar da promessa do GWAS, os primeiros estudos não deram em nada. É deprimente que toda essa sofisticada tecnologia não seja capaz de identificar os genes para a depressão. Mas em 2015 o geneticista Jonathan Flint, da Universidade de Oxford, teve uma ideia de como ajustar melhor o GWAS para isolar o sinal do ruído. Flint constatou que a depressão é um distúrbio complexo que varia em sua magnitude; alguns casos de depressão são leves e esporádicos, enquanto outros são persistentes e devastadores. Ele decidiu concentrar suas comparações genéticas apenas em pessoas que sofriam de depressão grave e recorrente. Para minimizar ainda mais o ruído da variação genética não relacionada, ele estudou apenas mulheres da etnia chinesa Han.

Depois de examinar o DNA de cerca de 5.300 mulheres chinesas com depressão grave e compará-lo com cerca de 5.300 controles (mulheres chinesas sem depressão), Flint e sua equipe identificaram duas variantes genéticas ligadas à depressão. Uma variante está em um gene chamado LHPP, que codifica uma enzima cuja função ainda precisa ser detalhada. A outra variante está no gene SIRT1, uma enzima envolvida em organelas celulares cruciais chamadas mitocôndrias. As mitocôndrias são as "centrais de energia" da célula que geram moléculas de armazenamento de energia chamadas trifosfato de adenosina (ATP). Mutações no SIRT1 podem explicar por que as pessoas com depressão geralmente sofrem de letargia, mas os cientistas têm muito mais trabalho a fazer para entender como essas variantes genéticas podem influenciar a depressão. Deve-se salientar também que essas duas variações genéticas não aparecem com alta frequência em pessoas de descendência europeia, de modo que a depressão entre outras etnias pode surgir de diferentes genes.

Similar ao trabalho de Flint, um estudo de 2017 analisou exclusivamente pessoas com depressão maior dentro do pool genético limitado de uma vila isolada na Holanda. Os pesquisadores descobriram uma nova variação no NKPD1, um gene que posteriormente foi identificado por conter também variantes em pessoas com depressão além dessa aldeia. O defeito genético pode levar a níveis alterados de esfingolipídeos, que servem como molécula sinalizadora no cérebro, entre outras coisas. Curiosamente, dois antidepressivos conhecidos inibem a síntese de esfingolipídeos.

Outra maneira de separar o que é sinal do que é ruído é aumentar muito o tamanho da amostra — quanto mais pessoas com depressão tiverem seu perfil mapeado, mais confiantes podemos ficar quanto às diferenças que surgem de maneira consistente. A empresa de serviços de genoma pessoal 23andMe está intensificando o estudo de distúrbios complexos, como a depressão. Ao comparar sua vasta biblioteca de amostras de DNA de clientes, descobriu quinze novas regiões de DNA que podem estar ligadas ao risco de depressão. Alguns dos genes envolvidos parecem fazer sentido, pois um é conhecido por funcionar no aprendizado e na memória, e outro está envolvido no crescimento dos neurônios.

Historicamente, alguns outros genes receberam muita atenção por estarem potencialmente ligados à depressão. Muitos trabalhos implicaram a serotonina na depressão, e acredita-se que vários antidepressivos renomados, como Prozac e Zoloft, tenham como alvo o sistema de serotonina. Os genes que codificam componentes do sistema de serotonina, incluindo os transportadores (5HTT/SLC6A4) e os receptores (HTR2A) de serotonina, têm sido associados a sintomas de depressão. Há também evidências de que o fator neurotrófico derivado do cérebro (BDNF, sigla em inglês) desempenha um papel importante na depressão. O BDNF é importante para o desenvolvimento de neurônios no cérebro, e níveis reduzidos são observados em animais submetidos ao estresse e em humanos com distúrbios de humor.

Paralelamente à busca de genes que favorecem a depressão, grande parte do trabalho mostrou de forma convincente, sem surpresa para muitos, que eventos estressantes da vida são componentes-chave para o desenvolvimento da depressão. Alguns dos maiores são solidão, desemprego e estressores de relacionamento. Mas o topo da tabela é abuso ou negligência na infância. Um estudo de 2003 da psicóloga Avshalom Caspi, da King's College, demonstrou como as interações gene–ambiente podem ser importantes. Caspi e colaboradores revelaram que uma das variantes do gene transportador de serotonina está mais fortemente ligada à depressão se o indivíduo sofrer eventos adversos na vida. Esse é um resultado importante que ajuda a explicar por que a caça aos genes tem sido tão difícil: nem todo mundo com uma variante de gene associada à depressão realmente a desenvolve. Investigar exatamente como o ambiente pode regular os genes em direção à depressão é a nova fronteira na pesquisa sobre o humor.

Como a Infância Molda Nosso Humor

No contexto genético adequado, as experiências adversas na infância (ACEs) podem condenar um indivíduo a uma vida inteira de suscetibilidade aos gatilhos da depressão. A ciência está descobrindo inúmeras maneiras de isso acontecer, e um ponto comum é que as ACEs reproduzem genes responsáveis pela configuração do cérebro, tornando-o mais sensível ao estresse. Em um estudo de 2017, a neurocientista Catherine Peña, da Escola de Medicina de Icahn, no Monte Sinai, revelou que, quando os ratos bebês eram submetidos a estresse logo após o nascimento, tinham níveis reduzidos de um fator de transcrição chamado OTX2. A função de um fator de transcrição é ativar ou desativar determinadas redes de genes; esses fatores concluem seus trabalhos em momentos distintos durante o desenvolvimento ou em resposta a determinadas condições ambientais.

No estudo de Peña, a perda de OTX2 induzida pelo estresse no início da vida teve efeitos graves e irreversíveis na forma como o cérebro do rato se desenvolveu, deixando-o propenso à depressão. A parte interessante é que os níveis de OTX2 se normalizaram à medida que os ratos envelheceram. Mas o dano cerebral havia sido causado, e se os ratos experimentassem estresse quando adultos, entravam em depressão. Caso contrário, permaneciam normais. Esses experimentos nos ensinam que o desenvolvimento cerebral durante a infância é fundamental para preparar as pessoas para lidar melhor com o estresse mais tarde na vida.

Sabe-se há muito tempo que as crianças que sofreram abuso crescem com um risco aumentado de problemas de saúde física, como diabetes tipo 2 e doenças cardiovasculares, além de problemas psicológicos, como depressão, dependência de drogas e suicídio. As consequências da adversidade infantil podem atormentar as vítimas muito depois do término do trauma — e, em alguns casos, mesmo que tenham sido removidas da situação abusiva e criadas em um ambiente acolhedor.

A epigenética fornece uma base biológica para os fantasmas que surgem após traumas da infância. Um estudo pioneiro de 2004 realizado pelo neurobiólogo Michael Meaney e pela geneticista Moshe Szyf da Universidade McGill demonstrou que filhotes de ratos de mães negligentes crescem muito ansiosos, com mais metilação do DNA em um gene chamado NR3C1. Ele codifica um receptor de glicocorticoide que elimina o cortisol, o hormônio do estresse. Como o gene é altamente metilado, menos receptores de glicocorticoides são produzidos e os hormônios do estresse não são eliminados. Essa poluição crônica dos hormônios do estresse faz com que o corpo sofra mental e fisicamente. Nos filhotes de mães atenciosas, o gene para o receptor de glicocorticoide raramente é metilado, de modo que eles crescem configurados para lidar com o estresse normalmente.

O mesmo parece ocorrer em humanos. A análise genética de crianças que sofreram abuso e mais tarde se suicidaram também mostrou aumento da metilação do DNA no gene NR3C1. O DNA extraído de amostras de sangue fornecidas por crianças vítimas de abuso também mostra maior metilação no gene NR3C1. Grandes diferenças nos padrões de metilação do DNA em milhares de genes também são observadas em crianças criadas em orfanatos, em comparação com as criadas por seus pais biológicos. As alterações epigenéticas observadas nos órfãos foram concentradas em genes que regulam o cérebro e o sistema imunológico.

Desde o trabalho de Meaney, outros pesquisadores descobriram novas alterações epigenéticas que ocorrem em roedores ou humanos sujeitos a adversidades na infância, muitas das quais detectadas em genes associados à função cerebral ou ao gerenciamento do estresse. Esses estudos inovadores revelam por que muitas crianças abusadas e negligenciadas não conseguem simplesmente "superar", como algumas pessoas às vezes ingenuamente imaginam. Os ACEs não ficam marcados apenas na pele; eles se inserem no DNA das vítimas, marcando seu código genético de maneiras que estamos começando a entender. Se essas cicatrizes no DNA podem ser revertidas é assunto de intensa pesquisa, assim como o que torna algumas crianças expostas a ACEs mais resistentes.

Ainda mais preocupante é a evidência de que algumas das mudanças epigenéticas ocorridas durante as ACEs podem ser herdadas, potencialmente perpetuando uma série de pais ruins ao longo das gerações. O grupo de Meaney descobriu que filhotes nascidos de ratas negligentes aumentaram a metilação do DNA em genes que codificam receptores de estrogênio, o que levou a uma diminuição do nível desses receptores hormonais na idade adulta. Com a redução da capacidade de processar estrogênio, essas fêmeas não recebem um sinal alto e claro para agirem de maneira protetora. Em outras palavras, o DNA das ratas negligenciadas foi programado de maneira a torná-las mães negligentes, como suas próprias mães.

Estudos também demonstraram que o ambiente socioeconômico das crianças pode afetar seus epigenomas, fornecendo uma justificativa biológica para se investir urgentemente em bairros e escolas pobres.

Um estudo de 2017 liderado pelo neurocientista Douglas Williamson, da Duke University, descobriu que adolescentes que cresceram em residências com menor status socioeconômico tinham maior metilação do DNA no gene SLC6A4. Como consequência dessa redução nos níveis desse receptor de serotonina, seus cérebros sofrem alterações no desenvolvimento, resultando em uma amígdala hiperativa, a região do cérebro associada à nossa resposta ao medo e a como reagimos às ameaças. Crescer na pobreza induziu mudanças epigenéticas que levaram a uma amígdala presa à sobrecarga, provavelmente explicando por que esses adolescentes relatam sintomas de depressão mais tarde na vida.

Além de eventos estressantes no ambiente, a cultura de uma pessoa também pode afetar como seus genes evoluíram e funcionam. Esse campo relativamente novo, chamado teoria da dupla herança, examina como os genes e a cultura se influenciam. As variações genéticas do transportador de serotonina (5HTT) mencionadas anteriormente parecem ter efeitos diferentes no humor, dependendo de o portador viver em uma cultura que valoriza o individualismo (como a América do Norte) ou o coletivismo (por exemplo, o Leste Asiático). A variante do 5HTT associada à depressão é altamente prevalente no leste da Ásia em comparação com os Estados Unidos, e ainda assim mais pessoas nos Estados Unidos desenvolvem depressão grave.

O que pode explicar essa discrepância? Possivelmente, outros genes ou diferenças no diagnóstico. Mas alguns pesquisadores atribuem essas diferenças à cultura. Sugere-se que o 5HTT mutante não predisponha necessariamente as pessoas à depressão, mas, sim, faça com que sejam mais sensíveis às experiências positivas e negativas, e, principalmente, às sociais. Com maior sensibilidade às interações sociais, os portadores do 5HTT que vivem em sociedades coletivistas que oferecem mais apoio social, em vez de uma atitude de "cada um por si", podem ser mais bem protegidos da depressão. Alguns estudos corroboram essa ideia. Se as crianças portadoras do gene 5HTT da propensão à depressão têm um mentor em sua vida, são significativamente menos suscetíveis ao desenvolvimento da doença; por outro lado, as crianças portadoras da variante 5HTT que são maltratadas e não possuem sistema de apoio positivo têm as maiores classificações de depressão.

No caso da depressão, os genes são claramente importantes. Mas o mesmo acontece com o ambiente, especialmente durante a infância. Proporcionar às crianças um sólido sistema de apoio social mostra-se promissor para minimizar o desenvolvimento de depressão severa na idade adulta, mesmo para aqueles com predisposição genética.

Como Nosso Intestino Afeta o Humor

Antes do ano 2000, se você dissesse aos cientistas que as míseras bactérias intestinais eram capazes de afetar a mente de alguém, eles provavelmente teriam derrubado os óculos de segurança de tanto rir. Mas a criação de ratos livres de germes mudou tudo. Como você deve se lembrar, os ratos mantidos em condições estéreis e sem microbiota estão longe do normal. Além dos problemas de peso discutidos no Capítulo 3, algumas linhagens de camundongos livres de germes são tão neuróticas quanto o personagem George Costanza, da série Seinfeld, e seus níveis de hormônio do estresse estão nas alturas.

Uma das maneiras pelas quais os cientistas podem dizer se um rato está ansioso é colocá-lo em um labirinto em cruz elevado. Esse labirinto é um grande sinal de adição com uma das hastes abertas e outra com paredes laterais. Camundongos ansiosos e livres de germes tendem a ficar nas áreas fechadas e relutam em explorar a parte aberta, como costumam fazer. Naturalmente, os cientistas perguntavam-se o que aconteceria se eles introduzissem bactérias nesses ratos ansiosos e livres de germes.

O transplante de *E. coli* nos ratos livres de germes não restauraram o comportamento normal, mas as bactérias chamadas *Bifidobacterium infantis*, sim. A descoberta mostra que bactérias são capazes de restaurar o comportamento normal. Mas não qualquer espécie bacteriana; tem que ser de um tipo específico. Essas descobertas foram completamente inesperadas, levando à ideia de que as bactérias em nosso intestino podem ser responsáveis por mais do que ajudar a digerir os alimentos. Elas podem estar influenciando o comportamento, a personalidade e o humor.

Em 2011, o neurobiólogo John Cryan, da University College Cork, na Irlanda, conduziu um experimento empolgante que despertou um novo interesse no potencial dos probióticos. No estudo, ratos que receberam bactérias chamadas *Lactobacillus rhamnosus* (uma cepa amplamente utilizada em probióticos comerciais) exibia hormônios de estresse mais baixos, ansiedade reduzida e comportamento semelhante ao da depressão. Como os ratos não costumam se deitar no divã de um psiquiatra e discutir seus problemas, os pesquisadores geralmente usam um desafio envolvendo risco de vida, como um teste de natação, para medir a depressão. Coloque o rato em uma banheira e veja se ele tenta nadar (normal) ou se reage com um lacônico: "Deixa pra lá" e desiste (deprimido). (Os pesquisadores, é claro, resgatam as criaturinhas antes de se afogarem.)

Várias linhas de evidência mostram que nossas bactérias intestinais também podem exercer um nível de controle sobre nossas mentes e humor. A ideia começou a ganhar força em 2000, depois que uma inundação contaminou o suprimento de água e deixou muitos moradores de Walkerton, Canadá, sofrendo de disenteria bacteriana. Depois que o suplício gastrintestinal agudo chegou ao fim, muitas pessoas na cidade desenvolveram a síndrome do intestino irritável. Anos mais tarde, os cientistas também registraram um aumento significativo na depressão entre os que adoeceram durante a inundação de Walkerton, que se acredita ser resultado de um desequilíbrio nas bactérias intestinais causado pela infecção intestinal anterior. Será que os minúsculos micróbios que se proliferam em nossos intestinos realmente contribuem para graves distúrbios de humor, como depressão ou ansiedade?

Outros pesquisadores descobriram posteriormente que pessoas com depressão abrigam uma microbiota diferente das pessoas sem transtorno de humor. Mas uma questão-chave permaneceu: as bactérias intestinais causam alterações no humor ou as alterações no humor alteram as bactérias intestinais? Em 2016, Cryan e colaboradores abordaram essa questão de causalidade testando se a depressão era contagiosa e se podia ser transmitida pelas bactérias de um indivíduo. Surpreendentemente, ratos sem germes que receberam bactérias intestinais de pacientes humanos com depressão desenvolveram sintomas da doença, exibindo comportamento ansioso e não demonstrando interesse por guloseimas doces. Ratos livres de germes que foram colonizados com bactérias de pessoas que não estavam deprimidas ficaram bem.

Como as minúsculas bactérias no intestino são capazes de provocar um efeito tão grande em nossa mente? Estudos demonstraram que nossa microbiota produz uma variedade de neurotransmissores e hormônios capazes de afetar diretamente a maneira como pensamos, sentimos e agimos. No estudo de Cryan, em 2011, sua equipe descobriu uma maneira pelas quais as bactérias no intestino poderiam enviar mensagens ao cérebro. Quando os pesquisadores cortaram o nervo vago, que é o principal canal neurológico que conecta o intestino e o cérebro, os efeitos neuroquímicos e comportamentais provocados pelas bactérias implantadas desapareceram. Além de utilizarem o nervo vago como seu mensageiro particular, as bactérias intestinais também podem influenciar o cérebro indiretamente por meio de interações com o sistema imunológico, que envia repórteres especializados até o intestino para colher seus relatos e enviá-los ao cérebro.

Você provavelmente já está se perguntando se os probióticos são capazes de alterar nossas bactérias intestinais de maneira a aliviar a ansiedade ou a depressão. Embora os dados ainda sejam escassos e preliminares, um estudo relatou que mulheres que consumiram um iogurte probiótico por um mês mostraram alterações nas regiões do cérebro que controlam o processamento de emoções e sensações. Essas mulheres mostraram respostas reduzidas a rostos com expressão de medo e raiva, sugerindo que o iogurte pode ajudá-lo a conseguir encarar uma maratona de *The Walking Dead*.

Outro estudo de 2011 demonstrou que os hormônios do estresse foram reduzidos nas pessoas que tomam probióticos, e um estudo mais recente também endossa o uso de suplementos probióticos para ajudar a reduzir os pensamentos negativos associados à tristeza.

Mas a interpretação desses estudos é dificultada pelo fato de que nem todos os probióticos são iguais; eles variam no tipo de micróbio usado e na quantidade em que estão presentes (medidos em unidades formadoras de colônias ou UFCs). Como os micróbios nos probióticos podem ser afetados pela microbiota nativa, a dieta e a genética do indivíduo, é provável que esses tratamentos afetem as pessoas de maneiras distintas. Embora geralmente considerados seguros, alguns estudos associaram probióticos a efeitos adversos, como inchaço e confusão mental. Em suma, muito mais trabalho precisa ser feito para provar a eficácia dos probióticos.

Por que Existem Velhos Rabugentos

"Saia do meu gramado!" muitos velhos já gritaram por aí, sendo o caso mais famoso o de Walt Kowalski, sempre munido de seu rifle, interpretado por Clint Eastwood no filme *Gran Torino*, de 2008. O que se passa com os velhos rabugentos, afinal? Eles não têm coisas mais importantes para se preocupar? Por que eles estão sempre tão tensos, reclamando e delirando sobre o quão terrível o mundo se tornou?

Estando agora além da meia-idade, tenho muito mais simpatia pelo velho rabugento estereotipado. Geralmente aposentados, com um círculo de amigos em colapso e filhos que se mudaram, os idosos às vezes sentem que perderam a utilidade no mundo. A tecnologia está avançando e, no entanto, seu hardware mental está em declínio. Além de tudo isso, está a percepção absoluta de que estão no crepúsculo da vida, possivelmente ouvindo sua canção preferida em um disco de vinil de 45 rpm pela última vez. Essas são razões compreensíveis para ser ranzinza. Mas nem todo idoso se torna o Oscar, dos Muppets.

A ciência está investigando. Os pesquisadores denominaram o fenômeno de síndrome do homem irritável; e em média, ele tende a começar por volta dos setenta anos. Essa idade corresponde à queda nos níveis de testosterona. Lembre-se de que a baixa testosterona está associada à irritabilidade, dificuldade de concentração e humor negativo, fornecendo uma explicação bioquímica para o proverbial velho rabugento. Em alguns homens, os níveis de testosterona não diminuem tão rapidamente, possivelmente ajudando-os a permanecer mais alegres por mais uma década ou duas. Outros problemas de saúde, como doença renal ou diabetes, podem acelerar o declínio da testosterona.

O microbiologista Marcus Claesson, da University College Cork, na Irlanda, estuda outra mudança que acompanha a velhice: a microbiota. Claesson descobriu que a composição de bactérias intestinais em pessoas idosas é diferente em comparação com a dos espevitados jovens. Curiosamente, as pessoas mais velhas tendem a ter menos espécies bacterianas que foram identificadas como úteis para lidar com o estresse. A composição microbiana em pessoas idosas, que em alguns casos estava ligada a mudanças na dieta que acompanham os cuidados com os idosos, também pode contribuir para o aumento dos sinais imunes pró-inflamatórios e a fragilidade geralmente observada em idosos.

Finalmente, à medida que envelhecemos, nosso armário de remédios começa a se parecer com uma farmácia e cada um desses medicamentos tem o potencial de alterar o humor. Alguns medicamentos, principalmente antibióticos, também podem alterar a microbiota intestinal.

Então mostre um pouco de compaixão. Não pise no gramado. E experimente oferecer a um velho rabugento um pouco de iogurte.

Por que Ficamos Mais Deprê no Inverno

Muitas músicas enaltecem o verão como motivador do bom humor, mas não muitas falam da real tendência do inverno em nos deixar mais deprimidos. Até 6% das pessoas nos Estados Unidos sofrem de transtorno afetivo sazonal, abreviado como SAD, sugestiva sigla, que, em inglês, significa triste. Pessoas com SAD experimentam uma grande gama de sintomas, desde ansiedade leve a severa tristeza e desesperança durante os meses de inverno. A condição é mais comum nas áreas do norte, onde os dias são ainda mais curtos durante o inverno. Por que isso acontece?

Como todos os outros animais, nosso corpo está equipado com um relógio biológico interno que ajusta nosso metabolismo para atender às demandas do dia e dormir profundamente à noite. A diminuição da luz do dia é uma dica primordial que diz ao nosso corpo que é hora de dormir. Quando as células de nossas retinas param de detectar a luz, elas sinalizam nosso cérebro para produzir melatonina, o hormônio do sono que serve como uma canção de ninar bioquímica. Quando o sol da manhã atinge nossas pálpebras, que são transparentes o suficiente para permitir que as alterações na luz passem, nosso cérebro interrompe a produção de melatonina para que possamos ficar acordados durante o dia. Ou pelo menos acordado o suficiente para fazer um café.

Quando usamos luzes artificiais à noite ou olhamos para telas brilhantes antes de dormir, nosso cérebro fica confuso. Pensando que ainda é de dia, não produz a nossa dose noturna de melatonina, o que dificulta cair no sono até finalmente desligarmos as luzes. Uma situação semelhante ocorre com pessoas que sofrem de SAD: a produção de melatonina no corpo está fora de sincronia com o sol, o que é agravado quando há menos luz solar durante o dia.

Diversas variantes genéticas foram ligadas ao SAD, incluindo genes que regulam nosso relógio biológico. Outra variante do gene SAD codifica um receptor para a serotonina, o que é interessante porque é a molécula precursora a partir da qual a melatonina é produzida. Algumas pessoas com SAD possuem uma variante do gene OPN4, que atua no olho para detectar luz e sinalizar ao cérebro para produzir melatonina.

Um estudo recente realizado em 2016 pelos neurologistas Ying-Hui Fu e Louis Ptáček, da Universidade da Califórnia, em São Francisco, descobriu outro gene que enfatiza a importância da luz e do sono na definição de nosso humor. Variantes de um gene chamado PERIOD3 foram encontradas em pessoas tanto com SAD quanto com síndrome familiar da fase avançada do sono (FASP, na sigla em inglês). Indivíduos com FASP têm um relógio biológico acelerado, o que significa que sentem a necessidade de dormir muito cedo, digamos, às 19h, e depois acordam por volta das quatro da manhã. Quando pesquisadores inseriram essa variante do gene PERIOD3 em camundongos, eles se comportaram normalmente quando os dias e as noites tinham a mesma duração. Mas, quando expostos a períodos mais curtos de luz do dia, como os pacientes com SAD estariam no inverno, esses ratos mutantes desistiram com muita facilidade quando colocados em condições levemente estressantes: sintomas consistentes com a depressão.

O SAD é geralmente tratado com terapia com luz intensa pela manhã para interromper a produção de melatonina e suplementos de melatonina à noite para induzir o sono. Reajustar o relógio biológico em pacientes com SAD ajuda a aliviar o humor adverso que experimentam devido ao sono ruim. A lição mais ampla que aprendemos dos pacientes com SAD é não subestimar o valor de uma boa noite de sono em nosso bem-estar.

Como os Carboidratos Podem Causar Vertigens

Nos últimos anos, surgiram estranhos relatos descrevendo indivíduos que parecem estar completamente bêbados sem tomar um gole de álcool. Um idoso começou a agir como se estivesse embriagado depois de comer seu pãozinho matinal. Uma mulher do interior de Nova York foi acusada de dirigir sob influência de álcool, apesar de jurar sua inocência e não ter bebido nada. Uma menina de três anos parece embriagada depois de beber ponche de frutas sem álcool. O que está acontecendo? Essas pessoas estão tentando nos enganar? São mentirosos compulsivos?

A mulher acusada de dirigir embriagada foi submetida a um teste diante de um tribunal cético. Ela foi monitorada por um período de doze horas, fazendo um teste de bafômetro a cada poucas horas. Apesar de não ingerir bebida alcoólica nesse período, o teor de álcool em seu sangue aumentou constantemente ao longo do dia, atingindo quatro vezes o limite legal no final do período. O juiz decidiu negar provimento às acusações. Ela não estava consumindo álcool, mas seu corpo estava produzindo-o de alguma forma.

Essa situação ilustra um dos exemplos mais bizarros de micróbios que afetam o humor e o comportamento. Quando certas leveduras intestinais crescem demais, elas podem produzir álcool a partir de carboidratos ingeridos em uma condição chamada síndrome da fermentação intestinal. As pessoas com essa síndrome podem se sentir embriagadas depois de comer um simples prato de macarrão. Leveduras são um tipo de fungo, e dentre as que foram associadas à síndrome estão as espécies *Candida* e *Saccharomyces cerevisiae* (o que é particularmente irônico devido ao seu nome comum: levedura de cerveja). Sim, essa é a mesma levedura que seu amigo hipster usa para fazer cerveja artesanal; assim, as pessoas com excesso de *Saccharomyces cerevisiae* no intestino desenvolvem uma espécie de cervejaria nele.

Não se sabe por que essas leveduras fazem do intestino de certas pessoas seu lar. Um caso documentado sugere que o uso prolongado de antibióticos, que afetam bactérias, mas não fungos, podem criar um ambiente intestinal favorável ao crescimento da levedura. Com menos bactérias, há menos competição por nutrientes, e assim as leveduras fazem a festa. Alguns pesquisadores argumentam que o problema não é o crescimento excessivo dos fungos, mas sim que essas pessoas podem ter defeitos genéticos que impedem o fígado de metabolizar os ínfimos níveis normais de álcool que podem ser produzidos no intestino.

Embora os casos extremos recebam mais atenção, imagine como essas flutuações nas leveduras presentes em seu intestino podem melhorar ligeiramente seu humor ou prejudicar seu julgamento, ao produzir quantidades menores de álcool. Mas não planeje usar essa estratégia para defender seus comportamentos questionáveis assim tão rápido. A síndrome da fermentação intestinal é extremamente rara e pode ser remediada com mudanças na dieta, medicamentos antifúngicos (que atacam a infecção por fungos) e probióticos (que tentam reabastecer o intestino com bactérias saudáveis).

Por que Existem Pessoas Felizes e Radiantes

Embora seja amplamente aceito que a depressão tem origens biológicas, muitas pessoas ainda acreditam que a felicidade tem tudo a ver com o seu estado de espírito. Elas afirmam que, se você tem a postura certa, pode superar qualquer infortúnio. Historicamente, alcançar um estado de nirvana sem preocupações tem sido uma missão deixada para filósofos, teólogos e Bobby McFerrin. Mas os cientistas também querem ser convidados para esse happy hour. Parafraseando Clark W. Griswold do filme *Férias Frustadas* (1970), talvez a ciência possa encontrar a chave da felicidade e seremos tão felizes que só uma plástica removerá nosso sorriso.

Naturalmente, a caçada pelos genes associados ao aumento da felicidade já começou. Mas onde devemos procurá-los? O professor de economia da Universidade de Bristol Eugenio Proto, em pesquisa realizada enquanto estava na Universidade de Warwick, no Reino Unido, achou que um bom lugar para começar seria analisar o DNA de pessoas que vivem na Dinamarca e em outros países escandinavos — nações que regularmente lideram o ranking mundial de felicidade (o que também pode explicar sua predileção por ABBA). Dos trinta países analisados, a Dinamarca e a Holanda têm a menor porcentagem de pessoas portadoras de um gene receptor de serotonina implicado na depressão. Parece que de fato pode haver algo no DNA dinamarquês que os torna mais felizes do que a maioria. Mas o ensino superior e os serviços de saúde gratuitos provavelmente também ajudam. Como prova de que dinheiro não é tudo, os Estados Unidos estão sempre em posições intermediárias (caindo da 14ª para a 18ª em 2018), bem abaixo de países comparativamente ricos.

Outros grupos identificaram genes que podem permitir que algumas pessoas tenham um humor mais leve como linha de base. Em 2016, os geneticistas encontraram uma forte correlação entre a felicidade de uma nação e uma variante do gene que codifica a enzima amido hidrolase de ácidos graxos (FAAH, mencionada no Capítulo 4). Essa variação interfere no colapso do neurotransmissor anandamida, a "molécula da felicidade" mencionada no Capítulo 4 (lembre-se de que ela liga os mesmos receptores que o THC na maconha). Então, pessoas perpetuamente felizes podem naturalmente ter mais anandamida em seu sistema; isso não apenas aumenta o prazer sensorial, mas também traz propriedades analgésicas. Assim como acontece com outras variações genéticas, o ambiente interage com o DNA e torna o resultado menos previsível. Um exemplo típico: os pesquisadores afirmaram que alguns países, como a Rússia e os da Europa Oriental, também têm cidadãos que possuem a variante "da felicidade" FAAH e ainda assim não se consideram muito felizes.

Em um dos maiores estudos de genética realizados até o momento, com quase 300 mil pessoas, o psicólogo biológico Meike Bartels, da Universidade Livre de Amsterdã, descobriu três novas variantes genéticas comumente presentes em pessoas felizes. Elas são expressas no sistema nervoso, nas glândulas suprarrenais e no pâncreas, mas ainda será preciso mais estudo para entender como elas podem se relacionar com o humor.

Embora a pesquisa esteja em seus primeiros passos, parece que os genes influenciam nosso nível basal de felicidade da mesma maneira conceitual em que influenciam nossos níveis de colesterol. Novas evidências de que temos um "ponto de ajuste" do humor, como um termostato, vêm de um estudo clássico de psicologia realizado no final da década de 1970 que examinou os níveis de felicidade após grandes eventos da vida.

Quem você acha que seria mais feliz ou mais triste — um ganhador da loteria ou alguém que ficou paralisado como resultado de um acidente? Desafiando a intuição, acontece que vários meses depois, os ganhadores da loteria não estavam muito mais felizes do que antes da bolada, e as pessoas com paralisia não estavam muito mais tristes do que antes do acidente. Embora todos prefiram ganhar na loteria, o que não levamos em consideração é a capacidade obstinada que temos de nos adaptar à nossa situação — seja feliz ou infeliz. Em outras palavras, após o impacto positivo ou negativo inicial, nossa mente volta ao normal e tendemos a retornar ao humor basal determinado por nossos genes, programação fetal e ambiente da primeira infância.

Por que a Felicidade Pode Não Ser Tão Boa Quanto Imaginamos?

Para algumas pessoas, parece que nada as desanima. Elas são incansavelmente felizes, alegremente eliminando qualquer novo obstáculo como um garoto entusiasmado brincando de Acerte a Toupeira. Assim como a escalada da tristeza para a depressão ser patológica, poderia haver algo errado em ser feliz o tempo todo? John Mellencamp parece pensar que sim. Supostamente, ele teria afirmado: "Eu não acho que somos colocados nesta terra para viver uma vida feliz. Acho que fomos colocados aqui para nos desafiar física, emocional e intelectualmente." Como veremos em breve, a ciência sugere que Mellencamp tem razão.

O problema da satisfação plena foi a base para o filme *Rocky III*. Nosso amado herói do boxe, Rocky Balboa, sentiu-se confortável demais na posição de atual campeão dos pesos pesados. Depois de derrotar Apollo Creed, ele tinha uma vida de sonho com Adrian, desfrutando de carros sofisticados, um home theater e um robô. Ele não levou a sério o desafio de Clubber Lang e pagou o preço perdendo a luta e o título do campeonato. A moral da história é que, para vencer e permanecer vencedor, você precisa de olhos de tigre. Sentir-se mal pode restaurar a sede e o impulso necessários para alcançar seus objetivos. Se Rocky tivesse simplesmente dado de ombros para a derrota e retornado para sua vida pacata, a franquia de filmes teria sido um fracasso. Mas ele se alimentou de seus sentimentos negativos, usando-os como combustível para enfrentar o pesado treinamento e vencer novamente.

June Gruber, psicóloga da Universidade do Colorado em Boulder, é uma das céticas detratoras da felicidade. Em seu artigo "A Dark Side of Happiness?" [Um Lado Escuro da Felicidade?, em tradução livre], escrito enquanto ela estava na Universidade de Yale, Gruber descreve várias circunstâncias em que a felicidade não é apropriada e possivelmente até prejudicial. Por exemplo, nosso estado emocional é importante para comunicar nosso status a outras pessoas. Se estamos felizes o tempo todo, os outros não sabem dizer quando precisamos de ajuda e de apoio. Da mesma forma, a felicidade pode nos causar problemas em determinadas situações, como fazer piadas em um funeral, deixar de demonstrar remorso depois de machucar alguém ou exibir um sorriso bobo quando o chefe está nos reprendendo. Pessoas constantemente felizes podem ser vistas como arrogantes, indiferentes, incapazes de levar qualquer coisa a sério (ou até como burras e ingênuas). Como aprendemos com Rocky, as pessoas que se sentem confortáveis e satisfeitas podem subestimar as ameaças e não têm o ímpeto necessário para solucionar problemas. Pessoas excessivamente felizes também demonstraram ser menos hábeis em formular argumentos persuasivos e tendem a ser mais ingênuas.

Muitos trabalhos sugerem que a busca da felicidade, nosso direito inalienável, pode realmente ter um resultado negativo no bem-estar. Um estudo de 2018 de Sam Maglio, da Universidade de Toronto Scarborough, no Canadá, mostrou que as pessoas obcecadas por tentar ser felizes percebem o tempo de maneira diferente das pessoas que apreciam o que já têm. Aquelas que ainda perseguem a felicidade geralmente se sentem agitadas e com pouco tempo, sentimentos que impedem a felicidade. Segundo o estudo, as pessoas que sentem que nunca têm tempo suficiente durante o dia tendem a se abster de atividades de lazer que lhes proporcionariam a própria felicidade que buscam. Além disso, pessoas sempre ocupadas geralmente não sentem que têm tempo para ajudar os outros ou para fazer trabalho voluntário, atividades que proporcionam felicidade.

Descartar as emoções negativas pode prejudicar a capacidade do corpo de se calibrar corretamente para enfrentar os obstáculos para uma meta. Em outras palavras, precisamos dos bioquímicos associados a sentimentos negativos, porque eles nos ajudam a superar obstáculos. Se for verdade, parece que a ciência validou a afirmação de Mellencamp de que não devemos viver vidas felizes, mas desafiadoras. De fato, a evolução selecionou mecanismos de enfrentamento que nos permitem prosperar em ambientes menos amistosos.

Exemplos reais para essas ideias podem ser testemunhados em crianças que nascem com a síndrome de Williams, que resulta de um defeito genético que elimina quase trinta genes. Crianças com essa condição sofrem uma série de problemas cognitivos e físicos. Mas uma das características inesperadas da condição é a felicidade desenfreada. Esses indivíduos afetuosos são excepcionalmente sociáveis, confiantes e educados, geralmente de maneira excessiva. Por exemplo, muitas dessas crianças amam instantânea e abertamente a todos. Elas não temem estranhos e parecem incapazes de desconfiar. Infelizmente, isso as torna presas fáceis para golpistas, agressores e predadores infantis.

Além disso, pessoas com transtorno bipolar podem ter sérios problemas durante a fase de mania, caracterizada por um humor intensamente positivo. A felicidade constante pode tornar as pessoas cegas a perigos óbvios, colocando-as em situações arriscadas. O comportamento maníaco incluiu doar as economias de vida ou dirigir perigosamente para se encontrar com um estranho com o intuito de ter um caso de amor adúltero.

Nada disso significa dizer que nunca deveríamos ser felizes, é claro. Mas a felicidade é como bacon: em excesso, pode ser prejudicial. A adversidade é uma parte inevitável da vida, e renegar as emoções desagradáveis que acompanham as dificuldades nos priva das ferramentas fisiológicas de que precisamos para superar um desafio.

Se Você Está Contente Bata Palmas

Para pessoas que não sofrem de transtornos de humor que estão apenas tentando aumentar o nível da própria felicidade, o que os especialistas aconselham? Uma possibilidade é passar a vida toda lendo tudo que já foi escrito sobre a felicidade. Mas, depois de ler alguns livros importantes, surgem alguns tópicos comuns.

O guru espiritual Ram Dass escreveu um famoso livro em 1971 chamado *Be Here Now* [sem publicação no Brasil], que inspirou a música de George Harrison com o mesmo título. Dass nos incentiva a viver o momento e não ficar obcecado com o futuro. Mais recentemente, o psicólogo de Harvard Daniel Gilbert expôs esse conceito em seu livro de 2006 *Stumbling on Happiness*. Gilbert explicou como nosso futuro incerto cria dissonância para o nosso cérebro, que é um dos maiores maníacos por controle (mais sobre isso no Capítulo 8). Além disso, costumamos não ser muito bons em imaginar o que nos fará felizes no futuro, porque o que nos faz feliz hoje pode não fazer amanhã. Em suma, o futuro é uma grande fonte de ansiedade que dificulta a felicidade.

Essas ideias ecoam as observações do livro de 1930 do filósofo Bertrand Russell *A Conquista da Felicidade*. Russell instruiu as pessoas a "se emanciparem do império da preocupação", percebendo a falta de importância da maioria dos assuntos no grande esquema das coisas.

O universo não se importa com qual roupa você decide usar ou com quantos bens materiais é capaz de acumular. Russell afirma que se sente melhor quando diminui sua preocupação consigo mesmo.

Sentimentos semelhantes são apresentados pelo especialista em ética Peter Singer, que defende que a maior felicidade não é encontrada ao realizar objetivos estreitos e egocêntricos, mas ao assumir o desafio de tornar o mundo um lugar melhor para o maior número de pessoas possível.

A evolução pode ter começado com genes egoístas, mas desenvolvemos uma capacidade notável de altruísmo. Nossa tendência natural a cooperar surgiu com a seleção de parentesco, o impulso instintivo de apoiar aqueles que são geneticamente semelhantes a nós, como nossa família. Com o tempo, descobrimos que também é útil apoiar outros membros da nossa comunidade. Singer argumenta que agora precisamos expandir esse círculo de preocupações morais globalmente, para todos os membros da raça humana. Se você não confia em acadêmicos frios, leia uma perspectiva semelhante nos quadrinhos, como quando o Ancião explica ao Dr. Estranho: "A arrogância e o medo o impedem de aprender a lição mais simples e mais significativa de todos… Você não é o centro do universo."

De acordo com essas ideias filosóficas, a pesquisa científica mostrou repetidamente que as pessoas mais felizes são aquelas que focam os outros, e não a si mesmas. Estudos de imagem cerebral revelaram que os atos de altruísmo iluminam o mesmo centro de recompensa no cérebro ativado pela comida e o sexo. Ajudar os outros infunde sua vida com um senso de propósito e significado; proporciona gratificação instantânea e satisfação quase eufórica. Também ajuda a ter uma visão mais ampla do mundo e das diversas pessoas que o compartilham com você. Albert Einstein defendeu essa ideia quando disse: "Não se esforce para ser um sucesso, mas sim para ter valor." Ajudar os outros não é apenas a coisa mais humana a fazer como também é a chave para a felicidade.

Despertares

Em 1969, o famoso neurocientista Oliver Sacks fez a surpreendente descoberta de que a L-dopa, precursora de vários neurotransmissores, incluindo a dopamina, poderia reviver pacientes que estavam em estado catatônico por décadas. Essa única substância química aparentemente colocou o interruptor de volta na posição "ligado" em alguns desses pacientes, depois de anos incapazes de falar ou se mover. Infelizmente, esse despertar durou pouco; alguns desenvolveram uma tolerância à droga ou sofreram efeitos colaterais perigosos. O incidente ressalta uma realidade fria, que devemos ser corajosos o suficiente para enfrentar: todos os nossos pensamentos, emoções e sentimentos são de natureza bioquímica. Nosso humor surge da neurofisiologia, não de um espírito místico interior. Qualquer coisa que possa alterar nosso cérebro, mesmo que de menor importância, é capaz de alterar nosso humor.

O relato de Sacks desse evento extraordinário é descrito em seu livro *Tempo de Despertar,* que foi transformado em um filme estrelado por Robin Williams no papel do médico brilhante e despretensioso. Sem o conhecimento de Williams, proteínas maliciosas que ceifariam sua vida 24 anos depois estavam lentamente se acumulando em seu cérebro.

Como em outros suicídios de celebridades, nos dias que se seguiram à morte de Robin Williams, não faltaram comentários expressando espanto com o fato de ele poder ser tão egoísta ou covarde. Tais comentários não são apenas ignorantes, mas são repreensivelmente cruéis para os entes queridos em luto. Talvez cheguemos a aceitar que forças ocultas como nossos genes, programação epigenética e microbiota moldam imensa e inconscientemente nossa disposição seja ela radiante ou nem tanto. Os transtornos de humor são um problema de saúde muito real; tristeza excessiva e felicidade excessiva são prejudiciais para nosso funcionamento normal. Repreender alguém para que saia desse estado é como gritar com uma pessoa cega para que enxergue. Uma abordagem mais útil é fornecer suporte e incentivar a busca por ajuda profissional.

O fato é que a ciência levou a um despertar humano: nosso humor inicial é predeterminado em grande parte no início da vida por fatores fora de nosso controle. Também não temos muita escolha sobre as alterações que aparecem em nosso humor à medida que envelhecemos. Alguns diriam que essas revelações são um despertar rude: preferimos estar no controle e queremos o poder de mudar nosso humor. Podemos chegar lá, mas não aceitar a verdade. À medida que continuamos a entender melhor a base biológica dos problemas de humor, uma nova bateria de tratamentos estará disponível.

» **CAPÍTULO SEIS** «

CONHEÇA SEUS DEMÔNIOS

Nós nunca perdemos nossos demônios.
Apenas aprendemos a viver acima deles.
— Ancião diz ao Mordo, *Doutor Estranho*

Passei toda minha vida na Costa Leste, até me aventurar no Centro-oeste para prosseguir os estudos de pós-doutorado. Logo depois de me mudar da Filadélfia para Indianápolis, eu dirigia para casa pela interestadual em uma noite, quando um cara em uma grande caminhonete me fechou abruptamente e quase causou um grave acidente. Tendo sido treinado como motorista na Costa Leste, toquei a buzina por cerca de 800 metros e mostrei-lhe um de meus dedos várias vezes.

Por acaso, o cara pegou a mesma saída que eu e antes que eu perceba, acabo encurralado atrás do carro dele, quando o semáforo fica vermelho e os carros se alinham ao lado e atrás do meu. Então, reparo no adesivo da National Rifle Association e o porta-armas. Nos para-lamas da caminhonete, Yosemite Sam aponta suas armas para mim, dizendo: "Afaste-se!" A porta do motorista se abre. Meus olhos se arregalam. Meu coração dispara. Começo a suar. Minha raiva se dissolve rapidamente em um medo intenso.

Em seguida, um homem incrivelmente alto e robusto sai da caminhonete e segura a fivela do cinto, que é aproximadamente do tamanho do Texas. Ele marcha em direção ao meu carro e bate na minha janela com seu anel de caveira. Naturalmente, olho para a frente e finjo que nada está acontecendo. Ele bate na minha janela novamente e grita: "Ei!"

Fechando com força minhas pernas para não molhar as calças, eu me viro e olho para ele através da janela do carro. Ele passa a mão sobre o imenso bigode e faz um gesto para eu abrir a janela. *De jeito nenhum, cara!* Logo, ele começa a gritar comigo, mas não as palavras que eu esperava ouvir.

"Sinto muito. Eu não queria te cortar lá atrás, só não te vi." Sua voz tremia e ele parecia tão assustado quanto eu. Abri a janela, disse a ele que estava tudo bem e me desculpei por exagerar e tocar a buzina como um idiota. Ele me cumprimentou tocando o chapéu e correu de volta para sua caminhonete quando o semáforo abriu.

Tive a sorte de esse sujeito ser gentil e equilibrado; lemos muitos casos em que a raiva no trânsito leva a um resultado trágico. Mas o que determina se uma pessoa soltará ou não seus demônios? Será que algumas pessoas são naturalmente passivas, enquanto outras são mais agressivas? Seriam espíritos malignos a fonte do comportamento demoníaco? Antes de respondermos a essas perguntas, será útil examinar mais de perto a biologia do medo.

Por que Sentimos Medo?

Não importa o quão sejamos fortes e grandes, todos nós sentimos medo (até o Homem de Aço tem medo de criptonita). Mas, por mais desagradável que seja o medo, é um mal necessário que evoluiu para nos proteger. Existe uma grande vantagem de sobrevivência para genes que constroem sistemas nervosos capazes de responder rapidamente a ameaças percebidas. Quanto mais rápido uma máquina de sobrevivência puder enfrentar uma ameaça, maior a probabilidade de ela permanecer viva para se reproduzir, passando essa resposta poderosa ao medo para a próxima geração.

O medo é uma resposta autonômica, o que significa que acontece sem a necessidade de pensarmos nela. É por isso que você pula quando seus amigos gritam "Surpresa!" na sua festa de aniversário surpresa. Você não fica parado na porta refletindo para depois decidir pular.

Rápidas mudanças bioquímicas ocorrem em nosso corpo no instante em que ficamos assustados. Em resposta a um estímulo estressante — um ruído inesperado ou uma sombra ameaçadora surgindo atrás de você — seu cérebro entra em alerta vermelho e sinaliza a liberação de hormônios do estresse. Epinefrina (adrenalina) e noradrenalina são liberadas para aumentar a respiração, os batimentos cardíacos, a pressão sanguínea e a quebra dos açúcares armazenados como energia. Eles também dilatam as pupilas para melhorar a visão e interrompem a digestão para desviar a energia para lidar com a ameaça. O cortisol também é liberado, o que aumenta o açúcar no sangue e suprime o sistema imunológico, os quais fornecem energia extra para lidar com a ameaça. Todas essas ações compulsórias são críticas para sua resposta de luta ou fuga.

Como o corpo sabe o que temer? Todo mundo pula quando se assusta, mas nem todo mundo se assusta em uma voltinha no trem fantasma. Coisas que os animais são programados para temer sem serem ensinados são chamadas de medos inatos. Por exemplo, os ratos nascem com um medo inato de gatos. Gatos nascem com um medo inato de cães (e pepinos, de acordo com o YouTube). Barulhos altos e inesperados e o medo de cair são os únicos dois medos inatos conhecidos nos seres humanos; os outros devem ser aprendidos (embora aprendamos a temer algumas coisas de maneira rápida e fácil, como aranhas, cobras e Dick Cheney). Pessoas que foram ensinadas a acreditar no sobrenatural têm mais probabilidade de temer fantasmas do que os não crentes.

Quer os medos sejam inatos ou aprendidos, a variação genética pode explicar em parte por que algumas pessoas surtam e outras não ligam. No Capítulo 5, discutimos uma variante de um gene chamado FAAH, que leva a níveis mais altos de anandamida, a molécula da felicidade que deixa as pessoas menos ansiosas. Esses indivíduos também têm uma maior extinção do medo, que é a capacidade de perder o medo de algo mais rápido do que outros. Mutações nos receptores do neurotransmissor inibidor GABA (explicado no Capítulo 4) também foram associadas ao medo. Receptores GABA danificados impedem o cérebro de receber esse neurotransmissor inibidor "calmante", fornecendo uma provável explicação para o motivo de algumas pessoas serem mais medrosas e ansiosas. Ratos com deficiência nos receptores GABA são mais covardes que ratos normais. Também foram encontradas mutações nos receptores GABA em pessoas que sofrem de transtorno do pânico, uma condição caracterizada pelo início repentino de intensos ataques de ansiedade.

Como os Demônios de Seus Avós Podem Estar Assombrando Você

Você sofre de um medo estranho que não consegue explicar? Uma em cada dez pessoas nos Estados Unidos tem uma fobia, que é um medo incapacitante tão intenso que ocorre mesmo quando não há perigo. Por exemplo, pessoas com acrofobia têm pavor de altura, mesmo que estejam perfeitamente seguras em um prédio. Na série de TV *Caindo na Real*, Tobias Fünke "nunca fica nu" e até toma banho de short; ele sofre de nudofobia, uma condição que existe de fato. Algumas outras fobias incluem araquibutirofobia (o medo que um alimento pastoso, como manteiga de amendoim, grude no céu da boca), consecotaleofobia (medo de hashis), aulofobia (medo de flautas) e a criptonita da minha esposa, a quilopodofobia (medo de centopeias).

De acordo com os Institutos Nacionais de Saúde, mais de 19 milhões de pessoas nos Estados Unidos sofrem diminuição da qualidade de vida devido a medos irracionais e ansiedade. De onde surgem essas estranhas fobias? Talvez da experiência de cada um. Quando criança, quase engasguei depois de enfiar muita manteiga de amendoim na boca de uma só vez. Não tenho certeza se me qualifico como araquibutirofóbico, mas até hoje como produtos de manteiga de amendoim com o máximo cuidado. Medos e outras fobias que não podem ser explicados por nossas experiências pessoais podem estar enraizados em nossa árvore genealógica. Em *O Livro do Cemitério*, o autor Neil Gaiman escreveu: "O medo é contínuo. Você consegue tocá-lo." E, como se vê, não é apenas contagioso; também pode se espalhar ao longo de gerações, conforme sugerido no experimento a seguir.

A acetofenona é um produto químico encontrado naturalmente em muitos alimentos, incluindo damascos, maçãs e bananas; na sua forma purificada, tem cheiro de cereja. Os ratos gostam do cheiro da acetofenona, mas também podem ser ensinados a temê-lo. Em 2013, os neurocientistas Kerry Ressler e Brian Dias, da Emory University, usaram choques elétricos leves para condicionar os ratos a terem medo do cheiro de cereja. Eles liberavam vapores de acetofenona em uma gaiola de camundongos e depois disparavam um pequeno choque em suas patas pelo chão. Após três dias, o cheiro de acetofenona fez com que esses ratos se assustassem com medo, mesmo depois de não receberem mais choque. Em outras palavras, Ressler e Dias incutiram um medo não natural de cerejas nesses ratos.

Os pesquisadores então pegaram machos com fobia de cerejas e os acasalaram com fêmeas normais, que não foram treinadas para temer o cheiro delas. Inesperadamente, seus filhotes de ratos nasceram com uma sensibilidade muito maior aos odores de cereja, ficando ansiosos e assustados assim que captavam o cheiro. Isso é notável, porque esses filhotes nunca foram ensinados a associar cheiro de cereja a um choque. Eles simplesmente nasceram assim, como se o pai transmitisse uma mensagem silenciosa para os filhotes ainda no ventre da mãe: "Carinhas, fujam se sentirem cheiro de cerejas, ou poderão levar um choque desses idiotas de jalecos de laboratório."

Passar um medo aprendido para o seu filho é algo muito maluco. Mas o maior "choque" ocorreu quando os *netos* desses camundongos cereja-fóbicos continuaram a mostrar uma resposta de medo aumentada ao cheiro de cereja, mesmo que seus pais nunca tivessem recebido choques. Essa transferência surpreendente de traços ao longo de várias gerações que não envolve mudanças nas sequências gênicas é chamada de herança epigenética transgeracional.

Por que isso é tão surpreendente? Porque as crianças normalmente não herdam coisas que seus pais aprenderam. Por exemplo, fui ensinado a limpar a sujeira depois de comer, mas garanto que meus filhos não herdaram esse comportamento. Cursei cálculo diferencial na faculdade por algum motivo, mas meus filhos ainda precisaram aprender aritmética básica. E que pai ou mãe não desejou que seus filhos nascessem treinados? Então, como pode um rato que aprendeu a temer cerejas passar esse comportamento para seus filhotes?

Os filhotes com medo de cereja nasceram como se recebessem um aviso sobre o ambiente a que seriam expostos — como um amigo mandando uma mensagem de texto sobre um evento bacana que ocorrerá mais tarde naquele dia. Para que informações como essa sejam transmitidas, algum tipo de mensagem precisa ter sido transmitida às células sexuais em tempo real. Isso, por sua vez, significa que espermatozoides e óvulos devem ter um meio de detectar o meio ambiente. As células sexuais também devem ter meios de pré-programar seu DNA, para que o bebê nasça equipado para sobreviver no ambiente de seus pais. Acontece que os espermatozoides contêm sensores de hormônios, neurotransmissores, fatores de crescimento e, sim, odores. Um espermatozoide "cheira" o que está acontecendo lá fora! Esses receptores no esperma podem ser como escâneres de amplo alcance que detectam possíveis problemas no ambiente para que a equipe genética possa se preparar antes da sequência de lançamento? Então, como isso funciona?

Ressler e Dias examinaram se o condicionamento do medo mudou o cérebro do rato de alguma maneira. E eis que os camundongos com fobia de cereja produziam muito mais receptores de odor à acetofenona (chamados OLFR151) em seu cérebro, em comparação com os camundongos não condicionados e seus filhotes. O aumento do número de receptores OLFR151 tornou os ratos mais sensíveis ao cheiro da cereja.

Ressler e Dias levantaram a hipótese de que o condicionamento do medo também deve ter causado alterações nas células sexuais. De fato, eles descobriram que o gene do receptor de odor OLFR151 nas células espermáticas dos camundongos com medo de cereja tinham reduzido a metilação do DNA. Sem marcas de metilação do DNA, mais desse receptor de odor é produzido, levando a uma resposta aumentada ao cheiro de cereja nos filhotes. E quando esses filhotes cresceram, seus espermatozoides também careciam de metilação do DNA no gene OLFR151, explicando por que seus filhotes ainda tinham medo de cheiros similares a cereja depois de duas gerações do condicionamento inicial do medo.

Exemplos adicionais de herança transgeracional foram descobertos em outras espécies, incluindo seres humanos. Em capítulos anteriores, discutimos exemplos de programação fetal, em que o DNA de uma criança ainda não nascida é epigeneticamente alterado em resposta ao ambiente, dieta ou abuso de substâncias dos pais. O mesmo conceito se aplica à herança epigenética transgeracional — exceto que as alterações programadas no DNA são transmitidas por pelo menos mais uma geração. Um dos melhores exemplos disso em humanos é observado em descendentes daqueles que sobreviveram ao inverno da fome na Holanda. Em 1944, o bloqueio alemão de alimentos à Holanda causou uma fome devastadora, cujos efeitos ainda podem ser vistos hoje. Muitos dos filhos e netos dessas mães famintas nasceram pequenos e se tornaram propensos à obesidade e ao diabetes. Acredita-se que as mães que passaram fome durante a gravidez tiveram bebês cujo DNA foi submetido à programação fetal para expressar genes que maximizam a extração de calorias a partir de quantidades mínimas de alimentos, uma estratégia que faz todo o sentido se você nascer na fome. No entanto, o metabolismo econômico é mal-adaptativo em tempos de abundância, o que explica por que seus filhos agora enfrentam problemas de peso. Mais recentemente, marcas epigenéticas parecem ter sido deixadas em crianças nascidas de mães grávidas traumatizadas pelos ataques terroristas de 11 de Setembro de 2001. Os filhos de mães que desenvolveram transtorno de estresse pós-traumático (TEPT) como resultado dos ataques de 11 de Setembro apresentaram um risco aumentado de problemas de ansiedade.

Tanto a programação fetal quanto a herança epigenética transgeracional são tão degradantes quanto assustadoras. Esses corolários da evolução significam que alguns de seus comportamentos (bons e ruins) podem ser o resultado de algo que seus pais ou avós vivenciaram. Podemos dar um bom uso para esse conhecimento: saber que o estresse e o trauma podem danificar o DNA por várias gerações deve nos inspirar ainda mais a proporcionar melhores ambientes para as crianças o mais rápido possível.

Por que os Demônios dos Homens São de Marte e os das Mulheres, de Vênus

No filme *Era do Gelo*, duas preguiças fêmeas conversam sobre o adorável personagem nerd Sid, a preguiça. Uma lamenta que Sid não é muito bonito, mas que é difícil encontrar um cara de família. A amiga dela responde: "Nem me fale! Os mais sensíveis são comidos!" Essa é apenas uma questão que decorre das diferentes demandas evolutivas que foram impostas a cada gênero em nosso passado distante.

Os psicólogos evolucionistas postulam que todos os nossos comportamentos, do divino ao grotesco, são motivados pelo desejo subconsciente de recrutar companheiros de primeira linha para a reprodução. Fazemos esforços extraordinários (e muitas vezes tolos) para atrair um parceiro e manter nossa cadeia de DNA ininterrupta, desde a maquiagem até a apresentação, desde o bíceps até o sutiã push-up. Ostentar nossa força, beleza, recursos e número de seguidores no Instagram é necessário no jogo evolutivo do acasalamento.

Nossos genes egoístas querem o que acham melhor para eles e nos seduzem a procurar o parceiro mais promissor para uma fusão cromossômica. É aí que as semelhanças entre os sexos parecem terminar e algumas diferenças importantes começam, com base nas disparidades inerentes à biologia reprodutiva. Os psicólogos evolucionistas afirmam que, em média, os homens são atraídos por virgens jovens porque elas estão no ápice da fertilidade e não têm a carga da progênie de um concorrente. Por outro lado, as mulheres gostam de homens de alto prestígio e posição social, pois eles provaram ser capazes de adquirir recursos que seus filhos poderiam usar (geralmente esses homens são mais velhos). Muitas pessoas ainda procuram parceiros com base nesses critérios paleolíticos. Mas (para minha sorte) o mundo moderno não exige os braços de Popeye para o sucesso reprodutivo.

O imperativo biológico de replicar nossos genes gera alguns de nossos comportamentos mais desesperados e diabólicos. Os psicólogos evolucionistas teorizam que ambos os sexos podem ser igualmente cruéis à sua competição percebida, mas de maneiras muito diferentes.

Homens e mulheres veem o sexo e os relacionamentos de maneira diferente, em grande parte devido às características de nossas respectivas células sexuais. O esperma, que é fabricado aos milhões e pode ser reabastecido rapidamente, é como os compradores da Black Friday, acotovelam uns aos outros em uma competição feroz para alcançar um prêmio escasso: o precioso óvulo. Após uma venda bem-sucedida, o fabricante de espermatozoides fica tecnicamente livre para comprar em outras lojas quase que imediatamente. Mas a fabricante de óvulos fica fechada por pelo menos nove meses. Um homem tem a capacidade de gerar vários filhos em um único dia (ok, em um dia *realmente* bom), mas uma mulher se limita a gerar um filho por ano, na melhor das hipóteses. No entanto, uma mulher tem a vantagem de saber que seu filho definitivamente carrega seus genes; um homem, nem tanto. Devido a essas diferenças, os machos adotam uma abordagem de "quantidade" para a reprodução e as fêmeas, de "qualidade". Alguns argumentam que é por isso que os homens são tipicamente mais promíscuos que as mulheres.

Conheça Seus Demônios

Outra consequência dessa economia reprodutiva é que os homens geralmente são mais agressivos fisicamente e as mulheres, mais passivo-agressivas. Um homem pode arcar com o risco de confronto físico, porque provavelmente ele já conseguiu vencer uma batalha por um óvulo e a mãe cuidará de seu filho, caso ele perca a vida. Por outro lado, se uma mulher corre o risco de sofrer lesões corporais ou morte, isso significa que seus filhos provavelmente perecerão. No entanto, as mulheres ainda precisam afastar rivais que desejavam o mesmo macho alfa, então, em vez de uma luta física arriscada, táticas não físicas como boatos, manipulação e fofocas são usadas como armas. Chamar uma concorrente de "vagabunda" é um dos rumores mais prejudiciais que uma mulher pode espalhar; a maioria dos homens evita frequentar a loja de uma vagabunda, pois ela já teria clientes demais, aumentando as chances de seus filhos portarem os genes de outro sujeito, e não os dele. A preocupação constante com o bem-estar do número limitado de filhos que ela pode ter, aliada à vigilância necessária para monitorar a fábrica de boatos, cria muito estresse para as mulheres (e, alguns argumentam, ajudou as mulheres a evoluírem para se tornarem multitarefas mais eficazes com habilidades sociais superiores).

Essas ideias levaram alguns psicólogos evolucionistas a concluir que — como regra geral — os homens são guerreiros e mulheres causam intrigas. Nem todo mundo se encaixa nesse padrão, é claro. Patty Smyth, da banda Scandal, alcançou o sucesso ao proclamar que era "A Guerreira". (Ela não cantou: "Eu sou a causadora de intrigas.")

As diferenças na biologia reprodutiva também ajudam a explicar outros demônios que atormentam mais os homens do que as mulheres, desde ciúmes e perseguição até os ataques vis revelados pelo movimento #MeToo, iniciado em 2017. Falando na magnitude de nossas preocupações reprodutivas, as obsessões com fidelidade afligiram o sensível pacifista John Lennon, que lamentou as emoções amargas que se agitavam dentro de si na música "Jealous Guy". Os homens desenvolveram mentes desconfiadas porque nunca puderam ter certeza de que os filhos que estavam criando eram realmente deles (isto é, até surgirem programas de TV oferecendo exames de DNA). As mulheres também podem ter ciúmes, mas por diferentes razões. Elas são mais inclinadas a perdoar as transgressões sexuais de seus homens, se forem casos sem emoção. Mas se elas suspeitarem de apego emocional, então o inferno se instala. Não prejudica sua aptidão reprodutiva se o homem tiver um caso sem importância, mas ela e seus filhos podem ser seriamente prejudicados se o homem desviar seus recursos para outra mulher.

Um homem pode se comportar da maneira mais terrível, na tentativa de garantir que seu cônjuge permaneça fiel a ele e que seus filhos compartilhem seu DNA, e não o de outro homem. Disso decorre possessividade, bullying, ameaças e abuso físico. Como os óvulos são muito mais escassos que o espermatozoide, os homens vão ao extremo para maximizar suas chances de serem os vencedores na batalha da fertilização. Se ele não conseguir o status e os recursos necessários para atrair uma parceira, ele pode, em alguns casos, inclinar-se a trapacear no jogo evolutivo e a recorrer à mais repreensível das violações: agressão e estupro.

Parte disso parece sexista e ultrapassado aos ouvidos modernos, e, de fato, existem muitas exceções e ressalvas nas afirmações generalizadas que os psicólogos evolucionistas propõem. No entanto, os esforços para sobreviver e se reproduzir são os ventos evolutivos que moldaram a base da natureza humana. As diferenças biológicas entre a reprodução masculina e feminina ainda repercutem em nossa sociedade atual e provavelmente influenciam alguns de nossos comportamentos estereotipados específicos de gênero. Também é possível que esses estereótipos involuntariamente influenciem os psicólogos evolucionistas quando propõem teorias sobre o nosso passado evolutivo.

Os Demônios Estão Escondidos em Seus Genes?

Na música "Authority Song", de 1983, John Mellencamp lamenta que sempre perde suas brigas com a Autoridade. Avançando para os dias atuais, você verá que filho de peixe, peixinho é: os dois filhos de Mellencamp tiveram problemas com a lei em várias ocasiões por brigar e resistir à prisão. Melencencamp poderia gravar um remix da música, cantando: "Meus filhos lutam contra a autoridade, a autoridade ainda sempre vence."

A família Mellencamp não é a única a ter temperamentos que pegam fogo como rastilho de pólvora por gerações (alguns diriam que é porque são todos da mesma cidade pequena). Mas a ciência mostrou que a beligerância pode estar nos genes. Muitos estudos comparando gêmeos idênticos e fraternos demonstraram que a inclinação para a violência é herdável e o componente genético chega a 50%. As estatísticas também mostram que crianças criadas por uma família adotiva amorosa também têm altas taxas de delinquência se seus pais biológicos forem criminosos.

Em 1978, uma holandesa estava no limite de sua capacidade de lidar com vários meninos indisciplinados de sua família. Atormentada pelo constante caos, ela procurou a ajuda do geneticista Han Brunner no Hospital Universitário de Nijmegen, na Holanda. Os homens em sua família com esse comportamento sofriam de baixa inteligência e cometeram atos de violência repugnantes. Um estuprou a irmã. Outro tentou atropelar seu chefe com um carro. Dois dos meninos gostavam de incendiar casas. Após anos de minuciosa pesquisa, em 1993, Brunner descobriu que os meninos em questão tinham um defeito genético: uma mutação em um gene que codifica uma enzima chamada monoamina oxidase A (MAO-A). Estudos posteriores começaram a conectar essa variante genética a outros casos de violência e ela foi apelidada de "gene guerreiro".

Cerca de quinze anos após sua descoberta, o gene em questão voltou a fazer história. Em 2006, Bradley Waldroup estava bebendo e lendo sua Bíblia enquanto esperava sua esposa e filhos chegarem no fim de semana. Quando ela chegou, deixada por uma amiga, eles tiveram uma discussão que levou Waldroup a perder a cabeça. Ele sacou uma arma e atirou na amiga de sua esposa oito vezes na frente dela e de seus quatro filhos. Então ele disse aos filhos que se despedissem da mãe enquanto a perseguia com um facão. Waldroup conseguiu decepar um dos dedos dela, mas ela conseguiu escapar.

Durante seu julgamento, Waldroup também conseguiu de certa forma se safar. Ele se tornou a primeira pessoa a ser poupada da pena de morte, em parte por causa de seus genes. No DNA de Waldroup está a variante genética do MAO-A, a mesma que Brunner observou nos meninos holandeses do caos. Os advogados de Waldroup conseguiram defender com eficácia que essa predisposição genética, aliada a seu histórico de abuso infantil, o privava do controle sobre suas ações assassinas.

O que o MAO-A faz para explicar o seu vínculo com o comportamento violento? O gene variante produz uma enzima MAO-A menos funcional, necessária para quebrar a serotonina, a noradrenalina e a dopamina. Pessoas com menos MAO-A provavelmente teriam níveis anormalmente altos desses neurotransmissores, predispondo-os a mudanças de humor impulsivas e a hostilidade.

Estudos realizados em camundongos corroboram essa ideia: camundongos geneticamente alterados para a falta de MAO-A apresentam níveis mais altos do que o normal de serotonina e noradrenalina, e se comportam de forma mais agressiva. Em outros estudos, as variantes do gene MAO-A também foram associadas a fobias sociais e abuso de drogas. Curiosamente, os estudos de imagem cerebral realizados em portadores de variantes da MAO-A mostram que uma região do cérebro envolvida em nossa resposta ao medo (a amígdala) fica hiperativa enquanto uma região analítica (córtex cingulado) é reprimida; juntos, isso pode indicar que a parte racional do cérebro tem problemas para acalmar sua resposta aumentada ao medo.

Em 2014, a variante MAO-A apareceu novamente em um dos maiores estudos genéticos de criminosos. Essa pesquisa, liderada pelo psiquiatra Jari Tiihonen no Karolinska Institutet, na Suécia, analisou os genes de quase novecentos prisioneiros finlandeses. Como se observou, os reincidentes mais violentos tinham mutações no MAO-A e em outro gene chamado CDH13, que produz uma proteína de adesão aos neurônios que pode facilitar o desenvolvimento e a função cerebral. A equipe descobriu que indivíduos portadores de mutações genéticas no MAO-A e no CDH13 tinham treze vezes mais chances de ser um criminoso violento. O gene guerreiro agora tinha um cúmplice.

Alguns pesquisadores propuseram que o MAO-A ajuda a explicar por que os homens são mais violentos que as mulheres. O gene MAO-A está no cromossomo X, o que significa que as mulheres (que têm dois cromossomos X) possuem duas versões do gene MAO-A. Assim, as mulheres têm um backup que pode compensar uma versão mutante. Mas, em vez de um segundo cromossomo X, os homens têm um cromossomo Y, que não inclui uma segunda cópia do MAO-A. E outros estudos mostraram que o MAO-A tem efeitos diferentes em homens e mulheres. Um estudo de 2013 de Henian Chen, na Universidade do Sul da Flórida, mostrou que, embora a variante MAO-A tenha sido associada à maldade nos homens, a variante MAO-A está ligada à felicidade nas mulheres.

À medida que o campo se desenvolve, novos genes são associados à agressão e ao comportamento violento (embora não tenham apelidos cativantes que um geneticista klingon possa usar). O gene COMT codifica uma enzima chamada catecol-O-metiltransferase; um de seus trabalhos é quebrar a dopamina, o neurotransmissor associado à nossa resposta e motivação de recompensa. Assim como a variante MAO-A, a variante genética do COMT também leva a níveis anormalmente altos de dopamina no cérebro, o que pode comprometer o pensamento racional. Inúmeros estudos (mas não todos) vincularam variantes do gene COMT que produzem menos da enzima ao comportamento agressivo. Quando o gene COMT é eliminado em camundongos machos, eles têm níveis mais altos de dopamina e brigam mais, corroborando a ideia de que esse gene ajuda a manter o comportamento hostil sob controle.

Os genes que envolvem a sinalização da serotonina também foram implicados na violência. Lembre-se de que a serotonina é um importante estabilizador de humor, que ajuda a reprimir o comportamento irracional e impulsivo. Os cientistas criaram o que chamam de "rato fora da lei" removendo o gene de um tipo de receptor de serotonina chamado 5-HT1B. Um rato normal é um caso perdido se colocado em uma gaiola com o rato feroz sem 5-HT1B. Nas pessoas, os níveis de serotonina são geralmente mais baixos nas que são mais briguentas, provavelmente dificultando o controle da emoção em situações sociais.

Aparentemente, a descoberta de genes que predispõem as pessoas à violência é um grande avanço. Além disso, a maioria dos genes ligados à violência faz sentido, pois supostamente alteraria a função e a química normais do cérebro. Então, por que não estamos examinando as pessoas para ver se elas carregam essas variantes? Não poderíamos tirá-las da sociedade antes que causem danos, como na história de Philip K. Dick "Minority Report — A Nova Lei"?

Não é assim tão simples. Existem algumas dessas variantes genéticas em pessoas que não machucariam uma mosca, e alguns criminosos violentos não as possuem. Assim, muitos cientistas argumentam que devemos parar de atribuir um rótulo comportamental enganoso (por exemplo, "guerreiro") a genes únicos. Já dissemos isso antes, mas vale a pena repetir: os genes codificam proteínas, não comportamentos. Essas associações genéticas exigem mais estudos, mas lembre-se de que um gene é uma peça do quebra-cabeça que forma uma imagem. Assim como você não pode dizer qual será a imagem olhando apenas uma peça, não é capaz de prever o comportamento de alguém com base em um gene.

Como Seus Demônios da Infância O Afetam na Idade Adulta

Como observamos em outros comportamentos complexos, os genes por si só não preveem com precisão o destino de uma pessoa. O meio ambiente é crucial na forma como esse programa genético se desenrola, um conceito capturado perfeitamente no filme *Nêmesis*, da série *Star Trek: A Nova Geração*.

O vilão do filme é um clone do nosso herói, o capitão Jean-Luc Picard. Seu clone, chamado Shinzon, foi criado em um campo de trabalho brutal, onde a escuridão, a solidão e a tortura eram a norma. Apesar de geneticamente idêntico a Picard, Shinzon sofreu experiências adversas na infância (ACEs) que o transformaram em um ditador ambicioso, determinado a destruir; a educação bem ajustada de Picard na Terra fez dele um explorador e pacificador ambicioso.

É profundamente assustador perceber que, se fôssemos criados em circunstâncias diferentes, não seríamos as pessoas que conhecemos hoje. E como não temos controle sobre os genes ou o ambiente infantil que recebemos, os quais influenciam o funcionamento do nosso cérebro, então o quanto somos responsáveis pelo nosso comportamento?

Nesse aspecto, cerca de 30% das pessoas expressam a forma variante do MAO-A, e ainda assim a maioria delas não se transforma em Hannibal Lecter. Alguns estudos demonstraram que quando alguém com a variante MAO-A também é submetido a ACEs (particularmente abuso infantil, como no caso de Bradley Waldroup), eles se tornam significativamente predispostos a comportamentos impulsivamente violentos. No estudo sobre prisioneiros finlandeses mencionado anteriormente, os pesquisadores não encontraram maior tendência à violência naqueles com a variante MAO-A que também foram maltratados quando crianças. Mas descobriram que o uso de álcool ou anfetamina aumentou bastante a agressão impulsiva entre os portadores da variante. Portanto, embora seja evidente que o ambiente desempenha um papel substancial em saber se a variante MAO-A se traduz em maior agressão ou comportamento violento, ainda são necessárias mais pesquisas para descobrir exatamente como.

Como vimos nos capítulos anteriores, a ciência da epigenética está mostrando que as ACEs causam mais do que apenas danos psicológicos. Elas também alteram quimicamente a estrutura do DNA e como os genes são expressos. Mesmo as ACEs que algumas pessoas ainda consideram uma parte menor e normal do crescimento, como o bullying, deixam uma marca alarmante no DNA das vítimas. A psicóloga Isabelle Ouellet-Morin, da Universidade de Montreal, demonstrou que crianças vítimas de bullying ficam dessensibilizadas ao estresse e têm maior probabilidade de crescer e serem socialmente ineptas e agressivas. Em um estudo de 2013, sua equipe mostrou que a resposta ao estresse entorpecida em crianças vítimas de bullying está associada ao aumento da metilação do DNA em seu gene transportador de serotonina, desligando-o. Como vimos antes, a serotonina regula o humor e está envolvida na depressão. Paus e pedras podem quebrar seus ossos, mas o bullying também pode quebrar seu DNA.

Suspeita-se há muito tempo que a má nutrição no útero ou durante a infância contribui para problemas comportamentais persistentes na idade adulta. Dados coletados do inverno da fome holandesa na Segunda Guerra Mundial confirmaram que os homens expostos no período pré-natal à grave deficiência nutricional materna durante o primeiro e/ou o segundo trimestre da gravidez apresentaram um risco aumentado de transtorno de personalidade antissocial. A má nutrição durante a gravidez sinaliza para um feto em crescimento que ele ou ela está prestes a nascer em um ambiente estressante e sem recursos; consequentemente, a programação fetal define os genes do apetite para serem metabolicamente econômicos e os genes de resposta ao estresse em um estado elevado de alerta. Tais características podem ser úteis em ambientes estressantes, mas podem ser inadequadas se o ambiente melhorar.

Os Estados Unidos enfrentam o problema oposto: obesidade. Apesar da abundância de alimentos, muitos ainda estão famintos por vitaminas e minerais essenciais que dietas ricas em açúcar, gordura e sal não fornecem, e esses *deficits* podem levar a distúrbios de conduta. Por exemplo, deficiências de zinco e ferro são encontradas em muitos jovens infratores. Jovens prisioneiros da prisão de Aylesbury, no Reino Unido, que receberam suplementos de vitaminas e minerais cometeram 37% menos crimes violentos dentro da prisão.

Baixos níveis de ácidos graxos ômega-3 também foram associados à agressão. Não é tão estranho quanto parece: os ácidos graxos ômega-3 desempenham papéis importantes na função cerebral, e um estudo de 2015 do neurocriminologista Adrian Raine, da Universidade da Pensilvânia, demonstrou uma redução nos problemas de comportamento com a suplementação de ômega-3 em crianças com idade de 8 a 16 anos. Estudos de outros pesquisadores descobriram que países com baixas taxas de homicídios, como o Japão, comem muito mais peixe (uma rica fonte de ômega-3). Um estudo de 2007 mostrou que mulheres que comiam mais de 340 gramas de peixe por semana durante a gravidez tinham filhos com melhor desenvolvimento social e escores de QI. O destino está traçado: a nutrição adequada deve ser mantida durante toda a infância e adolescência para garantir o desenvolvimento adequado do cérebro.

A exposição a toxinas em tenra idade também afeta a expressão gênica e o desenvolvimento do cérebro de maneiras que podem gerar um espectro de problemas comportamentais. A exposição infantil a toxinas ambientais, como o chumbo, pode ser um fator muito subestimado para o problema dos crimes violentos nos Estados Unidos.

A intoxicação por chumbo pode ser fácil de ser adquirida, porque ele pode ser inalado, absorvido ou ingerido; mesmo pequenas quantidades podem causar danos irreversíveis. No corpo, o chumbo pode entrar no centro de comando das proteínas, onde estão os minerais como cálcio, ferro e zinco. Isso tem consequências desastrosas em vários sistemas corporais, incluindo o cérebro, onde o cálcio é usado para transmitir impulsos elétricos. Assim, o chumbo pode causar problemas mentais, como impulsividade, distúrbio da atenção e dificuldades de aprendizado, estabelecendo um cenário para comportamentos antissociais e violentos na idade adulta. E há muitos exemplos disso: suspeita-se que o envenenamento por metais pesados seja um dos principais fatores contribuintes em vários incidentes de comportamento insano ao longo dos tempos, desde Van Gogh cortando sua orelha, em 1888, até o massacre do McDonald's em San Ysidro, em 1984 (no qual o atirador era um soldado com envenenamento por chumbo e os níveis mais altos de cádmio já registrados).

Estudos engenhosos que compararam estatísticas de crimes entre cidades que usavam canos de chumbo e as que não usavam demonstraram uma correlação impressionante entre a exposição ao chumbo na infância e crimes violentos. Outro estudo examinou crianças que moravam na mesma cidade, mas foram expostas a diferentes níveis de chumbo. Os pesquisadores compararam crianças que moravam perto das estradas antes de o chumbo ser removido da gasolina com crianças que cresceram longe de estradas ou durante o período em que o chumbo foi removido da gasolina. As crianças expostas a níveis mais altos de chumbo apresentaram maiores taxas de punições e suspensão da escola.

Além dos efeitos bem característicos do curto-circuito na sinalização cerebral provocada pelo chumbo, os pesquisadores também descobriram que a exposição precoce a ele altera os padrões de metilação do DNA em genes ligados a distúrbios do desenvolvimento e neurológicos. Os efeitos do envenenamento por metais pesados podem ser sentidos por gerações, como sugerido em um estudo de 2015 que mostrou alterações na metilação do DNA nos netos de mães expostas ao chumbo.

A maioria das pessoas pensa que o envenenamento por chumbo é um problema antigo da década de 1970, quando crianças em suas calças boca de sino mastigavam lascas de tinta de brinquedos. No entanto, a liberação do uso de chumbo em edifícios, gasodutos e tubulações de abastecimento de água décadas atrás ainda nos assombra hoje. Em 2014, uma calamidade indesculpável em Flint, Michigan, lembrou a todos os efeitos do envenenamento agudo por chumbo. Depois que as autoridades mudaram o suprimento de água da cidade do Lago Huron para o Rio Flint, em uma medida de redução de custos, os 100 mil cidadãos de Flint inconscientemente consumiram grandes doses de chumbo que causaram sérios problemas de saúde. Dado que o chumbo persiste no corpo por anos e pode até ter efeitos transgeracionais, teme-se que consequências cognitivas e comportamentais adicionais possam ser observadas nas próximas décadas.

Um problema semelhante pode já ter ocorrido em Chicago, que no momento em que eu escrevia este capítulo estava enfrentando uma epidemia de violência sem precedentes. Alguns cientistas acreditam que a explosão da violência hoje em Chicago pode ser causada, em parte, por envenenamento por chumbo ocorrido em 1995, quando mais de 80% das crianças nos bairros mais afetados pelo crime hoje apresentaram resultados positivos para níveis perigosos de chumbo. Talvez a melhor maneira de enfrentar o crime seja punir quem comete crimes contra o ambiente.

Álcool e outras drogas são venenos adicionais que podem incitar demônios no cérebro antes mesmo da primeira respiração. Nos Estados Unidos, onde até um quarto das mulheres grávidas ainda fumam, os meninos têm quatro vezes mais risco de ser uma criança problemática se a mãe fuma dez cigarros por dia durante a gravidez e as meninas têm cinco vezes mais risco de dependência de drogas. Mesmo as mulheres grávidas expostas ao fumo passivo têm um risco maior de seus filhos crescerem e apresentarem distúrbios de conduta.

Fumar causa níveis mais altos do que o normal de testosterona durante a gravidez, o que pode predispor o feto a uma vida de má conduta. Um efeito curioso da testosterona alta no período pré-natal é que ela faz com que o dedo anelar seja mais longo do que o dedo indicador. Isso não se aplica a todos os casos, mas muitos estudos correlacionaram os dedos anelares mais longos a níveis mais altos de dominância, impulsividade e agressividade. O tabagismo também pode induzir algumas dessas mudanças adversas de comportamento por meio da programação genética fetal, pois o tabaco pode alterar a metilação do DNA no útero. Também foi demonstrado que a nicotina interfere no fluxo sanguíneo no útero, o que diminui a taxa de oxigênio que chega ao feto, colocando-o em risco de danos cerebrais.

Se uma mãe bebe durante a gravidez, seu filho pode sofrer de síndrome alcoólica fetal (SAF). Nasce aproximadamente uma criança com SAF a cada mil nascimentos. A SAF pode causar uma série de deficiências físicas e mentais, principalmente no que diz respeito a como gerenciar interações sociais. Adolescentes e adultos portadores de SAF não respondem a pistas sociais, deixam de retribuir amizades, não têm tato e têm dificuldade em cooperar com as pessoas.

Tendemos a menosprezar essas pessoas como babacas, mas seu comportamento grosseiro pode não ser culpa delas. Em razão da dificuldade de reconhecer normas sociais, não surpreende que mais da metade das pessoas com SAF tenham problemas com a lei. Beber até pequenas quantidades de álcool durante a gravidez pode triplicar as chances de comportamento delinquente no feto. Às vezes, uma criança pode nascer com sintomas semelhantes à SAF, mesmo que a mãe nunca tenha tomado uma gota de álcool. Como pode ser possível? A culpa é do pai. Beber muito pode alterar os padrões de metilação do DNA no esperma do futuro pai em genes importantes para o desenvolvimento pré-natal.

Coletivamente, esses estudos sugerem que alguns criminosos podem ter sido vítimas de envenenamento na infância por um agente que interrompeu a função cerebral normal. Esses agentes tóxicos podem ser psicológicos na forma de abuso parental ou bullying por pares, ou fisiológicos na forma de venenos como metais pesados, nicotina ou álcool. Em ambos os casos, é claro que esses insultos podem disseminar as sementes do comportamento antissocial, agressão e violência, interferindo diretamente no desenvolvimento e sinalização do cérebro, ou por meio de programação epigenética do DNA do indivíduo.

Como os Invasores do Cérebro O Deixam Louco

Você pode sentir a raiva brotando da boca de seu estômago. Mas, na realidade, esses sentimentos são gerados no cérebro. Em um experimento dramático de 1963 que realmente fez com que os seres vivos parecessem não ser mais do que robôs de carne, o fisiologista da Universidade de Yale, José Manuel Rodriguez Delgado, usou um controle remoto para imobilizar um touro que o atacava. Antes da demonstração, Delgado implantou um pequeno dispositivo no cérebro do touro que emitia impulsos elétricos quando ele pressionava o controle remoto; os impulsos elétricos imitam o que normalmente acontece quando os neurônios se comunicam. Ao estimular uma parte específica do cérebro com o toque de um botão, Delgado fez cessar os instintos agressivos do touro.

Os seres humanos não são imunes a esse tipo de controle cerebral; dependendo de qual parte do cérebro é eletricamente estimulada, as pessoas podem experimentar qualquer estado emocional, incluindo gargalhadas, lágrimas ou raiva. Cientistas como Mary Boggiano, da Universidade do Alabama em Birmingham, estão usando variações da técnica de Delgado para reprimir comportamentos impulsivos, como a compulsão alimentar. Quando alguém sente vontade de comer demais, uma corrente elétrica é enviada ao cérebro para interromper o desejo, como o touro de Delgado.

O cérebro é uma peça delicada de maquinaria e, embora envolto em um recipiente bastante resistente, pode ser perturbado por uma ampla variedade de ataques. Os infames tiroteios na torre do relógio que ocorreram na Universidade do Texas em Austin em 1966, que mataram 16 pessoas e feriram outras 31, provavelmente foram causados por um aglomerado de células não maiores que uma peçã.

Charles Whitman era escoteiro e um típico garoto norte-americano. Mas ao completar 25 anos, começou a ter tremendas dores de cabeça. Ele foi se consultar nos serviços de saúde do campus porque estava tendo pensamentos perturbadores que não conseguia controlar. Outras pistas de sua deterioração mental foram deixadas em bilhetes que escreveu antes de sua matança; Whitman estava tão convencido de que estava perdendo a cabeça que pediu aos médicos legistas que examinassem seu cérebro e doou seu dinheiro para pesquisas em saúde mental. De fato, a autópsia revelou um tumor pressionando sua amígdala, a região do cérebro crítica na regulação do medo e da ansiedade.

Outros tipos de lesão cerebral foram associados a pessoas boas que se tornaram más, incluindo danos causados por acidente vascular cerebral, concussão ou infecção. Filhos ou cônjuges que sofrem abuso geralmente apresentam lesões cerebrais que levam a comportamentos agressivos. Esportes de contato como o futebol americano frequentemente provocam concussões perigosas que foram associadas ao desencadeamento de surtos de violência; o termo "demência pugilística" surgiu de boxeadores que exibiam defeitos cognitivos em decorrência de anos de repetidos golpes na cabeça. Hoje, sabe-se que a demência pugilística é um subtipo da encefalopatia traumática crônica (ETC), uma condição preocupante que parece afetar mais atletas que praticam esportes de contato do que se pensava anteriormente.

A ETC foi associada pela primeira vez a jogadores de futebol americano pelo Dr. Bennet Omalu, cuja história foi apresentada no filme com Will Smith, *Um Homem entre Gigantes*. A condição se correlaciona com a perda de controle do impulso, comportamento irregular e agressividade, provavelmente explicando por que alguns de seus pacientes sofrem uma trágica transformação em monstros. Casos de destaque incluem o *linebacker* do Kansas City Chiefs, Jovan Belcher, que matou sua namorada antes de tirar a própria vida em 2012. Aaron Hernandez, que jogou pelo New England Patriots, foi diagnosticado *post mortem* com o pior caso de ETC já visto em alguém com menos de trinta anos. Hernandez cumpria pena de prisão perpétua por um assassinato em 2013, mas se enforcou na prisão em 2017. A ligação entre a ECT e violência certamente não se limita ao futebol americano; em 2007, o lutador profissional Chris Benoit assassinou sua esposa e filho de 7 anos antes de se enforcar em seu aparelho de musculação. Deveríamos analisar com muito critério se continuaremos deixando nossos filhos danificarem seus cérebros dando cabeçadas em bolas de futebol ou jogando futebol americano.

Além de tumores e danos nos tecidos, há outro tipo de invasor cerebral insidioso: micróbios. Ao enfrentar nossos demônios, geralmente não damos muita atenção a esses diabinhos. Talvez o patógeno mais conhecido que cause agressividade seja o vírus da raiva. As partículas virais que causam a raiva são introduzidas em uma nova vítima viajando em uma gota de saliva. A raiva comanda o cérebro e transforma o animal infectado em uma besta feroz, com um apetite insaciável por carne. Ao manipular sua vítima a morder outras pessoas, a raiva pode se espalhar para outros animais.

Embora a raiva anuncie sua presença no cérebro com a sutileza da Lady Gaga, o parasita unicelular *Toxoplasma gondii* prefere ser discreto. Lembre-se que *o Toxoplasma* chega furtivamente ao cérebro de qualquer animal de sangue quente que infecta (incluindo os três bilhões de pessoas portadoras desse parasita) e fica lá o resto da vida do hospedeiro na forma de cistos de tecido em forma latente. Por mais inquietante que esse pensamento possa ser, há muito tempo acredita-se que esses cistos são benignos, causando um problema apenas em pessoas com sistema imunológico debilitado. Mas essa suposição foi abalada na década de 1990, quando Joanne Webster, então da Universidade de Oxford, observou coisas estranhas acontecendo em ratos que ela havia infectado com o *Toxoplasma*. Notavelmente, os ratos dominados pelo *Toxoplasma* perderam seu medo inato aos odores de gatos; na verdade, os ratos infectados pareciam *atraídos* ao cheiro do seu predador. Webster apelidou esse fenômeno de "atração fatal felina".

Do ponto de vista evolutivo, isso faz todo o sentido, pois os felinos são o único organismo que suporta o estágio sexual do parasita. Apenas quando o *Toxoplasma* se encontra no ambiente romântico proporcionado pelas entranhas dos gatos, ele liga o Marvin Gaye e cria o clima. Em outras palavras, esse parasita faz algo no cérebro dos roedores que transforma a criatura em um táxi que os leva à cabana do amor. O gato infectado excreta bilhões de oocistos infecciosos de *Toxoplasma* na caixa de areia, no quintal, jardins e riachos. Esses oocistos contaminaram completamente a cadeia alimentar e da água, o que explica por que tantas pessoas têm *Toxoplasma* em seu cérebro.

Se o *Toxoplasma* é capaz de manipular um cérebro de roedor, como pode afetar o nosso? Alguns especularam que o *Toxoplasma* torna os roedores atraídos por gatos — talvez essa infecção parasitária explique o fenômeno da "velhinha louca dos gatos". Conforme mencionado no Capítulo 4, estudos correlatos sugerem algumas tendências gerais observadas em pessoas infectadas com o parasita em comparação com aquelas que não são. Uma das correlações mais fortes é o vínculo entre a infecção pelo *Toxoplasma* e o desenvolvimento de anomalias neurológicas, especialmente esquizofrenia. Pessoas portadoras de *Toxoplasma* tendem a ser mais ansiosas e abertas a correr riscos, mas algumas diferenças específicas de gênero também foram documentadas. Homens infectados tendem a ser mais introvertidos, desconfiados e rebeldes, e as mulheres, mais extrovertidas, crédulas e obedientes.

Será que o *Toxoplasma* pode ser outro fator que desperta o nosso lado sombrio? Em um estudo de 2016, o neurocientista comportamental Emil Coccaro da Universidade de Chicago descobriu que pessoas infectadas com o *Toxoplasma* são duas vezes mais propensas a ter transtorno explosivo intermitente, uma condição pela qual os doentes são suscetíveis a explosões irracionais de agressividade com pouca provocação.

Existe um Diabo Dentro de Nós?

Susannah Cahalan levou uma vida normal até completar 24 anos, em 2009, quando problemas bizarros começaram a atormentá-la. Do nada, ela começou a ter problemas para falar; sua língua parecia dar nós. Em seguida, Cahalan teve problemas com a mobilidade, e começou a andar cambaleando como a noiva de Frankenstein. Além desses problemas físicos, ela se tornou paranoica e violenta. Sofreu alucinações e adotou outras personalidades. Ela estava convencida de que o pai havia matado a madrasta. Cahalan rapidamente espiralou para a loucura, proferindo ruídos sobrenaturais e alcançando um estado catatônico em um mês.

A súbita transformação dessa mulher jovem e vibrante foi realmente aterrorizante e desafiou toda a lógica. Ela não apresentava lesão na cabeça, tumor cerebral, infecção ou toxina em seu sistema; nenhum medicamento para doença mental a ajudara. Com os habituais culpados descartados, que outra explicação possível poderia haver além da possessão demoníaca?

Felizmente, sua família chamou um neurologista e não um exorcista. Com um teste simples, Souhel Najjar conseguiu diagnosticar a condição de Cahalan. Ele pediu que ela desenhasse um relógio. Curiosamente, Cahalan colocou todos os números em apenas um lado do mostrador do relógio, o que indicava que seu cérebro estava com defeito. Najjar suspeitou de inflamação e descreveu a doença como "cérebro em chamas", uma frase que se tornou o título da versão original das memórias de Cahalan sobre a experiência enlouquecedora, lançado no Brasil com o título *Insana*. Para grande desgosto da Associação Internacional de Exorcistas, a condição de Cahalan não foi causada por um espírito maligno; pelo contrário, havia uma explicação puramente biológica, como qualquer outra anomalia neurológica estranha. Se Cahalan não tivesse sido diagnosticada, provavelmente teria sofrido danos cerebrais irreversíveis ou mesmo entrado em coma e morrido.

A doença que afeta Cahalan foi documentada pela primeira vez apenas dois anos antes de seu caso, e é chamada de encefalite antirreceptor NMDA. Já em 2005, o neurologista Josep Dalmau estudava um grupo de pacientes que apresentavam os mesmos sintomas assustadores que dominavam Cahalan. Para ter uma ideia do que poderia estar acontecendo, ele coletou amostras do sangue e do fluído cérebro espinhal e as colocou em cortes de tecidos de ratos. Ele descobriu que esses pacientes "possuídos" tinham uma substância aderida ao cérebro, especificamente às proteínas chamadas receptores NMDA, encontradas na superfície dos neurônios.

O receptor NMDA é importante para a memória e a aprendizagem e ajuda as células nervosas a se comunicarem. Por razões que ainda precisam ser totalmente esclarecidas, algumas pessoas desafortunadas começam a produzir anticorpos para esse receptor. Nosso sistema imunológico normalmente produz anticorpos para combater invasores estranhos. Mas, às vezes, o corpo produz anticorpos contra um pedaço de nós mesmos (daí o nome de doença "autoimune"). É como um fogo amigo ininterrupto em seu próprio corpo, e pode ter um preço devastador. A doença autoimune de Cahalan representou um novo tipo de lesão cerebral que se disfarça de força demoníaca.

Os neurotransmissores cruciais para a sinalização entre as células cerebrais funcionam por meio de receptores NMDA, mas não conseguem se ligar a eles se os anticorpos estiverem bloqueando seu acesso. Ao interromper a sinalização neuronal, os anticorpos do receptor antiNMDA criaram o caos no cérebro de Cahalan, o que a levou aos sintomas psiquiátricos. Desde a descoberta dessa doença, muitos outros casos com graus variados de psicoses foram diagnosticados. Os relatos incluem paranoia, alucinações, danos corporais a si e aos outros, pensamentos obsessivos, movimentos descontrolados, falar idiomas desconhecidos, convulsões, estados catatônicos e outros comportamentos sinistros. Nem todos os pacientes com essa doença tiveram um final feliz, mas Cahalan se recuperou completamente depois de receber tratamentos imunossupressores. Esses medicamentos atenuam a resposta imune, que abastece o fogo amigo, retirando sua munição. Ao desligar a capacidade do corpo de produzir anticorpos antirreceptor NMDA, a sinalização neuronal foi restaurada ao normal. O caso de Cahalan nos ensina que a ciência é o elixir que nos permite superar nossos demônios.

Devemos Sentir Simpatia pelo Demônio?

Assim como o nariz de Rudolph, a ciência está abrindo caminho em meio à névoa, dissipando até as brumas mais sombrias de nossa psique. Não precisamos mais nos contentar com explicações sem sentido e inúteis, como almas malignas ou possuídas. Nossos medos e demônios surgem de um caldeirão de fatores que incluem predisposições genéticas, programação fetal, nossa herança evolutiva e herança epigenética transgeracional. As pessoas que se voltam para o lado sombrio não são consumidas por espíritos maus, mas podem ter sido cooptadas por desnutrição, envenenamento por metais pesados, lesões na cabeça, infecção ou doença autoimune. A mensagem para se guardar é que nossos demônios não são de outro mundo; estão totalmente enraizados na biologia. Quando começamos a desvendar as razões biológicas pelas quais as pessoas praticam atos ilícitos, encontraremos meios mais eficazes para prevenir o crime e reabilitar os infratores. O único pecado verdadeiro que resta a cometer é ignorar esses fatos.

Bradley Waldroup assassinou uma mulher, atacou violentamente sua esposa e traumatizou seus filhos. Apenas digitar essas palavras faz meus dedos se contraírem. Meus instintos primitivos querem vingança ao estilo *Django Livre*. Mas, como vimos nos capítulos anteriores, nossos instintos geralmente estão errados e devem ser reavaliados com razão e objetividade. É natural e apropriado sentir tristeza pelas vítimas inocentes do crime. Mas Waldroup também merece alguma empatia? É possível ter pena de um assassino como ele, sem diminuir a tristeza que sentimos pela vítima? Temos lágrimas suficientes para chorar por ambos?

Isso não quer dizer que infratores violentos tenham direito a um passe livre da prisão. Mas se você se preocupa em resolver o problema da violência, deve se preocupar com os agressores. Pense em todas as coisas que aconteceram com Waldroup que estavam além de seu controle. Ele foi vítima de um tenebroso abuso infantil, que sabemos ser um fator de risco importante para problemas futuros de comportamento (em parte por causa de alterações epigenéticas que desregulam a resposta ao estresse). Ele também sofria de depressão e transtornos de raiva, condições que poderiam ser o resultado de genes, microbiota, infecção parasitária ou uma combinação deles. Ele pode ter sido geneticamente predisposto à agressão, agravado ainda mais pelos eventos adversos da infância aos quais foi submetido. E ele também pode ter sido geneticamente predisposto ao alcoolismo, outro fator em suas ações naquela noite fatídica.

Waldroup foi pego em uma tempestade infeliz, que teria afogado quase todo mundo no mesmo barco. Há pouca esperança se negligenciarmos criminosos como almas malignas. Mas se pudermos sentir um pouco de empatia por Waldroup, damos o primeiro passo para um caminho mais produtivo para evitar tragédias futuras.

Até que a sociedade desenvolva meios eficazes para garantir que todas as crianças sejam criadas em um ambiente seguro e acolhedor, estamos simplesmente pedindo que atividades criminosas futuras ocorram. Quer estejamos falando de ladrões baratos, assassinos ou terroristas, precisamos perguntar: Queremos esperar para puni-los quando adultos ou estamos dispostos a ajudá-los enquanto ainda são crianças?

» **CAPÍTULO SETE** «

CONHEÇA SEU PAR

Eu lhe dei meu coração, ela me deu uma caneta.
— Lloyd Dobler, *Digam o que Quiserem*

Era 1980, e meu corpo adolescente estava passando por uma metamorfose. Eu vira mulheres nuas antes da puberdade (principalmente nas revistas *National Geographic* da biblioteca de minha escola fundamental), mas não eram mais do que uma curiosidade engraçada. Quando vi o filme *Porky's,* na TV a cabo, experimentei uma nova sensação. Até aquele momento, imaginara que minhas partes íntimas tinham apenas um trabalho: livrar-me de todo o refrigerante que bebia. Mas os hormônios da puberdade surgindo em minhas veias as transformaram em um sistema de entretenimento de bordo. Como uma força despertada, de repente senti uma atração intensa pelo sexo oposto. Não era um sentimento que eu podia controlar, nem que conscientemente escolhi.

Eu precisava de ajuda para navegar neste mundo novo e desconcertante de romance adolescente, então procurei minha professora favorita: a música. Como fiquei feliz por saber que tantos cantores famosos estavam tão confusos quanto ao amor! Howard Jones perguntava: "O que é o amor?" Van Halen questionava: "Por que isso não pode ser amor?" Tina Turner imaginava: "O que o amor tem a ver com isso?" E tanto Survivor quanto Whitesnake se perguntavam: "Isso é amor?" Ouvir músicas como "Love Is a Battlefield", "Maneater" e "You Give Love a Bad Name" me enchia de grande ansiedade para me aproximar de garotas. Eu não queria ir para a guerra, ser destroçado e levar um tiro no coração.

Meus discos me ensinaram que o amor é majestoso e mágico, mas meu professor de biologia me cegou com a ciência. Na aula, aprendemos que o amor é realmente apenas uma operação secreta orquestrada por genes egoístas que nos induzem a proteger seu legado: não exatamente o que você lê em um cartão de dia dos namorados. Fui criado acreditando que o amor era uma questão do coração, mas aprendi que tudo está na nossa cabeça. O amor é cinquenta tons de massa cinzenta. Organismos que não têm cérebro, como bactérias, tunicatas e muitos políticos, prosperam sem essa coisinha louca chamada amor. Então, por que a reprodução precisa ser tão complicada para nós?

Por que Precisamos de um Par

Bactérias e amebas não têm dificuldades. Para se reproduzir, elas simplesmente se clonam. Não precisam avaliar perfis de parceiros em potencial, imaginando quanto de verdade há em tudo aquilo. Não precisam se vestir bem, tomar banho de perfume e fingir interesse no passatempo entediante de alguém enquanto desfrutam de um jantar excessivamente caro à luz de velas. O único fecho que as bactérias precisam abrir é o de seu DNA; à medida que se dividem, as enzimas criam uma cópia para preencher a bactéria filha enquanto ela se separa da mãe. Sem carinhos, sem lençóis bagunçados, sem confessar que a única coisa que você sabe fazer no café da manhã é torrada queimada.

A replicação bacteriana não é apenas mais fácil, é muito mais produtiva. Uma bactéria pode se dividir em duas em cerca de trinta minutos, depois as duas em quatro, depois as quatro em oito e assim por diante. As bactérias podem ter milhões de bebês pela manhã e nunca precisam perguntar: "Foi bom para você?" Então, por que a natureza se incomodou em inventar o sexo?

O principal benefício do sexo de uma perspectiva evolutiva é a diversidade genética. A replicação assexuada produz clones. Além de uma mutação aleatória de vez em quando, devido a um erro de cópia do DNA, a bactéria filha será idêntica à mãe. Da perspectiva dos genes egoístas, essa é a melhor estratégia de replicação. Mas há um problema: se as bactérias encontrarem uma ameaça — digamos, um fungo que secreta a penicilina — toda a colônia clonal poderá ser derrotada. A colônia clonal vizinha, no entanto, pode ser resistente à penicilina porque possui um gene que produz uma enzima que destrói o antibiótico. Se ao menos houvesse uma maneira de obter esse gene! É aí que entra o sexo. As bactérias podem participar de uma forma de sexo denominada conjugação, na qual um bacilo transfere DNA a outro através de um tubo chamado pilus, que fica ereto e é inserido em outra bactéria. Isso não o lembra alguma coisa?

O sexo se originou para trocar genes como figurinhas, o que representa um compromisso considerável para genes egoístas. Em vez de 100%, apenas 50% dos genes são passados para a próxima geração. Os outros 50% são do parceiro sexual. O sexo dilui os genes de um indivíduo, mas a mistura resultante cria variação na máquina de sobrevivência construída pela nova combinação de DNA.

Por que a variação é importante? Uma das ideias principais é chamada de hipótese da Rainha Vermelha, que recebeu seu nome do clássico infantil *Alice Através do Espelho*. Mas, em vez de Alice competindo com a Rainha Vermelha, os cientistas acreditam que os organismos tentam vencer os parasitas que os infectam. Pense no seu corpo como uma máquina de sobrevivência e nos parasitas, como outra. Estamos constantemente presos a uma batalha evolutiva contra germes. Se nos tornamos resistentes a um germe, ele geralmente se adapta em pouco tempo e se torna uma ameaça mais uma vez. Para ajudar a evitar a infecção, é bom que uma espécie continue embaralhando as cartas genéticas em seu baralho.

A evidência para a hipótese da Rainha Vermelha surgiu da organização de lutas entre organismos e seus parasitas. O biólogo Levi Morran, na Universidade de Indiana, colocou nematódeos chamados *Caenorhabditis elegans* no ringue com um patógeno bacteriano chamado *Serratia marcescens* e os assistiu lutar. Os nematódeos podem se reproduzir com ou sem sexo, e os pesquisadores conseguem controlar se elas partirão para o rala e rola ou farão uma produção solo. Os nematódeos forçados a se reproduzir sem sexo perderam a luta contra as bactérias em apenas vinte gerações. No entanto, os que puderam se reproduzir sexualmente não sucumbiram à infecção bacteriana. Na próxima vez que fizer sexo, não se esqueça de parar por um momento e prestar homenagem aos germes que tornaram isso possível.

Por que Somos Tão Superficiais

O sexo é um acordo vantajoso para genes egoístas, mas mesmo assim é um compromisso. Os genes egoístas precisam de informação para identificar o melhor parceiro para uma fusão genética, então eles adaptaram certas características físicas como outdoors de propaganda de seu DNA. Assim como fazem os vendedores de carros concorrentes, alguns desses anúncios evoluíram para serem barulhentos e desagradáveis.

As características físicas são as primeiras pistas que temos ao avaliar um parceiro, fornecendo uma leitura bruta e rápida da qualidade relativa dos genes desse indivíduo. Em todo o reino animal, espécies de todos os tipos usam essas dicas físicas para avaliar um parceiro em potencial, e são elas que geralmente determinam se você desliza a tela para a esquerda ou para a direita. A pressão seletiva levou algumas dessas características ao absurdo. O exemplo mais familiar é a bela, mas espetacularmente desajeitada cauda do pavão macho. Esses traços extravagantes intrigavam até Charles Darwin, pois pareciam um desperdício de energia que sobrecarregava o pássaro e o expunha a predadores.

Darwin resolveu esse enigma com a ideia da seleção sexual, que postulava que os organismos ostentam características aparentemente inúteis para aumentar sua atratividade ao sexo oposto. As fêmeas considerariam um pavão macho com um leque extravagante de penas como um bom partido. Se ele é capaz de suportar uma plumagem tão pesada, e ainda assim escapar dos predadores, então ele deve ser excepcionalmente forte e astuto — características que as fêmeas podem perceber como benéficas para a prole. Como alternativa, a deslumbrante exibição da cauda serve como um sinal claro de que o macho está pronto para o acasalamento; quanto mais exuberante a exibição, maior a probabilidade de ele (e sua prole masculina) atrair parceiras. Se ela quiser diluir seus genes, o DNA deste pavão é digno de integrar seu pool genético.

As pessoas exibem certas características que também podem estar sujeitas à seleção sexual, como simetria facial e corporal. Há uma razão pela qual inicialmente sentimos repulsa por personagens como Sloth de *Os Goonies:* subconscientemente, associamos a assimetria a problemas de saúde. Essas preferências parecem predefinidas ao nascer, pois os bebês com apenas alguns meses preferem olhar para rostos simétricos e atraentes. Apesar de oportunas campanhas que nos ensinam a não julgar um livro pela capa, ser atraente ainda tem muitas vantagens. Estudos demonstram que homens mais simétricos se acasalam mais cedo, conquistam mais parceiras e até tendem a proporcionar a suas parceiras orgasmos mais frequentes. Além disso, parece que o tamanho importa, embora não da maneira que você imagina; homens com carteiras maiores também tendem a atrair mais parceiras.

As pessoas em geral desejam algo mais com aqueles que estão em boa forma física, com pele lisa e clara, dentes brancos e saudáveis, olhos brilhantes e cabelos sem piolhos, porque o oposto implica que a pessoa tem genes ruins ou uma infecção. Da mesma forma, a maioria das pessoas procura um parceiro que seja cheio de energia, bem-humorado, inteligente e alegre, pois esses são indicadores de boa saúde mental. À medida que os dias de glória passam, nossas rugas e queda de cabelo servem como um sinal para os mais jovens de que não estamos mais na flor da idade. Nosso esforço inato de manter as aparências que anunciam vitalidade juvenil é tão intenso que criou indústrias de cirurgia plástica e cosmética de bilhões de dólares.

Os psicólogos evolucionistas têm outras teorias sobre por que homens e mulheres historicamente procuram diferentes qualidades um no outro. Não é segredo que muitos homens usam peitos e bunda como um indicador de DNA. Homens em culturas de todo o mundo têm uma capacidade extraordinária de avaliar com precisão a proporção cintura-quadril de uma mulher, sendo que a preferida uma circunferência de cintura de 70% da dos quadris. Essa relação cintura-quadril é precisamente a ideal para máxima fertilidade. Estudos demonstram que mulheres com proporções diferentes têm mais dificuldade em engravidar, têm mais abortos e são ainda mais propensas a doenças crônicas e transtornos mentais.

Os cientistas especularam que os homens olham para seios grandes como um baú do tesouro, porque sua mente primitiva e subconsciente os associa à boa saúde e à vitalidade: qualidades importantes em alguém que nutrirá sua semente. Em um dos estudos mais empolgantes realizados para corroborar essa ideia, homens foram convidados a julgar a atratividade de vários seios, antes e depois de uma refeição. Os resultados apresentados por homens com fome classificaram os seios maiores como significativamente mais atraentes, enquanto os homens sem fome não apresentaram esse viés. Os homens também tendem a preferir mulheres jovens, porque elas têm maior probabilidade de serem virgens férteis que não gastam energia com os filhos de outros homens. As mulheres sabem disso e usam vozes mais agudas ao paquerar para soar mais jovens.

Por outro lado, as mulheres geralmente estão mais interessadas em se relacionar com um homem que tenha status e riqueza, pois esses recursos serão benéficos para ela e sua prole. Embora todas adorem homens bem-vestidos, as mulheres também desejam homens jovens, preferindo ombros largos e mandíbulas pronunciadas e arcada supraciliar bem definida. Características masculinas como essas são formadas durante a puberdade, em decorrência de altos níveis de testosterona, e proporcionam à mulher uma leitura rápida e fácil de força e poder.

Como nossos ancestrais masculinos também precisavam de ambição, inteligência e capacidade de criar redes para ganhar posição na hierarquia social, as mulheres também buscam ativamente essas qualidades intelectuais em seus parceiros. No entanto, essas qualidades levam mais tempo para serem avaliadas do que mandíbulas pronunciadas e ombros largos. E como as mulheres têm menos chances de se reproduzir do que os homens, supõem-se que seja uma das razões pelas quais as mulheres geralmente demoram mais para decidir se um homem é bom o suficiente para ela.

Esse tipo de imperativo evolutivo geralmente se traduz em atitudes culturais que, para o bem ou para o mal, permanecem arraigadas. Como diz o velho ditado, as mulheres são vistas como objetos sexuais e os homens como objetos de sucesso. Na linguagem das músicas dos anos 1980, os homens são safados e mulheres, materialistas. Apesar de todo progresso social em contrário, muitas pessoas ainda se comportam dessa maneira, com esses padrões estereotipados se revelando logo após a puberdade, à medida que homens e mulheres jovens começam a sair às compras. Em geral, os adolescentes anseiam pelas líderes de torcida peitudas e as meninas lançam olhares sonhadores para atletas com carrões. (Por experiência própria, posso dizer que a maioria das adolescentes fica muito menos impressionada com um nerd esquisitão que colecionou todas as figurinhas de *Guerra das Estrelas* da Topps e detonava jogando em seu Commodore 64.)

Pessoas superficiais na escolha de parceiros podem ter sedimentado essa tendência por causa de toda essa velha bagagem evolutiva. Mas, à medida que os cientistas expõem esses segredos sobre a natureza humana, espera-se que nos tornemos mais conscientes das falhas de nosso cérebro inconsciente ao avaliar um parceiro. Embora essas abordagens simplistas possam ter servido bem a nossos ancestrais no passado, somos dotados de inteligência para superar os desejos de nossos genes egoístas e incluir a beleza interior como requisito de nosso processo de seleção de parceiros. Por mais inapto a sobreviver no período paleolítico, ainda seria capaz de encontrar amor e afeição nos dias de hoje. E, por mais grotesco e assimétrico que fosse, Sloth se tornou um amigo e herói amado da gangue em *Os Goonies*.

Por que o Amor Está no Ar

Ninguém sofrendo de paixonite gosta de ouvir aquele terrível prêmio de consolação: "Só gosto de você como amigo." A ciência está aqui para dizer que você está levando tudo muito a sério. Quando alguém o rejeita, é provavelmente por uma razão biológica fora de seu controle. Portanto, não se apresse em mudar seu jeito de vestir, o cabelo ou o rosto; a resposta pode estar no seu cheiro.

Os tipos de aromas importantes no magnetismo animal são os feromônios, substâncias químicas que o corpo libera no ambiente para serem sentidos por outros animais. A maioria dos animais possui um sensor no nariz, chamado órgão vomeronasal, que transmite mensagens dos feromônios diretamente para o cérebro. Evidências de que os feromônios agem em seres humanos foi apresentada pela primeira vez em um estudo de 1998 pela psicóloga Martha McClintock, da Universidade de Chicago, que demonstrou que os ciclos menstruais de mulheres que vivem juntas se sincronizam, graças aos feromônios das axilas. Os feromônios são um pouco assustadores, pois sua atividade ocorre abaixo do nosso nível consciente. Embora homens e mulheres se envolvam em conversas desajeitadas para se conhecerem, um bando de informações químicas está sendo enviado pelo nariz e ativando áreas subconscientes do cérebro. Já conversou com um parceiro em potencial que parece perfeito em todos os aspectos lógicos — mas você tem uma sensação estranha de que essa pessoa não é a que procura? Não foi nada que elas disseram ou fizeram; seu cérebro apenas diz: "Tenho um mau pressentimento sobre isso." Talvez você já tenha sido a vítima em uma situação como essa. Não é divertido em ambos os casos. Mas talvez sirva de consolo saber que a culpa não é de ninguém; pode ser dos feromônios.

A teoria de que substâncias químicas exaladas por nosso corpo afetam conscientemente nossas inclinações românticas foi posta à prova de várias maneiras. O biólogo Claus Wedekind, da Universidade de Berna, na Suíça, conduziu um estudo clássico em 1995, que envolveu cheirar camisetas sujas, e revelou que as mulheres conseguem identificar homens que possuem genes de imunidade diferentes dos seus pelo cheiro. Os homens desse experimento usaram camisetas de algodão por dois dias antes que as corajosas participantes cheirassem bem as axilas e classificassem o odor. Os resultados mostraram que as mulheres preferiam o cheiro de camisetas usadas por homens que possuíam diferentes genes do sistema imunológico. Se seus genes fossem semelhantes, elas consideravam o odor do homem menos atraente.

Por que é vantajoso que um casal possua diferentes genes do sistema imunológico? Isso remonta à hipótese da Rainha Vermelha e por que fazemos sexo para início de conversa. Como nosso sistema imunológico precisa responder a um grande número de germes capazes de sofrer mutações rapidamente, é benéfico ter um arsenal diversificado de genes de imunidade para combater essa diversidade de germes. Também há evidências de que ter genes imunes muito semelhantes leva a um maior risco de aborto. Portanto, ser rejeitado por alguém não é nada pessoal; é mais como uma rejeição de órgãos.

O cheiro de uma mulher também importa. A capacidade de atração de uma mulher pode ser aumentada quando ela está no período fértil e a procura de um novo amor. Se você já viu macacos no zoológico, deve ter percebido que é bastante óbvio saber quais fêmeas estão no cio. Mas não é tão fácil identificar fêmeas humanas no auge de sua fertilidade. No entanto, alguns estudos sugerem que o odor corporal da mulher oscila durante o ciclo menstrual de maneiras que os homens conseguem perceber. Em 2006, a antropóloga Jan Havlíček, da Universidade Charles, em Praga, pediu que mulheres voluntárias usassem algodão nas axilas durante diferentes estágios do ciclo menstrual. Um grupo de homens então sentiu o cheiro dos algodões e avaliou a agradável fragrância. O resultado? Os chumaços de algodão coletados de mulheres em seu período fértil foram classificados como os mais atraentes. Se for verdade, a biologia tem meios para nos tornar mais atraentes quando nossos gametas estão prontos para a ação.

Como se esses odores furtivos que exalamos não fossem assustadores o suficiente, agora há evidências de que a dieta também pode afetá-los. Você é o que come e atrai outras pessoas que comem o mesmo. Provavelmente está pensando que isso é óbvio; é provável que um vegano estrito não se dê bem com um carnívoro. Mas o que estamos falando aqui é como a dieta pode afetar os feromônios por meio de terceiros — sua microbiota.

Um estudo de 2010 do microbiologista Gil Sharon, da Universidade de Tel Aviv, descobriu que as bactérias intestinais em uma mosca-da-fruta chamada *Drosophila* são um fator crítico na seleção de parceiros. As moscas que ingerem uma dieta de melaço gostam de brincar de médico com outras moscas alimentadas com melaço, enquanto as que comem uma dieta de amido preferem se envolver com outras moscas alimentadas com amido. Mas se você der antibióticos para as moscas, que empobrecem as bactérias intestinais, vale tudo — moscas alimentadas com melaço se acasalam com moscas alimentadas com amido e vice-versa. Em uma cadeia infinita, Sharon e colaboradores descobriram que a dieta afetava as bactérias intestinais, que afetavam os feromônios produzidos pelas moscas, que por sua vez afetava a seleção de parceiros. Em humanos, estudos mostraram que as mulheres preferem o cheiro de homens que comem mais vegetais. Sendo um superdegustador, esse estudo explica meu histórico medíocre com as mulheres.

Finalmente, os odores que acompanham as experiências de nossa juventude podem ter uma influência sinistra sobre nós quando chega a hora de nos aventurarmos no jogo do amor. Isso foi demonstrado pela primeira vez em um estudo clássico de 1986. Os pesquisadores borrifaram um perfume cítrico em uma rata que amamentava filhotes machos recém-nascidos. Após o desmame, eles pararam de aplicar o perfume. Cem dias depois, eles compararam como os ratos machos interagiam com as fêmeas borrifadas e não borrifadas com o perfume cítrico. Em um resultado que deixaria Sigmund Freud orgulhoso, as fêmeas com cheiro cítrico excitavam os machos com muito mais facilidade se a mãe do rato tivesse sido perfumada com o odor cítrico durante a amamentação.

Um estudo semelhante realizado por outro grupo em 2011 fez com que ratos jovens brincassem com outros ratos, que cheiravam a amêndoas ou limões. Quando atingiram a idade de acasalamento, as fêmeas mostraram um viés em relação aos machos que cheiravam como seus companheiros de brincadeiras juvenis.

Juntos, esses estudos sugerem que experiências aromáticas durante a infância e a juventude podem influenciar secretamente que tipo de parceiro faz nosso coração bater mais forte. Se isso for verdade em humanos, os que estão buscando o coração de minha filha têm uma chance melhor se cheirarem a macarrão com queijo.

Embora a ciência esteja revelando o quão importante é o cheiro durante a seleção de parceiros, nos esforçamos cada vez mais para impedir nosso odor natural. Muitos de nós depilam os tufos de pelos que fornecem habitats aos micróbios da pele e ajudam a transmitir nosso perfume. Depois de lavar a microbiota da pele com banhos diários, nos besuntamos de colônias, perfumes e desodorantes. Esses agentes disfarçam os sinais microbianos que nosso corpo inconscientemente usa para avaliar os candidatos ao acasalamento. Encobrir essas informações cruciais é como contratar alguém sem entrevistá-lo primeiro. Como alguém que rotineiramente leva grupo de escoteiros para casa depois de suas viagens de acampamento aos fins de semana, não estou defendendo que deixemos de lado os favores olfativos oferecidas por sabonetes e desodorantes. Mas quando se trata de determinar se o seu companheiro é o certo para você, talvez seja prudente ao menos fazer o teste da camiseta ou cheirar o cesto de roupa para lavar quando ele não estiver olhando.

Por que os Opostos Se Atraem, Mas Não por Muito Tempo

Os opostos se atraem? Certamente, é possível, mas se repelem rapidamente depois que os motores esfriam. Vimos isso acontecer com Sam e Diane da série *Cheers*, Han e Leia de *Guerra das Estrelas*, e Paula Abdul e MC Skat Kat. Um estudo de 2003 realizado pelos ecologistas comportamentais Peter Buston e Stephen Emlen, da Universidade de

Cornell, mostrou que a maioria das pessoas segue uma regra de "semelhantes se atraem" ao buscar possíveis parceiros. Essa regra faz sentido no contexto do modelo de genes egoístas. Se genes egoístas precisam ceder metade de seu território para se reproduzir sexualmente, então por que não recrutar genes semelhantes aos que se são transmitidos? Os casais têm maior chance de durar quando se complementam, como dois versos na mesma música.

Existe uma forte tendência para os casais terem idade, altura, forma corporal e personalidade semelhantes. Os antropólogos têm uma frase elegante para isso: "acasalamento assortativo positivo", e outros animais seguem o mesmo princípio. Da próxima vez que o seu parceiro perguntar por que você se apaixonou, olhe alegremente nos olhos dele e sussurre com a voz mais sexy que puder: "Acasalamento assortativo positivo, amor."

O acasalamento assortativo positivo parece contradizer os experimentos de odor que sugerem que, inconscientemente, procuramos parceiros que diversifiquem o genoma de nossos filhos. Ninguém disse que o amor era fácil! Esses princípios concorrentes agem como contrapesos para equilibrar uma balança: seu parceiro ideal deve ser semelhante a você, mas não muito. Quando nos aproximamos do extremo muito semelhante do espectro, destruímos o propósito do sexo, que é espalhar variedade no repertório genético. É por isso que temos fortes instintos que desencorajam sentimentos românticos em relação a membros próximos da família. Evitar o incesto é um dos tabus mais universais das culturas humanas e é observado em todo o reino vegetal e animal. Pode até explicar por que irmãos e irmãs se digladiam durante o pico da janela de fertilidade na adolescência.

Há uma importante razão biológica pela qual somos configurados a sentir repulsa pelo incesto: muita semelhança genética gera filhos com traços deletérios aumentados. Os maus do genoma não são eliminados. Como Stanley advertiu Eugene no filme *Confissões de um*

Adolescente: "Case com um de seus primos e você terá bebês com nove cabeças." Além disso, a falta de diversidade nos genes da imunidade comprometeria a capacidade da criança de combater infecções.

Em 2008, houve um caso notável de incesto entre gêmeos que ilustra tanto o acasalamento assortativo positivo quanto o tabu do incesto. Imagine encontrar alguém perfeito — alguém como você — e depois descobrir que são irmãos. Assim como Luke Skywalker e a Princesa Leia, isso realmente aconteceu com gêmeos fraternos na Grã-Bretanha que foram separados ao nascer e criados por famílias diferentes. Depois do casamento, eles descobriram que eram irmãos e imediatamente anularam o casamento.

Por que um Amor Jovem Parece Tão Diferente de um Amor Maduro

Um amor jovem é como andar na Torre do Terror na Disney World. A queda é assustadora e emocionante. Você sente uma empolgação, mas pode acabar atordoado. O diorama de sua vida foi abalado e alguém o substituiu no centro do palco. Você sabe que esses sentimentos estranhamente maravilhosos e enlouquecedores se estabilizarão, mas não tem certeza se quer que todo o frenesi acabe. O que exatamente está acontecendo dentro de seu cérebro desordenado quando você se apaixona e se desapaixona?

Como o acasalamento é uma prioridade para nossos genes egoístas, eles construíram um cérebro que ama amar. Quando o amor chega (em outras palavras, quando você encontra um conjunto de genes que dariam uma boa mistura com os seus genes) seus neurotransmissores e hormônios oscilam descontroladamente. Em 2005, em Rutgers, a antropóloga Helen Fisher, que escreveu o livro sobre o amor, realizou exames cerebrais de pessoas perdidamente apaixonadas. As áreas do cérebro que são mais ativas quando os amantes estão pensando um no outro são os centros de recompensa que envolvem a dopamina. Algumas das mesmas regiões cerebrais envolvidas em um amor jovem também são ativadas durante o uso de cocaína, o que significa que Robert Palmer não estava muito fora da realidade com sua música "Addicted to Love" ["Viciado no Amor", em tradução livre]. A atração exercida pela recompensa de dopamina é tão intensa que nos mobiliza a uma busca incansável, obrigando-nos a ir até os confins da Terra, na tentativa de conquistar o objeto de nossa afeição. Devemos agradecer à dopamina por toda a poesia romântica da história, arte, peças de teatro, filmes e músicas. E podemos culpá-la por Rick Astley.

Além da dopamina, as pessoas experimentam picos de noradrenalina, à medida que o romance decola, o que explica por que você mergulha em caos durante a paixão. Envolvida na resposta de luta ou fuga, a noradrenalina é a causa das bochechas coradas, das mãos suadas, do coração palpitante e da insônia. Pode parecer um hormônio estranho a ser secretado no início de um romance, mas ajuda a nos manter alertas e cautelosos, para não estragarmos nosso novo amor. Dado o quão precário o amor jovem pode ser, você e seu novo amado também experimentam um aumento no cortisol, o hormônio do estresse.

À medida que a dopamina e a norepinefrina aumentam, o regulador do humor serotonina diminui. A serotonina reduzida nos pombinhos explica sua obsessão irritante um pelo outro. Em um estudo clássico de 1999, a psiquiatra Donatella Marazziti, da Universidade de Pisa, descobriu que os níveis de serotonina em novos casais que afirmam estar loucamente apaixonados haviam atingido os mesmos baixos níveis observados em pessoas com transtorno obsessivo-compulsivo. A redução da serotonina é o motivo pelo qual os jovens amantes ligam para dizer "eu te amo" mil vezes por dia. Como a serotonina também é o precursor do hormônio do sono, a melatonina, sua queda pode ser o motivo pelo qual seus jovens vizinhos apaixonados saçaricam a noite toda.

Em suma, o amor jovem nos transforma em viciados estressados e obsessivos-compulsivos que não conseguem dormir. Mas o amor não apenas altera a química do nosso corpo como remédios ruins, mas também causa mudanças no cérebro. O amor faz parecer que você está enfeitiçado porque seu cérebro literalmente não está pensando claramente. Os estudos de imagem cerebral mostram que se apaixonar por alguém desativa os caminhos neurais envolvidos em emoções negativas, incluindo medo e julgamento social, o que diminui sua capacidade de avaliar objetivamente o caráter do amado. O amor pode cegar, pois faz com que seu cérebro interrompa as conexões com seus processos analíticos, a fim de promover o sentimento de unidade entre você e o dono de seu coração. Para quem está de fora, parece que você está privado de seus sentidos e, em termos neurológicos, foi exatamente o que aconteceu. É como se usasse óculos escuros à noite.

O amor é muito veloz. As alterações na química corporal são rápidas e estão por trás de tudo de estranho que você faz por e para seu novo amor. De certa forma, desejamos que esse coquetel eufórico, mas exaustivo, de substâncias químicas nunca se acabe. Mas há momentos que sinceramente nos perguntamos quanto tempo conseguiremos aguentar. Assim como um velocista que atinge seu limite, um novo amor não pode continuar para sempre. A evolução teve que construir um mecanismo para apagar as chamas da paixão, porque não é saudável manter altos níveis de cortisol e baixos níveis de serotonina. Mais importante, nossos corpos precisam retornar à linha de base para redirecionar nossa energia para criar a prole iminente que nosso cérebro subconsciente acredita ter sido o objetivo de toda essa confusão. É verdade que alguns de nós preferem mergulhar em um rio infestado de piranhas famintas a ter filhos. Mas nosso cérebro assume que a prole é o objetivo e ajusta a bioquímica do nosso corpo de acordo.

Mencionamos como um novo amor pode ser equiparado ao vício em drogas. Assim como as pessoas com vícios podem desenvolver tolerância às drogas, os jovens amantes desenvolvem tolerância um ao outro. Com o tempo, nos tornamos insensíveis à onda de dopamina que costumava ser desencadeada pela visão do corpo de seu amado (a parte que você preferir imaginar aqui). Os níveis excessivos de noradrenalina e cortisol começam a baixar, e com eles muito da energia que você dedica ao namoro frenético, e seus circuitos racionais voltam a funcionar. Você não me dá mais flores... porque precisamos economizar dinheiro para comprar fraldas.

Outras mudanças hormonais explicam como o amor entre um casal muda com o tempo. Tanto em homens quanto em mulheres, a testosterona é o principal hormônio que alimenta o desejo sexual e a chama do amor. Nos homens, ela é mais alta em torno dos vinte anos; as mulheres geralmente apresentam picos de testosterona durante a ovulação. Uma das razões pelas quais a paixão desaparece é a diminuição desses bioquímicos, pois ambos os sexos produzem menos testosterona com a idade. A dopamina também diminui ainda mais à medida que nos familiarizamos mais, e é por isso que algumas pessoas procuram um novo parceiro ou uma aventura de uma noite. Mas antes de responder a um perfil online e admitir gostar de piña coladas, você e seu parceiro podem tentar acelerar seus mecanismos de dopamina, apimentando as coisas com novidades.

Os medicamentos que tomamos também podem alterar a bioquímica do nosso corpo de maneira a sufocar o romance. Drogas que aumentam os níveis de serotonina, como antidepressivos inibidores seletivos da recaptação de serotonina (ISRS), podem frustrar a necessidade do jovem amor de reduzir os níveis de serotonina. Os ISRSs podem não apenas tornar mais difícil alguém se apaixonar, mas também, nos induzir a pensar que não amamos mais nosso parceiro. Sabe-se que os ISRSs abrandam as respostas emocionais e criam sentimentos de indiferença, que podem afetar adversamente o afeto de uma pessoa por seu amado.

É conveniente nos livrar da falsa impressão de que a paixão ardente deveria queimar em uma chama eterna. No início, o amor nos sacode como um furacão, mas com o tempo — misericordiosamente — a tempestade se acalma e devemos desfrutar de águas tranquilas. Não é incomum nem algo com que devemos nos afligir, já que a luxúria dá lugar ao amor em culturas de todo o mundo. No entanto, o amor pode vencer no final para aqueles que desejam cultivar um relacionamento profundo e satisfatório.

Somos Monogâmicos?

Em 1987, a estrela pop George Michael levou os conservadores a um frenesi com sua música "I Want Your Sex". Excepcionalmente comportada pelos padrões de hoje, na época a música foi considerada o hino do diabo, sendo banida de muitas estações de rádio. Como alguém ousa cantar sobre querer algo imprescindível para todos os seres vivos? Michael insistiu que a música era sobre infundir luxúria em um relacionamento amoroso, e até usou batom para escrever "explore a monogamia" nas costas de uma mulher no vídeo. Eu era apenas um adolescente na época e supunha que a monogamia era algum tipo de posição sexual ousada.

A monogamia é a exceção à regra no reino animal. Mesmo em mamíferos, apenas cerca de 3% dos pares criam seus filhotes juntos. Os seres humanos podem ser monogâmicos com apenas um parceiro por toda a vida, mas não é segredo que somos péssimos nisso. A grande maioria das pessoas tem mais de um parceiro sexual na vida. De acordo com a Pesquisa Nacional de Crescimento Familiar realizada entre 2002 e 2015, os homens têm em média seis parceiros sexuais ao longo da vida e as mulheres, em média, quatro. A taxa de divórcio nos Estados Unidos gira em torno de 40%, e é ainda mais alta para aqueles que se casam novamente. Isso faz você se perguntar por que tentamos. Pelo menos até você considerar as vantagens que a monogamia traz.

Para a maioria dos animais, seus filhos chegam ao mundo mais ou menos prontos para partir. Mas os bebês humanos não têm chance de sobreviver sozinhos por anos. (Conheço alguns na casa dos trinta anos que ainda vivem no porão da mãe.)

Nossos ancestrais começaram a explorar a monogamia, porque ela ajudou a garantir a sobrevivência de nossos bebês indefesos. Corroborando essa ideia está o fato de que 90% das espécies de aves também permanecem juntas para trabalhar em equipe. Os ovos devem ser incubados 24 horas por dia, então um deles precisa incubar os ovos enquanto o outro se alimenta, e depois revezam para que o segundo possa comer. Se sua prole exige alta manutenção, há uma maior probabilidade de a espécie praticar monogamia. Outra vantagem é que a monogamia minimiza a exposição a doenças sexualmente transmissíveis, algumas das quais podem causar infertilidade, aborto espontâneo e defeitos congênitos. Finalmente, ter vários filhos com a mesma pessoa cria irmãos de diferentes idades que podem trabalhar juntos para o benefício da família.

Apesar dessas vantagens, muitos casais têm problemas para permanecer juntos em longo prazo. Talvez "até que a morte nos separe" seja pedir demais. Em um estudo de 2010, o antropólogo Justin Garcia, da Universidade de Binghamton, encontrou uma variante genética no receptor de dopamina DRD4 que pode contribuir para a infidelidade. Lembre-se de que as variantes do DRD4 predispõem os indivíduos à impulsividade e ao comportamento de assumir riscos. No contexto da monogamia, pessoas com a variante do gene DRD4 relatam um aumento de mais de 50% na infidelidade sexual.

Em animais monogâmicos, como gibões, cisnes e castores, os machos e as fêmeas são do mesmo tamanho, em parte porque os machos não precisam competir por parceiros e, portanto, machos maiores e mais fortes não são selecionados pela evolução. Nos animais poligâmicos, que têm mais de um companheiro, as fêmeas são geralmente menores que os machos. Nos seres humanos, os homens são tipicamente maiores que as mulheres; portanto, por esse critério, nós (e nossos ancestrais) se encaixam em um perfil poligâmico de acasalamento.

No livro *O Mito da Monogamia*, David Barash e Judith Lipton argumentam que somos socialmente monogâmicos, mas não sexualmente monogâmicos. Significando que a maioria de nós se une para formar relacionamentos amorosos e estáveis que duram muito tempo (socialmente monogâmicos), mas, como praticamente todos os outros animais do planeta, tendemos a procurar um amante de meio período (não sexualmente monogâmico). Embora alguns se contentem em lutar por um relacionamento puramente monogâmico, outros experimentam relacionamentos abertos consensuais (isto é, tomar um copo de leite em outro lugar, apesar de ter uma vaca em casa). Um estudo de 2017 da psicóloga Terri Conley, da Universidade de Michigan, encontrou poucas diferenças no funcionamento do relacionamento entre indivíduos engajados em monogamia e aqueles em relacionamentos abertos consensuais. Ao contrário da crença popular, o estudo também demonstrou que os casais em relacionamentos abertos demonstravam mais satisfação, confiança, comprometimento e paixão pelo titular do que pelo parceiro de aventuras.

Em seus estudos sobre o divórcio, Helen Fisher observou que casais em todo o mundo tendem a se separar no quarto ano de casamento, aos vinte e poucos anos, e/ou com um único filho dependente. Em um punhado de outras espécies de mamíferos que se juntam para criar filhotes, assim como a maioria das aves, ocorre um fenômeno conhecido como monogamia serial. O casal se mantém juntos apenas o tempo suficiente para ver que os bebês conseguem sobreviver sozinhos (ou que a mãe seja capaz de lidar com eles sozinha), e então seguem caminhos separados. Fisher propõe que nossos ancestrais hominídeos, bem como algumas das tribos de caçadores-coletores existentes hoje em dia, tipicamente tinham bebês em intervalos de quatro anos. Após quatro anos, a maioria das mulheres consegue terminar de cuidar da criança até que ela seja independente. As rachaduras que aparecem na cola da monogamia entre os casais de hoje, que estão juntos e com filhos há quatro anos ou mais podem ser uma relíquia evolutiva. Os seres humanos podem ser monogâmicos por toda a vida, mas pode ter sido mais comum em nosso passado ser serialmente monogâmico: formar casais para criar os filhos por alguns anos e depois cada um tem outro filho com o mesmo parceiro ou forma um novo casal. A monogamia serial ainda é muito comum hoje em dia, razão pela qual os advogados especializados em divórcio nunca ficam sem trabalho.

Nossa tendência à monogamia serial poderia explicar por que muitos casais começam a se ressentir após alguns anos de felicidade conjugal. Aquelas idiossincrasias que você adorava agora o irritam. As piadas que costumavam fazê-lo morrer de rir agora o fazem morrer de tédio. O sexo que costumava levá-lo ao paraíso não tem mais emoção. Seriam os genes egoístas a razão pela qual o amor está ameaçado? Nossos corpos poderiam ser programados para enviar mensagens subconscientes que nos afastam de um único parceiro para diversificar nosso portfólio genético? Podemos (devemos) combater esses impulsos naturais?

Existem razões meritórias pelas quais os casais devem tentar permanecer juntos por toda a vida, mas a ciência está revelando por que muitas pessoas não são adequadas para a tarefa. Não existe uma solução única para o vínculo humano, portanto, é melhor pararmos de nos iludir de que todos devem ficar juntos para sempre. A definição de um casamento bem-sucedido poderia se expandir para incluir aqueles que permanecem amorosos e gentis um com o outro, sob o mesmo teto ou não.

Por que Ficamos Juntos

Todas as espécies têm suas peculiaridades de acasalamento quando se trata de maximizar as chances de uma reprodução bem-sucedida. Provando que o amor pode ser cruel, a aranha viúva-negra devora seu pobre parceiro depois do amor, o que lhe fornece o alimento extra para a ninhada iminente. Em uma espécie de mosca conhecida como mosquito-pólvora, os machos partem em grande estilo — depois do sexo, seus órgãos genitais se separam do corpo para selar a fêmea, para que nenhum outro macho possa inseminar sua conquista. Como muitas outras espécies, aranhas e insetos nascem autossuficientes, então o macho é dispensável após a fertilização. No entanto, em animais que precisam cuidar de seus filhotes, os machos têm um pouco mais de utilidade. Uma característica retratada de maneira impressionante no filme de 2005 *A Marcha dos Pinguins*, os pinguins-imperador incubam o ovo de sua companheira por mais de dois meses, mantendo-o a 38°C, apesar das temperaturas abaixo de zero na Antártica. Ele quase morre de fome no processo, perdendo quase metade do seu peso corporal esperando a fêmea retornar.

Se bebês humanos pudessem cuidar de si mesmos, haveria menos razões para homens e mulheres permanecerem juntos. Mas, mesmo após nove longos meses de desenvolvimento no útero, nossos bebês ainda nascem muito prematuros, com zero chance de sobreviver por conta própria. Pais com olhos injetados de sangue e tufos de cabelos ausentes afirmam que cuidar de nossos exigentes rebentos é um trabalho de período integral. Realmente ajuda ter um parceiro com quem poder contar quando as crianças choram. Pais que ficam juntos e trabalham em equipe praticam o que os cientistas chamam de vínculo de casal. Essa prática requer cooperação, o que representa um enigma interessante para a evolução: como os genes egoístas criaram máquinas de sobrevivência dispostas a se sacrificar pelos outros?

A biologia do vínculo de casal tem sido bastante difícil de estudar porque a grande maioria das espécies não apresenta esse comportamento; felizmente, os pesquisadores identificaram dois tipos de arganazes (adoráveis roedores semelhantes aos hamsters) que revelaram o epóxi molecular que nos une. A espécie de arganaz *Microtus ochrogaster* (arganaz-das-pradarias) forma vínculos de casal monogâmicos, enquanto *Microtus pennsylvanicus* (arganaz-do-campo) não. Como essas duas espécies de arganaz são quase geneticamente idênticas, os cientistas não poderiam pedir um sistema modelo melhor para aprender sobre o mecanismo biológico por trás do vínculo de casal. Por que os arganazes-do-campo são promíscuos e os arganazes-das-pradarias não?

Desde o início dos anos 1990, o neurocientista Thomas Insel vem realizando pesquisas pioneiras sobre os principais ingredientes que mantêm os arganazes-da-pradaria juntos: os hormônios oxitocina e vasopressina. Esses hormônios produzidos pela hipófise atuam em várias áreas do corpo, além do cérebro. Por exemplo, a ocitocina, que significa "nascimento imediato", provoca contrações uterinas no parto e a descida do leite para amamentação. Os cientistas também descobriram que ela motiva as mães a cuidar de seus recém-nascidos.

Pode algo tão belo quanto o amor que uma mãe tem pelo filho realmente ser reduzido a uma substância química? Cientistas curiosos pensaram no que aconteceria com ratas virgens, que não demonstram amor pelos filhotes chorosos e carentes de outras, se injetarmos um pouco de ocitocina em seus cérebros? O resultado: elas não agem mais como virgens; agem como mães. Ratas virgens sob efeito de ocitocina defendem, cuidam e aconchegam filhotes adotivos. Surpreendentemente, outro estudo mostrou que o amor inato de uma mãe rata por seus filhos pode ser apagado se ela receber um agente que bloqueie a ação da ocitocina no cérebro. Nas pessoas, a ocitocina parece operar da mesma maneira; por exemplo, quanto mais altos os níveis de ocitocina da mãe durante o primeiro trimestre, maior a probabilidade de ela se envolver em atividades de vínculo com o bebê. Mesmo nos pais, um borrifo de ocitocina no nariz (que viaja direto para o cérebro) faz com que ele brinque mais atentamente com o bebê.

Os efeitos da ocitocina também podem cruzar as fronteiras entre as espécies. Os níveis de ocitocina aumentam nas pessoas e em seus cães quando elas afagam seus amigos caninos. O mesmo acontece quando você e seu parceiro trocam carícias mais quentes. O orgasmo produz uma explosão de ocitocina que, acredita-se, promove o apego entre o casal, levando alguns a chamar a ocitocina de hormônio do "amor" ou do "carinho". A ocitocina liberada durante o sexo pode contribuir para a ligação monogâmica de pares? Certamente parece ser o caso de nossos amigos arganazes-das-pradarias. Como algum tipo de cupido bioquímico, a ocitocina administrada a um arganaz-das-pradarias a levará a se relacionar com um macho com quem sequer acasalou. Se a liberação de ocitocina é bloqueada no arganaz-da-pradaria, eles não criam mais vínculo de casal. Sem a ocitocina, o sexo para os arganazes-das-pradarias se torna casual, como ocorre em seus primos promíscuos de arganaz-do-campo.

E o contrário? Se dermos esses "hormônios do carinho" aos arganazes-do-campo, podemos fazê-los se apaixonar? Não sem um pouco de engenharia genética. Devido a uma diferença genética, os arganazes-do-campo não têm receptores suficientes para esses hormônios na região direita do cérebro, associada à recompensa e ao vício. Mas em 2004, o neurobiólogo Larry Young, da Emory University, usou um vírus para fornecer um gene receptor de vasopressina aos centros de recompensa do cérebro, o que fez os arganazes-do-campo se comportarem mais como arganazes-das-pradarias. As poucas espécies que exploram a monogamia o fazem porque expressam mais receptores hormonais de apego no cérebro, que é governado por pequenas alterações na sequência de DNA que regula o gene. Notavelmente, essa simples mutação é tudo que é necessário para unir dois corações.

Muitos se consideram sortudos por terem recebido da biologia esses fabulosos hormônios de apego para experimentar a satisfação do amor e contentamento que geralmente se segue. Mas há um porém. À medida que o vínculo entre casal fortalece as relações entre parceiros e filhos, ele inerentemente aumenta o instinto de proteção, promovendo desconfiança e aversão a pessoas de fora que possam representar uma ameaça à família ou ao grupo. Como diz a rainha Cersei a seus familiares Lannisters em *A Guerra dos Tronos*: "Todos que não forem nós são os inimigos."

A injeção de vasopressina no cérebro de um arganaz-das-pradarias macho virgem o torna possessivo com uma fêmea próxima e, como um companheiro fiel, ele defenderá agressivamente o espaço dela de estranhos. Os promíscuos arganazes-do-campo não exibem esse tipo de agressão, e nem os machos do arganaz-das-pradarias até que tenham acasalado e formado um vínculo de casal com uma fêmea. O vínculo de casal também o leva a afastar outras fêmeas, de forma semelhante aos estudos que sugerem que a ocitocina funciona para manter os homens fiéis às suas esposas. Em 2013, o psiquiatra René Hurlemann, da Universidade de Bonn, na Alemanha, mostrou que o centro de recompensa no cérebro de homens sob o efeito da ocitocina "acende" mais ao ver o rosto do parceiro do que o de outras mulheres atraentes. Costuma-se dizer que uma mulher pode lançar um feitiço sobre seu homem, e parece que a ocitocina é o ingrediente ativo dessa poção.

As tendências agressivas produzidas pela ocitocina durante o vínculo de casal promovem sentimentos positivos em relação à família que podem se estender aos seus compatriotas — mas, infelizmente, também promovem sentimentos negativos em relação a estrangeiros. Em um estudo perturbador, os homens receberam a tarefa de solucionar dilemas morais: por exemplo, sendo solicitados a analisar uma lista de nomes e escolher quem eles colocariam em um barco salva-vidas com espaço limitado. Homens que receberam ocitocina foram mais propensos a resgatar seus compatriotas e negar assentos a nomes que soavam estrangeiros; homens que não receberam ocitocina não apresentaram esse viés. Parece que a ocitocina pode trazer à tona o melhor e o pior de nós.

Descobertas como essas fazem os cientistas resistirem ao apelido de "hormônio do amor" pela mesma razão pela qual não gostam de apelidos de genes: é enganoso demarcar sua função. A ocitocina e a vasopressina são multitarefas no corpo, e se seus efeitos no comportamento são bons ou ruins, depende do contexto. Se os estudos etnocentristas sobre o "hormônio do carinho" fossem concluídos antes dos estudos de vínculo de casal, a ocitocina poderia facilmente ter sido apelidada de "hormônio racista".

A monogamia e o vínculo de casal estão longe de serem comportamentos simples, e com tantas mudanças em jogo, é fácil perceber por que há tanta variação na força e na duração do relacionamento de um casal. Mutações nos genes da ocitocina ou vasopressina (ou seus genes receptores) podem alterar o produto, a quantidade ou quando e onde são distribuídos no cérebro. De fato, várias variantes no gene que produz o receptor de vasopressina foram associadas a corações errantes.

Sem dúvida, outros reguladores de atração e apego ainda serão descobertos, e esses hormônios provavelmente atuam juntos de maneiras íntimas. A testosterona alta pode reduzir a vasopressina e a ocitocina, e os homens com níveis acima da média de testosterona têm maior probabilidade de permanecer solteiros ou ter um caso. Finalmente, alguns relatos mostram que fatores epigenéticos influenciam a expressão desses hormônios e de seus receptores, o que sugere que o ambiente pode influenciar a durabilidade do vínculo de casal.

Por que Algumas Pessoas Sentem Atração Pelo Mesmo Sexo?

Aparentemente, a homossexualidade não parece fazer sentido biológico porque se rebela contra o imperativo de procriar. Ocorrendo em menos de 10% da população, a história há muito pressupõe que a atração física entre membros do mesmo sexo é uma anomalia. Mas essa suposição não poderia estar mais errada, pois a homossexualidade foi documentada em mais de quatrocentas espécies até o momento.

A homossexualidade está no ar: uma variedade de pássaros, como o albatroz de Laysan, abutres e pombos, além de insetos como carunchos e moscas da fruta, se relacionam em pares do mesmo sexo. No mar do amor, você encontrará atividade homossexual nas baleias. Em terra, a homossexualidade é vista da savana africana até a fazenda. Quase um em cada dez carneiros não gosta muito de ovelhas, e prefere fazer sexo com outros carneiros. O comportamento homossexual também foi relatado em elefantes, girafas, hienas e leões, assim como em outros primatas, como nosso primo, o bonobo. Os bonobos gostam tanto do amor livre que foram chamados de "o macaco hippie". Tanto os machos quanto as fêmeas são bissexuais e usam o sexo como um cumprimento e solução para conflitos (comportamentos que realmente sobrecarregariam o departamento de recursos humanos do seu escritório). O ponto é que a homossexualidade é predominante no reino animal, mas ninguém argumenta que outros animais fazem uma escolha consciente de ser assim.

Várias hipóteses foram apresentadas para explicar como a homossexualidade pode ser benéfica para uma família ou espécie com um todo. A maioria dessas ideias gira em torno do conceito de seleção de parentesco, pelo qual trabalhamos para garantir a transmissão dos genes de nossa família para as gerações subsequentes. Como compartilhamos mais genes com familiares do que com estranhos, há uma tendência egoísta de cuidar de nossa própria espécie. Tios e tias gays ajudam a apoiar e nutrir a árvore genealógica. Outra ideia, postulada pelo eminente sociobiólogo E. O. Wilson, argumenta que a homossexualidade pode servir como um meio de controle populacional, colocando as espécies em equilíbrio biológico com os recursos disponíveis em seu ambiente. Outra ideia vem de descobertas genéticas mais recentes que sugerem que a homossexualidade é um "traço de trade-off". Por exemplo, certos genes nas mulheres ajudam a aumentar sua fertilidade, mas se esses genes são expressos em um homem, eles o predispõem à homossexualidade.

Os cientistas estão se aproximando dos fatores que podem dar origem à homossexualidade. Estudos de gêmeos sugerem um componente genético para a atração pelo mesmo sexo, embora não exceda 20%. Em 1993, o geneticista Dean Hamer do National Institutes of Health anunciou ter descoberto o "gene gay" associando a homossexualidade masculina a uma seção do cromossomo X chamada Xq28. Um estudo muito maior realizado por outro grupo em 2015 confirmou o Xq28, aliado a uma região do cromossomo 8, como forte influenciador da orientação sexual masculina.

Exatamente quais genes nessas regiões cromossômicas são responsáveis e como predispõem o portador à homossexualidade ainda precisa ser resolvido. Estão em andamento estudos de associação em todo o genoma para comparar os genomas de pessoas homossexuais e heterossexuais, um dos quais não apenas encontrou variação novamente no cromossomo 8, mas também identificou um novo gene candidato chamado SLITRK6. Esse gene é expresso em uma região do cérebro chamada diencéfalo, parte que difere em tamanho entre pessoas homossexuais ou heterossexuais. Estudos futuros devem ser realizados para verificar se o gene SLITRK6 variante leva a alterações na estrutura cerebral que influenciam a homossexualidade.

Estudos em camundongos descobriram candidatos a novos genes que poderiam influenciar a orientação sexual. Em 2010, o biólogo Chankyu Park, do Instituto Avançado de Ciência e Tecnologia da Coreia, vinculou a orientação sexual a um gene chamado fucose mutarotase (que eles abreviaram como "FucM", talvez como uma provocação aos opositores que refutam a homossexualidade como um componente genético). Quando o gene FucM foi deletado em camundongos fêmeas, elas foram atraídas por odores femininos e preferiram montar fêmeas do que machos. Estudos realizados pela neurocientista Catherine Dulac, da Universidade de Harvard, mostraram que a interrupção de outro gene pode fazer com que os camundongos fêmeas ajam como machos. As fêmeas sem um gene chamado TRPC2, que está presente nas células cerebrais e auxilia no reconhecimento de feromônios, exibiam um comportamento masculino típico de homens loucos por sexo — essas fêmeas se envolviam em rituais de corte, movimentação pélvica e montagem de parceiros. As fêmeas de camundongo também se divertiam arrotando alto e assistindo futebol com uma das patas dentro das calças.

Com base nas evidências disponíveis até o momento, parece altamente improvável que um único gene governe a orientação sexual. É provável que um comportamento tão complexo seja orquestrado por muitos genes, bem como influências do ambiente (particularmente o ambiente pré-natal que um feto em desenvolvimento experimenta no útero da mãe).

A epigenética fornece uma explicação atraente do porquê a caça aos genes gays se provou ilusória, pois esses genes podem estar presentes, mas não ativos, a menos que recebam um determinado gatilho do ambiente intrauterino. A epigenética também pode explicar por que a ordem de nascimento exerce influência sobre a sexualidade masculina: cada irmão mais velho de um garoto aumenta em um terço suas chances de ser gay. Uma hipótese afirma que cada gravidez masculina leva a mãe a produzir uma resposta imune mais forte às proteínas do menino, o que afeta a expressão gênica nos fetos masculinos subsequentes por meio de alterações epigenéticas. Corroborando ainda mais o papel da epigenética na orientação sexual, vários grupos encontraram diferenças na distribuição das marcas de metilação do DNA em humanos e animais exibindo comportamento homossexual. Em 2015, a neurocientista Margaret McCarthy, da Universidade de Maryland, foi capaz de dar às fêmeas de ratos características de um cérebro de machos, injetando drogas que inibem a metilação do DNA. A droga epigenética fez as "meninas", embora anatomicamente fêmeas, se comportarem sexualmente como machos.

Agora está bem estabelecido que a identidade de gênero é algo distinto do sexo anatômico de uma pessoa — o que está abaixo da cintura não importa se a cabeça pensa que possui o equipamento oposto. Há um período crítico durante o desenvolvimento fetal em que os hormônios moldam o cérebro em uma forma masculina ou feminina, ou talvez algo entre essas duas extremidades do espectro.

Muitos fatores podem afetar o tipo e a quantidade de hormônios aos quais o feto é exposto durante sua permanência no útero. Os machos com uma condição genética chamada síndrome de insensibilidade aos andrógenos (AIS) não possuem um receptor funcional para a testosterona. Os machos com AIS desenvolvem genitália feminina e geralmente são criados como meninas, apesar de serem geneticamente masculinos (XY), e serem atraídos por homens. Isso nos diz que a testosterona é necessária para "masculinizar" um cérebro pré-natal; se isso não acontecer, a criança será atraída por homens. Da mesma forma, as meninas que têm uma condição genética chamada hiperplasia adrenal congênita (HAC) são expostas a níveis incomumente altos de andrógenos, como a testosterona no útero, que masculinizam seu cérebro e aumentam as chances de lesbianismo. A exposição de um feto feminino a drogas como nicotina ou anfetaminas também aumenta as chances de ela nascer lésbica. Além disso, as ratas que durante a gestação experimentam estresse, o que reduz a testosterona no útero, têm maior probabilidade de ter filhotes machos que exibem comportamentos homossexuais. É provável que fluxos hormonais como esses afetem a orientação sexual, agindo sobre fatores de transcrição que alteram a expressão gênica ou por meio programação epigenética fetal.

Qualquer que seja a genética subjacente, o resultado final parece induzir mudanças hormonais durante a gravidez que afetam a forma como o cérebro é configurado no nascimento. Em outras palavras, homens gays têm um cérebro estruturado mais como o de uma mulher, e mulheres gays têm um cérebro modelado mais como o de um homem. O neurocientista Simon LeVay, do Salk Institute, foi pioneiro em estudos que são consistentes com essa previsão. Uma região específica do cérebro, chamada núcleo intersticial do hipotálamo anterior 3, ou INAH3, é duas a três vezes maior nos homens em comparação com as mulheres. Em um estudo de 1991, LeVay descobriu que essa região em homens gays estava mais próxima do tamanho menor, observado em mulheres. Estudos em ratos conduzidos por outros pesquisadores confirmam que os danos à região cerebral INAH3 de um homem alteram a orientação sexual.

A evidência esmagadora demonstra que a atração pelo mesmo sexo não é diferente da atração que os heterossexuais experimentam. Ambos têm uma base biológica e são programados no cérebro antes do nascimento, com base em uma mistura de condições genéticas e ambientais, nenhuma das quais o feto escolhe. Os heterossexuais não se recordam do dia em que saíram para uma longa caminhada e decidiram que só sentiriam desejo por membros do sexo oposto. A única opção que as pessoas têm na arena da sexualidade é se elas decidem tratar aqueles que são diferentes com o respeito, a dignidade e a igualdade que merecem. Pessoas são pessoas.

Temos uma Alma Gêmea?

Segundo uma pesquisa Marist Poll de 2011, quase 75% dos norte-americanos acreditam em almas gêmeas: a noção de que existe apenas uma pessoa por aí capaz de fazer você se sentir nas nuvens. A ideia de uma alma gêmea é o epítome do romance, semeado em nossa psique no momento em que ouvimos "e ambos viveram felizes para sempre". Quem não quer ser arrebatado por um parceiro perfeito? Isso acontece com as pessoas o tempo todo em filmes, programas de TV e livros, então por que não com você?

Por causa da matemática. Existem mais de 7,5 bilhões de pessoas no mundo. Em seu livro *E Se?: Respostas científicas para perguntas absurdas*, Randall Munroe analisou os números e calculou que precisaríamos viver 10 mil vidas para encontrar nossa alma gêmea. Em outras palavras, se houver apenas uma pessoa certa para você no mundo, sua chance de encontrar essa pessoa é a mesma de encontrar um dispensador de toalhas de papel em um banheiro de aeroporto.

E se afrouxarmos o componente de exclusividade? Desenhando a mesma equação usada para calcular o número possível de planetas civilizados em nossa galáxia (52 mil, caso esteja curioso), Joe Hanson, do blog científico *It's Okay To Be Smart*, calculou que 871 almas gêmeas estão a sua espera apenas na cidade de Nova York. Melhor, mas as chances de encontrar uma dessas 871 almas gêmeas na próxima vez que visitar a Big Apple ainda são pequenas.

Não se desespere — a crença em uma alma gêmea acaba atrapalhando nossos relacionamentos. As pessoas que apostam em uma alma gêmea investem muito tempo adivinhando sua escolha, em vez de trabalhar no referido relacionamento. Pesquisas mostram que os casais que acreditam em almas gêmeas enfrentam mais conflitos do que aqueles que veem seu tempo juntos como uma jornada com oportunidades de crescimento. As pessoas focadas em encontrar sua alma gêmea experimentam mais ansiedade no relacionamento e são menos propensas a perdoar após a briga com um parceiro. A crença em uma alma gêmea gera uma expectativa de perfeição em nosso parceiro — e, se isso não for alcançado, os crentes em almas gêmeas desistem rapidamente, pensando que não devem ter encontrado a outra metade de sua laranja.

A noção de uma alma gêmea é algo que devemos banir do diálogo com nossos filhos, junto com outras porcarias mentais, como superstições e sobrenatural. A crença em uma alma gêmea é preguiçosa. Se você deseja cultivar um relacionamento satisfatório, precisa ser um jardineiro dedicado. A boa notícia é que existem muitas pessoas por aí com as quais você pode dar certo, não apenas uma.

Quase o Paraíso

Influenciadas por nossos genes, história evolutiva, cultura, epigenética, hormônios, microbiota e muito mais, as regras da atração são tudo, menos simples. Mas, mais do que nas estrelas, a linguagem do amor está escrita em nossa biologia. Sentimos uma química, a vasta troca de informações que ocorre sob a superfície que sinaliza ao cérebro se uma pessoa tem os atributos certos. Mas fique atento às tendências superficiais do cérebro; o cérebro primitivo julga um companheiro pela capa. Precisamos exercitar os circuitos lógicos em nosso cérebro para determinar se queremos fazer parte da história dessa pessoa — não deixe que a parte do seu cérebro que perde a cabeça com a exibição de uma cauda chamativa vença.

Se está interessado em um amor eterno, a ciência está revelando os segredos para transformar uma lua de mel em férias permanentes. Exames cerebrais de casais em relacionamentos bem-sucedidos e longevos mostram uma atividade aumentada em regiões associadas à empatia e ao controle das emoções. Aprendemos que é natural que o amor apaixonado ceda ao amor compassivo. Portanto, embora você não precise lamentar a perda da chama da paixão, também não precisa desistir de tentar. Pesquisas com casais mais velhos que ainda se amam depois de décadas juntos citam humor, sexo e novidade. Continue fascinado, pois essas são as coisas que servem novas doses de dopamina. Para sustentar uma boa dose de dopamina entre o casal, alguns buscam altas aventuras juntos. Uns pulam de bungee jump. Outros praticam rafting em rios caudalosos. Minha esposa e eu enfrentamos a selva dos hipermercados no sábado.

Forjado a partir do egoísmo genético, o amor emergiu como uma nova força poderosa na paisagem evolutiva que parece não ter limites. O sempre presciente Bertrand Russell escreveu na década de 1930 que "o amor é capaz de quebrar a casca dura do ego, uma vez que é uma forma de cooperação biológica na qual as emoções de cada um são necessárias para a realização dos propósitos instintivos do outro". Essa dissolução do ego não apenas promove um relacionamento frutífero com o seu parceiro, mas também ajuda a melhorar o bem-estar das pessoas em todo o mundo.

Em seu livro *The Expanding Circle* [sem publicação no Brasil], o filósofo Peter Singer defende que os melhores anjos da nossa natureza, como o amor, o altruísmo, a cooperação e o sacrifício, surgiram do imperativo biológico para proteger nosso legado genético, mas floresceram em impulsos conscientes que estão expandindo o círculo da preocupação moral da família imediata para cidades, nações e, finalmente, para o mundo.

Tudo isso devido a algumas mutações no DNA, milhões de anos atrás, que propiciaram o vínculo de casal? Muito irado!

» CAPÍTULO OITO «

CONHEÇA SUA MENTE

Se o cérebro humano fosse tão simples a ponto de conseguirmos entendê-lo, seríamos tão simples que não poderíamos.
— Emerson M. Pugh, *The Biological Origin of Human Values*

Por mais maravilhoso que seja, nosso cérebro levou um tempo surpreendentemente longo para perceber seu esplendor. O cérebro de nossos ancestrais não sabia ao certo o que fazer com a gosma gelatinosa em nossas cabeças. Os antigos egípcios pensavam que o cérebro produzia muco, o que é compreensível, considerando sua aparência e proximidade ao nariz e à garganta.

A primeira referência ao cérebro aparece no papiro de Edwin Smith, que se acredita ter sido escrito no Egito, em 3000 a.C.; alega que o cérebro ajuda as pessoas a andar como egípcios. O autor associou a lesão cerebral à paralisia do lado oposto do corpo, uma observação astuta que foi perdida nas areias do tempo.

Anos mais tarde, o médico grego Hipócrates postulou com presciência que o cérebro é a fonte de toda alegria e horror que experimentamos. Seu compatriota, o médico Galeno, ganhou fama como cirurgião dos gladiadores romanos, o que lhe deu oportunidades únicas para estudar todo tipo de trauma nos tecidos, nas vísceras e no cérebro. A experiência de Galeno no tratamento de feridas de gladiador o levou a concluir que o cérebro era essencial para o movimento.

O grande filósofo Aristóteles tinha uma opinião diferente. Ele acreditava que o coração era a estrutura mais importante do corpo, porque é o primeiro órgão a se formar no embrião, no centro do corpo, e ele bate. Além disso, a cessação da batida rítmica do coração marca o fim da canção da vida. Ele insistiu, portanto, que esse músculo impressionante deveria conter nossos pensamentos e controlar o corpo, enquanto o tedioso cérebro apenas serve para esfriar o coração superaquecido. As ideias de Aristóteles venceram na época e ninguém pensou muito no cérebro nos próximos séculos.

Mas o advento do Renascimento trouxe descobertas que mudaram a maneira como pensamos sobre nossos pensamentos. Por volta de 1485, Leonardo da Vinci finalmente refutou a ideia de Aristóteles de que o coração era o astro principal ao cortar a medula espinhal de sapos, o que instantaneamente deixou o coração impotente. O coração não era nada sem o cérebro! A descoberta de nervos que se estendem do cérebro para todas as outras partes do corpo sugeriu que o cérebro era o comandante e usava essas fibras como condutores para dar ordens. Na década de 1700, um colega chamado Luigi Galvani descobriu que a eletricidade poderia estimular o movimento dos músculos das pernas em sapos mortos. (Não era muito bom ser um sapo naquela época!)

Em 1803, o sobrinho de Galvani, Giovanni Aldini, assustou muitas pessoas com uma demonstração pública envolvendo o cadáver de um criminoso recém-enforcado e um par de bastões condutores ligados a uma bateria. Aldini tocou as hastes elétricas na boca, no ouvido e, é claro, no reto do cadáver. As correntes elétricas fizeram com que os membros do cadáver se sacudissem e seu queixo e seus olhos se abrissem. Apesar da natureza mórbida desses experimentos, provam que o cérebro e o sistema nervoso usam impulsos elétricos para animar o corpo, abalando a crença de longa data de que eram espíritos.

Hoje entendemos que o cérebro é quem somos. Se novos corpos pudessem ser criados em laboratório para prolongar nossas vidas, qual órgão você gostaria de transferir para reter sua essência? Seu baço não seria útil, nem sua vesícula biliar ou mesmo seu coração. (Desculpe, Aristóteles!) O órgão necessário para que continuasse a ser você é o cérebro. Ele contém todas as suas memórias, sentimentos e crenças, que moldam sua personalidade e comportamento. Lesões em qualquer parte do corpo abaixo dos ombros podem arruinar o seu dia, mas não alteram fundamentalmente sua personalidade da mesma maneira que uma lesão cerebral grave.

O cérebro está funcionando, mas também deve ser reconhecido como um produto biológico da evolução que está longe de ser perfeito. A verdade é que há problemas, alguns dos quais podem nos matar.

O que Há no Seu Cérebro

Proposto pelo neurocientista Paul MacLean, o modelo trino do cérebro é uma maneira popular de conceituar como nosso órgão mais importante evoluiu e funciona. Para ajudar a explicá-lo, usaremos uma metáfora de um sorvete sundae.

Representando a tigela do nosso sundae estão os neurônios que compõem o tronco cerebral; eles são responsáveis por operações involuntárias básicas, como respiração e batimentos cardíacos, além de comportamentos reflexivos ou instintivos. Também conhecida como "cérebro reptiliano", essa região está presente em todos os animais. O sorvete em nosso sundae é constituído por neurônios especializados em integrar e responder a informações sensoriais. Conhecidos como o sistema límbico, esses neurônios liberam mensagens químicas que contribuem para emoções, recompensa e motivação, e aprendizado e memória. Finalmente, o chantilly é o neocórtex. Presente apenas em mamíferos, permite o pensamento abstrato, a linguagem, o planejamento e a capacidade de ler este livro. O córtex humano é enorme, compreendendo mais de 75% do cérebro. Possui habilidades analíticas que empregam a razão às reações instintivas expressas em suas regiões mais primitivas. O. E. Wilson descreve o tronco cerebral, o sistema límbico e o córtex como batimentos cardíacos, músculos cardíacos e a parte sem coração, respectivamente.

O modelo trino é uma visão bastante simplificada do funcionamento interno do cérebro. Embora representadas como partes distintas, essas três regiões estão constantemente se comunicando e trabalhando juntas, como exemplificado por pessoas com danos cerebrais que interromperam a comunicação entre o sistema límbico (emoções e memórias) e o córtex (analítica). Pessoas que sofrem esse tipo de lesão não são mais capazes de tomar decisões ou julgar valores; passam o dia no corredor dos cereais sem conseguir escolher o que comprar. Parece que, ao contrário de Spock, não podemos operar apenas com lógica; precisamos ter acesso aos nossos sentimentos e experiências anteriores para tomar decisões.

Além disso, muitas subseções do cérebro residem nas três partes principais. Por exemplo, o sistema límbico é composto de subsistemas, incluindo amígdala, hipotálamo, hipocampo e córtex cingulado; o neocórtex é ainda dividido em lóbulos com funções discretas. Mas vamos tentar manter as coisas o mais simples possível aqui.

Os neurônios do seu cérebro se comunicam passando sinais eletroquímicos entre si como uma fila de pessoas passando baldes de água. Os neurônios não se tocam, mas têm pequenas lacunas entre eles, chamadas sinapses. Um neurônio ativado ou eletrificado fala com seus vizinhos despejando baldes de substâncias químicas chamadas neurotransmissores nas sinapses. Os neurônios receptores capturam esses neurotransmissores em baldes (receptores) localizados em sua superfície. Surpreendentemente, cada um de nossos bilhões de neurônios é capaz de executar até 10 mil filas de baldes. Levaria 32 milhões de anos para contar todas as conexões entre os neurônios no cérebro humano típico, e ainda assim não temos inteligência suficiente para resolver a maioria das palavras cruzadas do jornal de domingo.

Muito do que aprendemos sobre nosso órgão mais misterioso foi descoberto apenas nas últimas décadas, mas sabemos o suficiente para dissipar alguns mitos de longa data. Primeiro, assim como os computadores, um cérebro maior não significa necessariamente um cérebro melhor. De fato, os cérebros modernos são 3% a 4% menores do que eram há 15 mil anos; o que pode ser mais importante que a massa cerebral é o número de conexões entre neurônios individuais. Quando você aprende algo, não está adicionando células cerebrais, mas aumentando as conexões entre as existentes.

Segundo, não usamos apenas 10% do nosso cérebro (ou seja, a menos que você esteja assistindo ao *Big Brother*). É um equívoco pensar que possuímos regiões não utilizadas que nos dariam superpoderes mentais se pudéssemos explorá-las, como no filme *Lucy*, de 2014. Portanto, da próxima vez que alguém mencionar esse mito, pergunte se seria legal remover 90% do cérebro.

Terceiro, seu cérebro é péssimo em multitarefas; portanto, pare de brincar com o smartphone enquanto dirige e desative as notificações por e-mail enquanto trabalha (estudos demonstraram que os pássaros são realmente melhores em multitarefa!). Outra pesquisa mostrou que as mulheres têm uma vantagem modesta sobre os homens nessa arena. Mas essa vantagem desaparece após a menopausa, sugerindo que o hormônio estrogênio é útil para multitarefa.

Finalmente, essas atividades, músicas e jogos populares para estimular o cérebro não o ajudarão a se tornar um gênio. Como em qualquer exercício de treinamento, você pode melhorar na atividade, mas não há evidências de que essas habilidades especializadas se traduzam em inteligência aprimorada. Até o "efeito Mozart", a mania dos anos 1990 que inspirou os pais a tocarem música clássica para seus bebês, com a esperança de criar bebês Einstein, foi definitivamente desmascarada. Segundo a ciência, as melhores coisas que você pode fazer pela saúde do cérebro é se alimentar corretamente, exercitar-se e ter uma boa noite de sono. Segredos que tornam a vida mais chata, mas funcionam.

Ainda assim, eis outra atividade comprovada para melhorar o cérebro que pode ser mais uma surpresa para você: socializar. A hipótese do cérebro social sustenta que nosso cérebro evoluiu para ser tão avançado porque tivemos que interagir produtivamente com grandes grupos de pessoas. Nossos ancestrais não apenas tiveram que se defender das ameaças habituais de predadores, fome e clima, mas também tiveram que navegar por entre um mar de boatos, conflitos e fofocas para avançar na hierarquia de sua sociedade e recrutar os melhores companheiros possíveis. Como antigamente, a socialização continua sendo um bom exercício mental; portanto, não demore em contar a todos os seus amigos sobre este maravilhoso livro que está lendo.

Ah, e um mito final a ser quebrado: seu cérebro é um órgão impressionante, mas ainda é um trabalho em andamento que sofre com algumas sérias dores evolutivas de crescimento.

Por que Seu Cérebro Tem Problemas

O cérebro é uma espécie de diva. Exige muita atenção, ama a si mesmo, não consegue admitir seus erros e até acredita que é imortal. Vamos começar pela tendência a ser o centro das atenções. De todos os órgãos do seu corpo, o cérebro é o que exige mais energia. Consome 20% do combustível do seu corpo, mesmo que você esteja lendo uma revista de fofocas. Mas, em sua defesa, o cérebro desenvolveu maneiras de economizar energia, mas essas escolhas levaram a concessões na capacidade mental. Por exemplo, para economizar energia, seu cérebro geralmente é preguiçoso e usa atalhos. Em vez de processar novos dados sensoriais o tempo todo, ele procura padrões e faz suposições. E deposita muita fé em suas suposições, a ponto de se apegar a elas mesmo quando há evidências claras em contrário.

O cérebro fica incomodado quando confrontado com a incerteza, como Linus sem seu cobertor de segurança. A incerteza é o cerne das histórias incompletas, e é por isso que seus programas favoritos usam ganchos para mantê-lo assistindo. A necessidade de conclusão é tão intensa que seu cérebro preenche as lacunas de seu conhecimento com invenções. Fazemos isso o tempo todo ao atribuir eventos inexplicáveis ou coincidências estranhas a forças religiosas ou outras forças sobrenaturais. Em vez de enfrentar a incerteza da morte, nosso cérebro presunçoso está convencido de que possuímos uma alma que viverá depois da morte do corpo. É uma ideia brilhante que nos permitiu focar a solução dos problemas em questão sem nos distrairmos com questões existenciais paralisantes.

Graças ao seu ego descontrolado, nosso cérebro de diva também acredita que é melhor tornar as coisas melhores do que realmente são. Pessoas com baixa capacidade para uma determinada tarefa tendem a superestimar suas habilidades em realizá-la. Isso é conhecido como efeito Dunning-Kruger, em homenagem aos dois psicólogos da Universidade de Cornell que o descreveram pela primeira vez em 1999. O estudo com o preocupante título "Unskilled and Unaware of It: How Difficulties in Recognizing One's Own Incompetence Lead to Inflated Self-Assessments" ["Não Qualificado e Inconsciente Disso: Como as Dificuldades em Reconhecer a Própria Incompetência Levam a Autoavaliações

Exageradas", em tradução livre], mostrou que os participantes com baixa pontuação nos testes de humor, gramática e lógica superestimam totalmente seu desempenho, assim como um adolescente desafinado cantando no programa *The Voice* que pensa que é o próximo Bruno Mars. O efeito Dunning-Kruger pode ser amplificado quando se bebe, e é por isso que muitas pessoas que dizem "Segura meu copo" antes de arrumar briga em um bar acabam na sala de emergência.

David Dunning e Justin Kruger foram inspirados a estudar esse ponto fraco depois de saber de um ladrão de banco que pensou poder evitar ser capturado pelas câmeras de segurança aplicando suco de limão no rosto. O ladrão idiota imaginou que, como o suco de limão pode ser usado como tinta invisível, ninguém seria capaz de ver seu rosto. Isso é semelhante aos criminosos que tiram selfies de seus crimes e as publicam nas mídias sociais. Dunning e Kruger afirmam que pessoas de baixa capacidade intelectual são burras demais para saber que são burras. Mesmo que seu cérebro seja um idiota, ele desafiará gênios e especialistas porque, bem, é um idiota.

O efeito Dunning-Kruger explica tudo, desde o motivo pelo qual as pessoas pensam que podem tocar gaita de fole na primeira vez em que tentam, até o motivo pelo qual outras pessoas pensam que a mudança climática é ruim, mesmo que nunca tenham lido um livro de ciências. Faça um favor a si mesmo (e a todos nós) e (1) nunca toque gaita de fole, porque ninguém deveria e (2) mantenha sua diva sob controle. Como disse Confúcio: "O real conhecimento é conhecer a extensão de sua ignorância."

Por que Você Faz Coisas Sem uma Boa Razão

Quando somos involuntariamente compelidos a nos comportar de certas maneiras devido ao nosso ambiente, nos preparamos para essa ação específica. Uma maneira de sermos coagidos é por meio da exposição a mensagens subliminares e supraliminares. Os estímulos que podemos provar, ver, cheirar, tocar ou ouvir são supraliminares. Temos consciência deles — mas talvez não nos concentremos neles —, são como música de fundo. Estímulos dos quais não temos consciência são mensagens subliminares; por exemplo, uma imagem que pisca diante de nossos olhos tão rapidamente que somente a mente subconsciente, e não a consciente, a percebe. Estudos mostram que essas mensagens sutis podem ser responsáveis por alguns sentimentos estranhos que não podemos explicar.

O famoso psicólogo Robert Zajonc, da Universidade do Sul da Califórnia, em Los Angeles, mostrou que as pessoas desenvolverão sentimentos positivos ou negativos sobre símbolos desconhecidos se forem precedidos por um rápido flash de quatro milissegundos de um rosto feliz ou zangado, respectivamente. Os participantes nunca se lembram de ter visto o rosto e não conseguem explicar seus sentimentos em relação aos símbolos desconhecidos. Além disso, as emoções que as pessoas atribuem aos símbolos ficam. Se o experimento é repetido com os rostos felizes e zangados trocados, os sujeitos mantêm sua opinião original sobre o símbolo. Esses resultados sustentam a afirmação de que uma opinião formada é resistente à mudança, presumivelmente porque o cérebro está preparado para economizar energia. (E vamos ser sinceros: as primeiras impressões são realmente as mais importantes!) Em nossa vida cotidiana, isso significa que podemos formar opiniões estáveis sobre as coisas sem realmente saber o porquê.

Outro estudo peculiar, realizado por um grupo diferente, testou se poderíamos ser influenciados pelo logotipo da Apple, uma empresa associada a uma criatividade excepcional. Após a exposição subliminar ao logotipo da Apple ou da IBM, os participantes foram solicitados a listar quantos usos eles poderiam imaginar para um tijolo. Os participantes que foram expostos ao logotipo da Apple pensaram em muito mais usos para o tijolo do que os expostos ao logotipo da IBM.

Além do visual, nossas ações também podem ser secretamente influenciadas por sons, cheiros, temperatura, sabor, tato ou pelo que lemos. Compradores de vinho compram mais vinho de um determinado país se a música desse país estiver sendo tocada na loja. Estamos muito mais propensos a limpar a sujeira depois de comer em uma sala que cheira como se tivesse sido limpa recentemente. Estamos inclinados a pensar calorosamente em um estranho que encontramos enquanto seguramos uma bebida quente, mas a pensar friamente se estivermos segurando uma bebida gelada. É mais provável que julguemos um ato questionável como moralmente repreensível se provarmos algo amargo. Quando nos sentamos em uma cadeira dura, é mais provável que sejamos mais incisivos na hora de fechar um negócio (e é por isso que as concessionárias de carros tentam nos deixar o mais confortáveis possível). Tendemos a ser mais avarentos se lermos revistas de negócios financeiras antes de uma transação financeira.

Forças ocultas que influenciam nosso humor e comportamento também emanam de nossos feeds de mídia social. O Facebook realizou um experimento controverso em 2012, que intencionalmente manipulou o feed de notícias de um usuário inundando-o com postagens tendenciosas. Os resultados mostram que, se nossa página for enriquecida com postagens negativas, publicaremos algo negativo. Se nossa página estiver cheia de postagens positivas, nossas postagens serão positivas.

Os efeitos do priming subliminar não afetam a todos da mesma maneira. Se uma mensagem subliminar consegue ou não penetrar em nosso subconsciente depende de nossa personalidade. Pessoas que estão sempre em busca de emoções, por exemplo, são mais suscetíveis à exposição subliminar à marca de bebidas Red Bull (uma bebida energética que "te dá asas") do que indivíduos que não têm essa característica.

A certa altura, a maioria de nós se vê imitando personagens sobre os quais lemos nos livros ou no cinema, um comportamento que é ainda mais relevante em nossa era moderna repleta de programas de observação compulsiva. Depois de uma noite assistindo a muitos episódios de *It's Always Sunny in Philadelphia*, fui para uma reunião do corpo docente na manhã seguinte e quase cumprimentei meus estimados colegas com a saudação típica do personagem Mac: "What's up, bitches?" ["E aí, vadias?", em tradução livre]. Essa adaptação subconsciente é chamada de "aquisição de experiência" e afeta as pessoas de maneira diferente, porque normalmente imitamos os personagens com os quais nos identificamos na época. Quando eu era criança e assistia *Picardias Estudantis*, eu me identificaria com os alunos. Agora eu me identifico com o Sr. Hand. Curiosamente, se lemos em um cubículo com um espelho, que serve como um lembrete de nossa própria identidade, ficaremos mais imunes à experiência.

O estado físico do nosso corpo também pode afetar muito o nosso estado de espírito. Sabemos evitar os viciados em café até que eles tomem sua dose diária de cafeína, ou então estaremos lidando com alguém que exala tanto charme quanto tia Lydia de *O Conto da Aia*. Podemos ficar muito impacientes com alguém que queira conversar sobre as férias de uma semana se tivermos com a bexiga cheia prestes a explodir. "Hangry", mistura de raiva e fome em inglês, é um termo usado para descrever a rapidez com que alguns de nós se irritam quando precisa desesperadamente de uma barra de Snickers.

Na maioria dos casos, somos perdoados por rosnar para os outros quando estamos com a barriga roncando. Mas o fenômeno da fome pode ter sérias repercussões, se, digamos, você for um prisioneiro em liberdade condicional. Um estudo de 2011 mostrou que um prisioneiro tem 65% de chance de ter a condicional concedida no início do dia, mas os prisioneiros que são julgados logo antes do almoço têm sua condicional negada quase em sua totalidade. Após o almoço, as chances de obter liberdade condicional retornam a 65%. É melhor reagendar sua audiência, avaliação de desempenho ou cirurgia para depois do almoço!

Talvez seja melhor evitar se vestir de preto. Como o professor Severo Snape pode afirmar, a maioria das pessoas tem um viés subconsciente quando se trata de cores escuras, que podem resultar do nosso antigo medo do escuro. Gregory Webster, da Universidade da Flórida, em Gainesville, mostrou que equipes esportivas vestindo camisas pretas recebem significativamente mais penalidades (presumivelmente porque os árbitros consideram os jogadores mais agressivos). Quando a mesma equipe veste uma cor mais clara nos jogos em casa, esse viés nas penalidades não é observado. A cor vermelha, por muito tempo associada ao fogo e à fúria, também tem efeitos do mundo real na percepção das pessoas. Considera-se que atletas vestindo vermelho em lutas de boxe têm maior probabilidade de vencer do que atletas vestindo roupas azuis ou verdes. Até a cor do seu medicamento pode afetar a maneira como você se sente. Os pacientes percebem as pílulas vermelhas e alaranjadas como estimulantes e as pílulas azuis e verdes como sedativas ou calmantes, mesmo quando são apenas placebos sem drogas ativas. Comprimidos amarelos brilhantes tornam os antidepressivos mais eficazes. Quando o prazo para entrega deste livro se aproximava como um trem descarrilhado, considerei seriamente repintar meu escritório para substituir o verde suave nas paredes por um vermelho berrante dos carros de bombeiros.

As pessoas que acreditam estar sendo atacadas por mensagens subliminares não são completamente paranoicas. Nossos sentidos são bombardeados com incontáveis estímulos de anúncios todos os dias — e, sim, esses estímulos podem afetar nosso comportamento. É humilhante, e talvez desconcertante, perceber que tomamos muitas de nossas decisões sob a influência de um estímulo não reconhecido. No entanto, é importante observar que não há fortes evidências de que mensagens subliminares possam levá-lo a fazer coisas que normalmente não faria. Se você não estiver com sede, uma mensagem subliminar de refrigerante não o afetará. Se não for psicótico, a violência no entretenimento não o afetará de maneira significativa.

Por que Algumas Pessoas São Tão Inteligentes

Algumas pessoas não têm problemas para acompanhar os milhões de personagens de *A Guerra dos Tronos*. Enquanto outras não conseguem lembrar nem dos personagens do filme *Náufrago*. Por que alguns cérebros são como um farol e outros, uma lanterna?

Muitos estudos com gêmeos demonstraram consistentemente que os genes representam 50% a 80% da inteligência de alguém (o que significa que 20% a 50% é influenciado por forças externas como assistir a *The Magic School Bus* ou a *Beavis and Butt-Head*). Assim, a busca por genes "inteligentes" começou. Em 2017, a geneticista Danielle Posthuma, da Universidade Livre de Amsterdã, realizou uma análise de quase 80 mil pessoas e descobriu dezenas de variantes genéticas associadas à inteligência, incluindo muitas já conhecidas por serem ativas no cérebro. Curiosamente, um desses genes, chamado SHANK3, produz uma proteína que promove as conexões entre os neurônios.

Trabalhos anteriores, de 1999, pelo neurobiólogo Joseph Tsien, da Universidade de Princeton, mostraram que é possível tornar o rato mais inteligente, fornecendo-lhe mais cópias de um gene chamado NR2B. Esses ratos eram tão mais espertos que seus companheiros normais que foram apelidados de "ratos Doogie", em homenagem ao garoto-gênio da série de televisão norte-americana *Doogie Howser, MD*. Os ratos Doogie são melhores em aprender e lembrar, percorrendo labirintos e quebra-cabeças muito mais rápido que os ratos normais.

O NR2B codifica um receptor NMDA (N-metil-D-aspartato), o tipo de receptor cerebral desativado em alguns pacientes que apresentam sintomas de possessão demoníaca (veja o Capítulo 6). Acredita-se que o aumento da expressão desse receptor cerebral aumenta a comunicação entre os neurônios. Estudos anteriores de outros pesquisadores demonstraram que esse receptor é ativado rapidamente quando ratos jovens aprendem, mas é lento para ativar em ratos mais velhos (o que pode ser o motivo pelo qual é difícil ensinar novos truques a um cachorro velho). Caso esteja imaginando que deveríamos empregar engenharia genética para gerar bebês com esse gene, esteja ciente de que isso envolve uma escolha: os ratos Doogie têm uma resposta ao medo mais pronunciada do que os ratos normais, possivelmente porque se lembram muito bem de eventos adversos.

O componente ambiental da equação da inteligência começa na concepção. Poluentes ambientais, como chumbo ou deficiências de nutrientes, podem ter sérios efeitos nocivos no desenvolvimento do cérebro que diminuem as habilidades cognitivas pelo resto da vida. Estima-se que os norte-americanos tenham sacrificado 41 milhões de pontos de QI pela exposição ao chumbo, mercúrio e organofosfatos da maioria dos pesticidas. As mulheres grávidas que consomem drogas ou álcool, mesmo em pequenas quantidades, colocam os nascituros em risco de apresentar *deficits* mentais permanentes. Em 2017, um estudo surpreendente realizado em ratos mostrou que mesmo o uso de drogas pelos pais pode levar a dificuldades de aprendizado em seus filhos, presumivelmente pela alteração do DNA espermático. O psiquiatra R. Christopher Pierce, da Universidade da Pensilvânia, mostrou que o uso de cocaína em ratos machos antes do acasalamento estava associado a alterações epigenéticas no cérebro de seus filhotes. Essas alterações epigenéticas levaram a alterações na expressão de genes importantes para a formação da memória. Nos modelos de camundongos, o estresse materno também pode afetar o desenvolvimento cerebral de seu filho, alterando a microbiota vaginal da mãe.

Segundo estudos do psicólogo Robert Zajonc, da Universidade do Sul da Califórnia, em Los Angeles, a ordem de nascimento também pode afetar a inteligência. O QI diminui em até três pontos com cada nova criança nascida na família. Acredita-se que o principal motivo esteja relacionado ao fato de os primeiros filhos receberem mais atenção dos pais do que os últimos. Alguns estudos mostram que a amamentação pode levar a uma média de pontuação de QI oito pontos maior em relação a bebês que não são amamentados; a amamentação estabelece uma microbiota intestinal diferente, que provavelmente afeta o desenvolvimento e a função cerebral. E outras pesquisas sugerem que a época do ano em que ocorre a fecundação pode afetar o desenvolvimento do cérebro: as crianças concebidas durante os meses de inverno mostram uma maior taxa de dificuldades de aprendizagem. Como nosso corpo exige uma breve exposição aos raios ultravioleta da luz solar para produzir vitamina D, os pesquisadores especulam que, durante o inverno, as mulheres grávidas podem não receber vitamina D suficiente para transmitir ao feto.

As diferenças culturais e os estereótipos de gênero também afetam a aprendizagem e o desempenho. Apesar de vários estudos demonstrarem que praticamente não há diferença na capacidade matemática entre homens e mulheres, ainda existe um estereótipo de que os homens são melhores. Embora não haja base biológica para isso, o próprio estereótipo coloca algumas mulheres em desvantagem. As mulheres que foram solicitadas a informar seu sexo antes de fazer um teste de matemática tiveram um desempenho inferior ao das que não precisaram fazê-lo. O estereótipo afeta negativamente os homens também, dando uma sensação inflada de suas habilidades matemáticas. Estudos também mostraram que mais homens buscam empregos em ciências e engenharia porque superestimam suas proezas matemáticas.

Pesquisadores descobriram que o ambiente de aprendizagem pode alterar drasticamente a motivação e a performance de estudantes de diferentes níveis de desempenho. Indivíduos de alto desempenho se saem melhor quando acham que um teste de vocabulário conta para a nota; no entanto, os de baixo desempenho se saem melhor quando acham que o mesmo teste de vocabulário é apenas um quebra-cabeça divertido. Curiosamente, pessoas de alto desempenho que pensam que o teste de vocabulário é apenas diversão acabam tendo uma performance inferior. Da mesma forma, os de baixo desempenho obtêm resultados inferiores quando acham que o teste vale nota. Essas descobertas sugerem que um estilo de educação único para todos os estudantes é um desserviço. Adaptar a educação às motivações e metas individuais de um aluno tem mais probabilidade de produzir resultados positivos.

Embora inúmeras forças que influenciam a inteligência estejam além do nosso controle, o objetivo não é desistir do aprendizado. Pelo contrário, parece vital que reconheçamos nossa capacidade de melhorar; caso contrário, podemos acabar presos em uma profecia autorrealizável. A psicóloga Carol Dweck, da Universidade de Stanford, demonstrou que, se você informar aos alunos que a inteligência não é algo imutável, mas sim capaz de aumentar e melhorar, eles se saem melhor na escola. Dweck também mostrou que essa "mentalidade de crescimento" pode ajudar a compensar os efeitos negativos da pobreza no desempenho acadêmico. Seja um farol ou uma lanterna, tentar tornar seu cérebro mais brilhante é sempre um esforço digno e gratificante.

Existe um Gênio Adormecido Dentro do Seu Cérebro?

No filme de 1988, *Rain Man*, Dustin Hoffman interpreta um personagem inspirado no savant Kim Peek, que nasceu sem o corpo caloso, o feixe de nervos que conecta os hemisférios do cérebro. Peek nunca desenvolveu as habilidades motoras necessárias para se vestir ou escovar os dentes, e tinha um baixo QI. Mas era invencível em jogos de trivialidades com seu conhecimento enciclopédico. Apelidado de "Kimputer", Kim tinha uma memória fotográfica impressionante, era capaz de lembrar quase tudo o que lera em livros (ao que consta, 12 mil!) ou ouvia em música. Ele também era um GPS humano, memorizando mapas de estradas de todas as principais cidades dos Estados Unidos com detalhes surpreendentes.

Os talentos sobrenaturais dos savants variam. Ellen Boudreaux, nascida cega e autista, é capaz de tocar uma música com perfeição depois de ouvi-la apenas uma vez. O savant autista Stephen Wiltshire desenha paisagens surpreendentemente detalhadas de memória depois de visualizá-las por apenas alguns segundos, o que o concedeu o apelido de "Câmera Humana".

Você pode invejar essas habilidades sobre-humanas, mas elas geralmente acarretam um alto custo. Uma área do cérebro não parece capaz de prosperar sem extrair recursos substanciais de outras. Como vimos em *Rain Man*, quase metade dos savants tem características semelhantes ao autismo e dificuldades em interações sociais. Em alguns, os danos cerebrais são tão graves que não conseguem andar ou cuidar de si mesmos. No entanto, Daniel Tammet é um savant autista de alto desempenho que sofreu epilepsia e se comporta como qualquer pessoa comum até recitar o pi com 22.514 casas decimais ou falar em um dos onze idiomas que conhece. Outras calculadoras humanas, como o mago matemático alemão Rüdiger Gamm, não parecem ser savants com anomalia cerebral. O dom de Gamm é atribuído a mutações genéticas não identificadas.

Talvez ainda mais fascinantes sejam as pessoas que levam uma vida perfeitamente normal e adquirem habilidades impressionantes após algum tipo de traumatismo craniano. Há somente cerca de trinta casos conhecidos no mundo em que pessoas comuns de repente obtêm dons extraordinários após uma concussão, AVC ou raio. O novo dom pode ser uma memória fotográfica, habilidades musicais, gênio matemático ou talento artístico. Isso levanta uma intrigante questão: que tipo de talento oculto pode estar adormecido em seu cérebro? Se despertado, será que você seria capaz de fazer rap como Kanye West ou dançar como Michael Jackson? Fazer cálculos matemáticos como Maryam Mirzakhani ou pintar belas arvorezinhas como Bob Ross?

Da mesma forma, há uma curiosa conexão entre habilidades artísticas adquiridas e algumas formas de demência como a doença de Alzheimer. À medida que a doença neurodegenerativa destrói as funções de ordem superior da mente, às vezes surgem novos talentos extraordinários em desenho ou pintura. Outro paralelo entre o surgimento de novas habilidades artísticas em pessoas com Alzheimer e savants é o foco concentrado em seu talento em detrimento das habilidades sociais e de linguagem. Esses casos levam alguns pesquisadores a supor que a destruição das regiões do cérebro envolvidas no pensamento e na linguagem analíticos permitiu despertar as habilidades criativas latentes.

O neurocientista Allan Snyder, da Universidade de Sydney, na Austrália, está trabalhando em um método não invasivo para adormecer temporariamente partes do cérebro, disparando correntes elétricas fracas através de eletrodos colocados na cabeça. Depois de amortecer a atividade da mesma região analítica destruída em pessoas com Alzheimer que se transformam em artistas, os sujeitos de pesquisa se saíram muito melhor em resolver um quebra-cabeça que exigia pensamento criativo e não convencional. (Eu odeio dizer isso a Snyder, que gastou milhares de dólares em seu equipamento neurológico, mas posso obter o mesmo resultado com uma garrafa de vinho barato.) De qualquer forma, as descobertas levaram Snyder a acreditar que todos temos habilidades semelhantes às de um savant, mas nosso cérebro as suprime deliberadamente.

Estamos muito longe de entender se todo mundo tem um pequeno Rain Man acorrentado nas masmorras de seu cérebro — e, se houver, como liberar esses poderes aparentemente milagrosos. Mas, dada a raridade de sua emergência e as concessões muitas vezes debilitantes associadas a essas habilidades malucas, é melhor não bater a cabeça contra a parede na tentativa de ativá-las ainda.

Por que Esquecemos as Coisas

Em *Downton Abbey*, o mordomo Carson pondera: "A vida é a aquisição de memórias. No final, é tudo o que importa." Nossas memórias são realmente os itens mais preciosos coletados por nossa mente — não apenas pelo valor sentimental, mas também para nossa sobrevivência. Não entendemos completamente como as memórias são formadas, muito menos como elas são lembradas (às vezes, muitos anos depois de acumular poeira em uma prateleira em nosso sótão cerebral). Mas aprendemos que as memórias, por mais etéreas que possam parecer, são claramente um produto do cérebro material.

Atualmente, pensamos na memória em dois estágios: a memória de curto prazo (de trabalho) e a memória de longo prazo (armazenada). Memórias de curto prazo são mantidas temporariamente até que nosso cérebro decida que são importantes o suficiente para se converterem em armazenamento de longo prazo, uma transição que normalmente ocorre durante o sono. A repetição é uma maneira de criar uma memória de longo prazo, e é possível ver as mudanças estruturais no cérebro como consequência. Os famosos motoristas de táxi de Londres que memorizaram o labirinto de ruas da cidade têm uma parte do hipocampo maior do que a média. Os violinistas profissionais (e provavelmente meu filho e seus companheiros de videogame) têm uma área aumentada em seu córtex que está associada à destreza das mãos. Acredita-se que os neurônios ativos que disparam durante essas atividades liberem substâncias que facilitam a conectividade e possivelmente o crescimento em sua área circundante. A repetição é uma espécie de musculação para o cérebro, "inflando os músculos" cerebrais.

Quando chega a hora de recordar uma memória, nosso cérebro não a reproduz como um vídeo gravado em nosso telefone. Ele precisa reconstruir a memória toda vez que é lembrada. O processo de reconstrução explica por que nossa memória é imperfeita, porque diferentes detalhes podem ser incorporados cada vez que recriamos a memória em nossa mente. A recuperação da memória é muito parecida com o jogo "telefone sem fio", no qual as crianças sussurram uma frase no ouvido umas das outras. No momento em que o último garoto ouve a história, ela frequentemente não é mais a original. O núcleo da história geralmente permanece o mesmo, mas os detalhes mudam, às vezes substancialmente. Nossa memória é suscetível às mesmas armadilhas, e é por isso que velhos amigos em uma reunião de amigos da época do ensino médio às vezes discordam de detalhes do dia em que aprontaram e foram levados para a diretoria.

A recuperação da memória pode ser afetada pelo tempo e por interferências. O tempo abala o esboço mental de nossa lousa mágica; se as memórias não são redesenhadas de maneira mais ou menos rotineira, a maioria fica confusa e, por fim, se perde. As interferências ocorrem quando eventos semelhantes são codificados em cima de uma memória existente, criando confusão entre as duas (uma falha responsável por muitos rompimentos amorosos).

Como a maioria de nós sabe por experiência própria, é mais fácil recordar memórias com forte carga emocional, assim como coisas que ouvimos repetidamente. É por isso que consigo cantar quase todas as músicas dos anos 1980, mas me esqueço de comprar as framboesas que minha esposa me pediu. Quando realmente preciso me lembrar de algo, tento incorporar a informação na letra de uma música dos anos 1980 que conheço bem. Problema resolvido.

Danos cerebrais causam problemas de memória, o que indica que nossas memórias são um fenômeno puramente neurológico. Um dos exemplos mais citados é o do paciente H.M., que na década de 1950 teve uma porção de seu lobo temporal removida para tratar uma epilepsia grave. Esse tratamento radical controlou sua condição, mas a má notícia é que o deixou incapaz de formar novas memórias. Semelhante a Leonard, o protagonista do filme *Amnésia*, H. M. acordou sentindo que todo dia era o momento antes de sua cirurgia. Ele conseguia se lembrar de tudo até uma década antes da cirurgia, mas não conseguia formar uma nova memória. Ele cumprimentava sua esposa ao meio-dia e a cumprimentava novamente às 12h15, incapaz de lembrar que já a vira. Ele morreu em 2008, ainda acreditando que Harry Truman era presidente. As fontes mais comuns de danos cerebrais que comprometem a memória incluem AVC, abuso de drogas ou doenças como Alzheimer e demência com corpos de Lewy.

Na ausência de trauma cerebral, que desculpas você pode oferecer a sua esposa quando se esquece de elogiar seu novo corte de cabelo? Não tenho certeza de que ela acreditará, mas talvez você possa culpar um dos genes comprovadamente importantes para a memória. O CREB é um fator de transcrição que regula as redes de genes, e as variantes de genes que causam ganho ou perda da função do CREB melhoram ou prejudicam a formação de memórias de longo prazo, respectivamente. O ZIF268 é outro fator de transcrição importante para a memória, essencial para a conversão de memórias de curto prazo em de longo prazo. Outros estudos vincularam variações em um gene chamado fator neurotrófico derivado do cérebro (BDNF) a pessoas com boa capacidade de se lembrar de eventos passados.

Também há evidências de que a epigenética contribui para o aprendizado e a memória, incluindo comportamentos instintivos. Como um novo smartphone pré-carregado com aplicativos, todos os seres vivos nascem com certos comportamentos inatos já programados em seu cérebro, por exemplo: o choro nos bebês, o canto nos pássaros ou a dança das abelhas. Um estudo de 2017 realizado pela neurobióloga Stephanie Biergans, na Universidade de Queensland, na Austrália, analisou os complexos movimentos de dança usadas pelas abelhas como um tipo de GPS para lembrar onde estão as fontes de alimentos. Ao administrar uma droga que inibe a metilação do DNA no cérebro das abelhas, Biergans conseguiu interromper suas habilidades de memória. Você deve se lembrar que a metilação do DNA também está ligada à programação fetal em filhotes de ratos nascidos com uma memória para temer odores de cereja quando seus pais experimentaram um choque que coincidia com o odor (Capítulo 6). Coletivamente, estudos como esses conceberam a polêmica ideia de que os instintos e talvez outros comportamentos aprendidos usam mecanismos epigenéticos para codificar memórias nos neurônios.

Além da modificação do DNA, a alteração química das proteínas histonas associadas ao DNA também é crítica para a função de memória. A acetilação da histona, que ativa a expressão gênica, é necessária para aumentar a expressão de genes como CREB, BDNF e ZIF268 durante a formação da memória. Uma diminuição na acetilação da histona provoca a deterioração da memória em casos de doenças ou em idosos. Drogas que inibem as enzimas histona desacetilase (HDAC), que removem grupos acetil das histonas, restauram a acetilação da histona e melhoram a memória em camundongos.

Até nossa microbiota pode afetar nossas habilidades de memória. Camundongos livres de germes, que não possuem microbiota, mostram memória prejudicada em comparação com camundongos normais que possuem bactérias intestinais. Além disso, estudos do microbiologista Philip Sherman, da Universidade de Toronto, mostraram que uma infecção bacteriana no intestino de ratos pode destruir a microbiota normal e causar danos persistentes à aprendizagem e à memória no cérebro, mesmo após a infecção ter sido eliminada. Uma maneira pela qual a microbiota pode influenciar a memória é por meio do aumento da expressão do BDNF no hipocampo. Após a infecção, os níveis de BDNF caem; no entanto, quando Sherman forneceu probióticos aos ratos durante a infecção, eles não mostraram uma diminuição no BDNF e foram capazes de resistir aos *deficits* de aprendizagem e memória causados pela infecção.

Se é para se lembrar de alguma coisa desta seção, deve ser de que as pessoas se esquecem por muitas razões inesperadas — que podem não ser culpa delas. Pelo menos agora temos assistentes pessoais em nossos smartphones para servir como uma extensão do nosso cérebro. Apenas temos que nos lembrar de programá-los.

Por que Nosso Eu É uma Ilusão

Nosso cérebro é um órgão extraordinário que parece nos fornecer um novo atributo que a maioria das criaturas não possui: o livre-arbítrio. Quando decidimos que vamos sair para dançar ou ficar em casa, parece que somos agentes livres encarregados de tomar essa decisão. Mas será que o seu subconsciente pode chegar a essa decisão com base em fatores que você não conhece e, em seguida, induzi-lo a sentir que decidiu sozinho?

A razão pela qual consideramos um cenário tão estranho é por causa dos experimentos que Benjamin Libet iniciou na década de 1980. Libet mediu a atividade cerebral em pessoas enquanto decidiam quando levantar um dedo. Os participantes foram instruídos a dizer a Libet o momento em que tomaram a decisão. O resultado surpreendente é que a atividade cerebral *precede* nossa consciência da decisão. Esses experimentos foram refinados com equipamentos mais sofisticados, a ponto de os pesquisadores agora poderem analisar uma tomografia cerebral e prever a decisão de uma pessoa até dez segundos antes que a pessoa efetivamente a execute. Esses experimentos sugerem há muitas coisas acontecendo em nossa cabeça "nos bastidores" que simplesmente só tomamos conhecimento depois que já ocorreram. As escolhas que fazemos parecem ser predeterminadas antes de estarmos conscientes delas, e essas vozes em nossa mente são ecos que nos dizem o que o cérebro já decidiu, fazendo parecer que chegamos a essa decisão. Em outras palavras, o filme já foi escrito e nosso senso de identidade é mero espectador em um cinema interativo, sentindo-se parte da ação. Nesse sentido, nosso processo de tomada de decisão parece ser tão involuntário quanto a frequência cardíaca e a respiração.

Como mencionado, uma função primária do cérebro é simular nossa realidade para trazer o mundo "lá fora" para dentro da mente, para que ela possa responder. Parece que o que chamamos de "eu" é apenas outro personagem nessa farsa e que nosso cérebro sabe o que faremos antes de fazermos. Se isso for verdade, nosso senso de EU e livre-arbítrio são ilusões.

Antes de sua cabeça começar a rodopiar e você ir para a cama pensando que ninguém é responsável por nada, existe uma escola de pensamento que argumenta que, em vez de livre-arbítrio, temos "arbítrio limitado". Embora não tenhamos controle sobre as decisões tomadas pelo nosso subconsciente, alguns pesquisadores argumentam que nosso cérebro consciente tem poder de veto. Em outras palavras, nosso subconsciente é como o congresso redigindo projetos de lei e nosso cérebro consciente é o presidente. Não temos livre-arbítrio sobre quais leis serão submetidas, mas podemos decidir se serão ou não promulgadas.

Seja livre-arbítrio ou livre limitado, a verdade é: a vida não requer um cérebro, mas um cérebro faz a vida valer a pena.

» CAPÍTULO NOVE «

CONHEÇA SUAS CRENÇAS

> Nunca teorize antes de ter todas as informações. Invariavelmente, você acabará distorcendo os fatos para se adequarem a sua teoria em vez de as teorias para se adequarem aos fatos.
> — Arthur Conan Doyle, *As Aventuras de Sherlock Holmes*

Assim como os genes produzem proteínas, nosso cérebro cria ideias. Outros cérebros criticam essas ideias, que lutam para sobreviver e se reproduzir. E, assim como acontece com os genes, as ideias úteis são expressas, e as ineficazes são silenciadas. Quanto mais cérebros apoiam uma ideia em particular, maior é a probabilidade de ela se tornar uma crença que permeia a cultura.

Os cérebros devem trabalhar juntos para transformar ideias em crenças ou aposentar crenças que se tornaram obsoletas. Mas quando pedimos que um monte de cérebros de diva colabore, coisas estranhas acontecem. Alguém poderia pensar que avaliar se uma ideia é boa ou ruim é um simples exercício de lógica, pois medidas quantificáveis para o sucesso da ideia devem ser atingíveis. No entanto, quando se trata de nossas crenças, a maioria de nós raramente é objetiva e racional. Os experimentos psicológicos revelaram alguns aspectos intrigantes e, às vezes, deprimentes, sobre como nosso cérebro se mistura a outros cérebros para moldar o comportamento e as crenças humanas.

Vamos começar analisando por que tantas pessoas acham difícil criticar e defender seu ponto de vista contra as más ideias.

Por que a Maioria de Nós Não É Rebelde

É divertido sorrir diante do espelho e fingir que somos rebeldes durões empenhados em desafiar o sistema e as autoridades. Vamos mostrar a eles quem é que manda e dominar o mundo... logo após outro episódio de *Orange Is the New Black*. Se formos honestos, o mais rebelde que uma pessoa comum conseguirá ser é passar onze itens no caixa de dez volumes do supermercado. Não usamos macacões laranja, mas cumprimos sentenças de prisão perpétua em uma cela invisível, oprimidos por aqueles que detêm os privilégios. Temos uma longa história evolutiva de não balançar o barco, um comportamento que remonta aos nossos ancestrais pré-humanos.

Os cérebros dos primatas têm desenvolvido maneiras de conviver bem há milhões de anos e se estabeleceram em uma estrutura hierárquica baseada em status. Os chimpanzés se envolvem em redes sociais complexas e formam alianças em torno de diferentes indivíduos de alto status, assim como nós. As características predominantes dos machos alfa nas sociedades de chimpanzés incluem força física, astúcia e a capacidade de recrutar amigos leais. Desafiar o macho alfa pode ser um erro fatal. Esse medo arraigado pode explicar, em parte, por que hesitamos em nos juntar a uma rebelião: se você balançar o barco, poderá acabar andando na prancha. Portanto, em termos de sobrevivência e reprodução, ser um pária é uma maneira eficaz de gerar outro pária.

Também temos uma surpreendente predisposição para obedecer a figuras de autoridade, sejam pais, professores, padres, polícia, o Bruce Springsteen ou líderes tribais. De uma perspectiva evolutiva, faz sentido ouvir aqueles que têm mais experiência, pois seu conhecimento provavelmente nos ajudará a sobreviver e a procriar. No entanto, nossa receptividade à autoridade também apresenta armadilhas perturbadoras.

Stanley Milgram, da Universidade de Yale, conduziu um experimento clássico em 1963, que pôs à prova nossa obediência, cujos resultados inspiraram a música de Peter Gabriel, "We Do What We're Told (Milgram's 37)" ["Fazemos o que Nos Mandam", em tradução livre]. O estudo de Milgram foi motivado pelos julgamentos dos crimes de guerra de Nuremberg, nos quais os acusados defenderam suas ações hediondas com uma desculpa de "estava apenas seguindo ordens". Pessoas comuns e não violentas poderiam ferir um estranho só porque uma autoridade lhes disse para fazê-lo? Milgram criou um experimento em que seus sujeitos (todos homens) acreditavam que estavam ajudando estudantes a melhorar suas habilidades de aprendizagem. Quando o estudante desse uma resposta errada, a autoridade responsável pelo experimento (o pesquisador) mandou que o sujeito pressionasse um botão que aplicaria um leve choque no estudante. Sem o conhecimento do sujeito, o pesquisador e os estudantes eram atores. Quando os estudantes fingiram responder as perguntas incorretamente, o pesquisador afirmou que a magnitude do choque deveria ser aumentada. O estudante se contorcia de dor e, à medida que os choques pioraram, começava a gritar. Novamente, tudo isso foi uma encenação. Se o sujeito expressasse dúvidas sobre infligir mais dor ao aluno que chorava, o pesquisador lhe lembrava da importância de concluir esse experimento. Surpreendentemente, dois terços dos sujeitos continuaram torturando o estudante até o ponto em que lhes disseram que o nível do choque era extremamente forte, possivelmente letal.

O que esses sujeitos estavam pensando quando deram choques potencialmente fatais aos estudantes? Talvez eles não estivessem pensando. Outros pesquisadores descobriram mais tarde que a atividade cerebral diminui quando seguimos ordens. Quando coagido, o cérebro experimenta um menor senso de ação, o que significa que nos sentimos menos responsáveis por nossos atos.

O filme *Obediência*, de 2012, baseado em eventos reais, também mostra quão facilmente podemos ser levados a fazer coisas reprováveis se acreditarmos que uma figura de autoridade emitiu os comandos. O filme mostra um dos muitos trotes realizados em setenta restaurantes de fast-food entre 1992 e 2004. Alegando ser um policial, o interlocutor conseguiu convencer o gerente a deter um funcionário por um suposto roubo. Em alguns casos, o interlocutor conseguiu convencer o gerente a realizar uma busca corporal invasiva no funcionário inocente, sob o pretexto de ajudar a polícia a encontrar os itens roubados.

Como uma espécie social, geralmente adaptamos nosso comportamento para nos alinharmos a certos grupos. A adequação à norma do grupo requer desindividualização, na qual os membros individuais podem perder a noção de quem são e de como se comportam normalmente. O famoso experimento da prisão de Stanford, de 1971, conduzido por Philip Zimbardo, demonstrou a facilidade com que nos tornamos vítimas da identidade de grupo. Os estudantes de Stanford foram colocados em uma prisão simulada e aleatoriamente designados para fingir ser prisioneiros ou guardas. O experimento teve que ser interrompido em menos de uma semana, porque os estudantes que fingiam ser guardas estavam abusando tanto dos pretensos prisioneiros que estes tentaram uma rebelião que fracassou, alguns sofreram de depressão e doenças psicossomáticas.

Existem desvantagens no experimento na prisão, incluindo o pequeno tamanho da amostra e a falta de repetições rigorosas do estudo. Além disso, algumas pessoas interpretam os resultados de maneira diferente. Maria Konnikova escreveu: "A lição de Stanford não é que qualquer ser humano aleatório seja capaz de ceder ao sadismo e à tirania. É que certas instituições e ambientes exigem esses comportamentos — e, talvez, possam mudá-los." Em outras palavras, se estivermos predispostos a nos comportar da maneira que se espera, então poderemos moldar nossas ações de maneiras mais produtivas, alterando essas expectativas.

Esses exemplos nos ensinam que nossos cérebros são altamente suscetíveis à conformidade com as expectativas do grupo e à obediência às figuras de autoridade. A questão não é que devemos nos entregar à anarquia, mas reconhecer que nossa tendência inata de obedecer e se conformar pode ser usurpada por pessoas com intenções menos nobres. Estudos como esses não eximem piadistas ou criminosos de guerra, mas conhecer as vulnerabilidades do nosso cérebro é fortalecedor. Devemos permanecer atentos e pensar por nós mesmos.

Um dia, nosso cérebro pode até perceber que nossas hierarquias sociais são um esquema de pirâmide que beneficia apenas alguns à custa de muitos.

Como os Grupos Se Polarizam

À medida que nosso cérebro encontra outros cérebros, torna-se evidente que alguns parecem jogar no mesmo time que o nosso, enquanto outros nem sequer praticam o mesmo esporte. Fiel a seu modo diva de ser, nosso cérebro gosta de se rodear de cérebros com ideias semelhantes. Esse nosso cérebro tendencioso ajuda a explicar por que nosso sistema político é tão frustrante. Testemunhado diariamente nas salas do Congresso, o "pensamento de grupo" é uma forma de pressão dos pares darwinianos que abala a razão e a conciliação. O pensamento de grupo ocorre quando dois (ou mais) grupos têm opiniões diferentes, com cada membro lutando para subir na hierarquia de seu próprio grupo, expressando a versão mais rígida e extrema de sua opinião. Os membros do grupo com opiniões mais moderadas se veem seguindo os extremistas para se adequarem, ou correm o risco de serem ostracizados pelo grupo cada vez mais radicalizado. A razão costuma ser deixada de lado para preservar a harmonia e a lealdade dentro do grupo. O resultado final: formamos grupos altamente polarizados, impulsionados por visões fanáticas que essencialmente têm zero chances de alcançar a conciliação.

O resultado do pensamento de grupo é nocivo para ambas as partes, que agora se desprezam em decorrência de um impasse que eles mesmo criaram. As leis que conseguem ser aprovadas tendem a ser uma política extremista nascida da mentalidade de bando, e não de um discurso ponderado entre indivíduos. O abismo é tão grande entre os partidos que falamos de uma lei como uma "vitória" ou "derrota" política, como se governar milhões de pessoas fosse algum tipo de jogo. Para consertar isso, precisamos ter cuidado com o pensamento de grupo e com o perigo de nos conformarmos a visões extremistas. Aqueles que esqueceram que todos pertencemos ao mesmo time precisam ser expulsos do jogo.

O psicólogo Mark Levine, da Universidade de Lancaster, no Reino Unido, ilustrou como podemos usar esse conhecimento para o bem. Para entender o experimento, você precisa saber que o Manchester United (MU) e o Liverpool Football Club (FC) são dois times de futebol rivais. Levine pediu que os fãs do MU preenchessem um questionário sobre o time e seus fãs leais. Eles foram instruídos a seguirem para um outro prédio. Enquanto caminhavam para o outro local, um ator se passando por um praticante de corrida fingiu cair e gritar de dor. O atleta só teve sorte quando estava vestindo uma camisa do MU, já que quase todos os fãs do MU lhe ofereceram ajuda. No entanto, quando o atleta usava uma camisa lisa sem o logotipo do time, apenas um terço dos fãs do MU pararam para ajudar. Mais deprimente, quando o atleta vestia uma camisa do FC, menos fãs do MU se preocupavam em ajudar o homem ferido. Os resultados revelam um lado vergonhoso da natureza humana, embora seu cérebro provavelmente esteja insistindo agora que você teria ajudado alguém, independentemente da camisa que usasse. Talvez sim, mas lembre-se da facilidade com que seu cérebro de diva mente para si mesmo e muitas vezes cria a ilusão de que você é uma pessoa melhor do que a natureza humana permite. E se aquele atleta fosse um membro do partido político oposto, alguém de uma empresa que tirou a sua dos negócios, alguém que sua religião diz que é mau ou um fã de Justin Bieber? Não se preocupe muito, pois há um final feliz. Levine fez o experimento novamente (com diferentes fãs do MU), mas deu a eles um questionário que os levou a pensar na camaradagem dos fãs de futebol em geral, não apenas em um time específico. Dessa vez, corredores vestindo uma camisa do MU ou do FC tiveram sorte; aqueles que vestiam camisas sem identificação de time, nem tanto.

Vejo esse resultado como uma lição de esperança, porque mostra que podemos ser decentes com pessoas de fora de nosso círculo. Se nos lembrarmos constantemente de que todos fazemos parte de um grupo maior, podemos nos salvar das garras da política polarizada. E se tivermos algum senso, estenderemos nossa aliança a todos os seres humanos neste pálido ponto azul.

Por que Discussões Políticas Fazem Você Querer Arrancar os Seus Cabelos (ou os dos Outros)

A maioria das pessoas se define por suas crenças políticas, quer se incline à direita conservadora ou à esquerda progressista. Gostamos de pensar que chegamos às nossas opiniões políticas por meio de nossa objetividade e habilidade de pensamento crítico. Estamos profundamente investidos em nossa posição sobre os assuntos mais importantes do dia e não conseguimos entender por que o outro lado não vê as coisas da maneira como as vemos (que, é claro, é a correta). A ciência é capaz de elucidar esse imbróglio? Poderia haver uma base biológica para o conservadorismo e o liberalismo?

Como já vimos em muitos outros casos, certas variantes genéticas predispõem as pessoas a certos traços de personalidade, e as inclinações políticas não são exceção. Estudos mostram que as crenças políticas estão mais estreitamente alinhadas entre gêmeos idênticos do que gêmeos fraternos, corroborando a ideia de que fatores genéticos influenciam como votamos, que tipo de adesivos colocamos em nossos carros e que rede de notícias preferimos. Notavelmente, gêmeos idênticos separados ao nascer e criados em diferentes ambientes ainda concordavam em questões políticas quando reunidos. O cientista político James Fowler, da Universidade da Califórnia em San Diego, chama a caça de genes associados à afiliação política de "genopolítica".

Um gene, em particular, que surgiu em inúmeros estudos, se correlaciona bem com nossas inclinações políticas. A essa altura você já deve ter adivinhado, como já vimos algumas vezes: DRD4. Você deve se lembrar de que o DRD4 codifica um receptor para dopamina, cujas variantes podem produzir comportamentos "temerários" que incluem uma tendência à exploração, experimentação e busca de novidades. Como pode supor, a variante temerária do DRD4 é mais comum entre os liberais progressistas do que entre os conservadores. Nossos genes também contribuem para a forma como nosso cérebro é construído e, como veremos nos parágrafos seguintes, os neurologistas observaram diferenças interessantes entre os cérebros de conservadores e liberais. Parece que podemos já ter inclinações para uma extremidade do espectro político antes de vermos nosso primeiro cartaz de campanha. Mas as últimas pesquisas sugerem que os genes podem não ser o único fator envolvido. Há republicanos que escalam o K12 e democratas que não gostam nem de sair de casa.

Uma das melhores maneiras de testar se nossas afiliações políticas podem ser algo inato seria avaliar a personalidade de crianças muito pequenas e, em seguida, perguntar se elas são republicanas ou democratas décadas depois. Para nossa sorte essa experiência já foi feita! Os psicólogos Jack e Jeanne Block, da Universidade da Califórnia, em Berkeley, administraram testes de personalidade a crianças no ensino infantil e os acompanharam vinte anos depois para fazer perguntas de cunho político. Suas descobertas revelaram alguns traços de personalidade marcantes em crianças que se correlacionavam fortemente com sua futura afiliação política: "Os rapazes relativamente liberais, quando estavam no jardim de infância duas décadas antes, na opinião de seus professores, eram meninos engenhosos, de iniciativa, autônomos, orgulhosos de suas realizações, confiantes e envolventes. Os rapazes relativamente conservadores, quando meninos, eram vistos no ensino infantil como: nitidamente divergentes, com sentimento de inadequação e, portanto, prontos para se sentirem culpados, facilmente ofendidos, ansiosos quando confrontados por incertezas, desconfiados, pensativos e inflexíveis sob estresse."

Em relação às mulheres, o estudo constatou: "Mulheres jovens relativamente liberais... vinte anos antes, foram avaliadas no jardim de infância por uma variedade coerente de qualidades: autoassertividade, eloquência, curiosidade, abertura para expressar sentimentos negativos e para provocar, inteligência, competitividade e adesão a altos padrões. As mulheres relativamente conservadoras, quando eram crianças, no ensino infantil, duas décadas antes, foram consideradas por seus professores como indecisas e hesitantes, facilmente vitimizadas, inibidas, chorosas, fechadas, com tendência a recorrer aos adultos, tímidas, organizadas, obedientes, ansiosas quando confrontadas com ambiguidade e medrosas."

Também existem diferenças fundamentais no comportamento dos membros de cada partido político. Quem você acha que tem mais chances de usar uma camisa engomada em vez de uma camiseta do Grateful Dead? Estudos têm demonstrado que estudantes conservadores têm maior probabilidade de ter uma tábua de passar, uma bandeira, cartazes esportivos e um dormitório arrumado, enquanto estudantes liberais têm pilhas de livros, mapas do mundo, uma grande variedade de músicas e um dormitório menos organizado. O perfil de personalidade mostra que, em geral, os liberais são mais abertos, mais criativos, curiosos e buscam novidades, enquanto os conservadores são mais ordeiros, convencionais e mais organizados. Em termos gerais, os liberais acolhem a mudança quando apresentados com novas evidências, enquanto os conservadores preferem a estabilidade guiada pela tradição. Não surpreende que seja por isso que os liberais tendam a ser céticos e os conservadores, religiosos.

Estudos do cientista político John Hibbing, da Universidade de Nebraska, sugerem que conservadores e liberais reagem de maneira diferente a imagens desagradáveis ou barulhos repentinos; os conservadores exibem reações fisiológicas mais fortes aos estímulos nocivos. Indivíduos mais sobressaltados com sons e imagens ameaçadores apoiavam gastos com defesa, a pena de morte, o patriotismo e a guerra, enquanto os menos afetados apoiavam ajuda externa, políticas de imigração liberal, pacifismo e controle de armas.

Assim, semelhante à maioria dos chefes conservadores que alardeiam mensagens apocalípticas, seus ouvintes tendem a ser mais paranoicos devido a essa resposta hiperativa ao medo. Os programas de entrevistas de inclinação liberal são um tédio em comparação, pois os liberais geralmente são mais equilibrados e calmos, uma característica que pode sair pela culatra se uma ameaça genuína for subestimada. Os liberais geralmente toleram melhor a incerteza e apreciam a complexidade das questões, enquanto os conservadores geralmente tomam decisões rápidas e de "baixo esforço", porque veem o mundo de maneira mais simples, mais em preto e branco. Um método não é necessariamente melhor que o outro; algumas situações exigem uma decisão rápida, outras devem ser tratadas com uma abordagem mais ponderada. Idealmente, devemos trabalhar com integridade humilde e honesta para equilibrar as duas abordagens. Mas quem consegue se lembrar disso durante uma discussão acirrada, carregada de insultos?

As diferentes maneiras pelas quais os liberais e os conservadores veem o mundo têm consequências reais para a saúde e as políticas públicas, como ilustrado em um estudo de 2017 que examinou como os democratas e os republicanos se sentiam sobre as causas da epidemia de obesidade nos EUA. Os republicanos tendem a culpar as vítimas pelas más escolhas no estilo de vida e pela falta de força de vontade, enquanto os democratas veem maior complexidade na questão e reconhecem os genes como um componente do problema. Consequentemente, é mais provável que os republicanos discordem da intervenção do governo para ajudar as pessoas com obesidade, e os democratas são mais propensos a apoiar medidas como impostos sobre açúcar e refrigerantes como empecilhos para o consumo de junk food. Estudos adicionais confirmam que os conservadores preferem resolver os problemas por meio da aplicação de restrições amplas, para evitar um possível resultado negativo, enquanto os liberais preferem usar intervenções direcionadas, na esperança de incentivar um resultado positivo.

Logo após sua indicação ao Oscar pelo papel de rei George VI em *O Discurso do Rei*, o ator Colin Firth lançou um desafio aos cientistas em 2010, pedindo-lhes que descobrissem o que estava "biologicamente errado" com pessoas que discordavam dele sobre questões políticas polêmicas. O neurocientista Geraint Rees, da University College London, aceitou esse desafio examinando a estrutura cerebral de liberais e conservadores e concedeu a coautoria do estudo a Firth.

Os padrões estruturais descobertos por Rees eram tão consistentes que os pesquisadores logo puderam prever com precisão de 72% que partidos os participantes apoiavam apenas observando imagens de exames cerebrais. Enquanto os conservadores tendem a ter uma amígdala maior, a região do cérebro ativada durante o medo e a ansiedade, os liberais têm um córtex cingulado anterior maior, uma região envolvida na análise crítica de pensamentos instintivos. Seria interessante examinar a estrutura e a atividade do cérebro em moderados ou independentes; seria de se esperar que a amígdala e o córtex cingulado anterior sejam proporcionais e igualmente ativos, talvez alcançando um melhor equilíbrio entre medo e racionalidade. Curiosamente, também foi encontrada uma amígdala maior nos procrastinadores, o que pode explicar por que eles tendem a constantemente adiar as coisas — eles têm medo de que suas ações possam produzir um resultado negativo. Em um contexto político, isso pode ajudar a explicar as diferentes atitudes que os conservadores e os liberais têm diante de novas ideias que abalam o status quo ou quebram a tradição.

Agora sabemos por que os memes inteligentes que postamos não convencem nossos amigos do Facebook de opiniões opostas a pensar melhor. Você não está pedindo que eles simplesmente mudem de ideia; está pedindo que mudem de cérebro. Essas descobertas indicam que a maneira como nosso cérebro está estruturado desempenha um papel significativo na maneira como reagimos a ameaças, estresse e conflitos em potencial, que por sua vez se correlaciona com nossa afiliação política.

Conheça Suas Crenças

Existe uma boa razão evolutiva pela qual nossa espécie contém uma mistura de indivíduos ao longo do espectro político: os conservadores são excelentes na detecção de possíveis ameaças enquanto os liberais são excelentes na avaliação de ameaças. Em uma sociedade colaborativa, esses conjuntos de habilidades complementares fornecem um meio prudente para a civilização progredir. O problema hoje é que não respeitamos mais as qualidades uns dos outros porque não nos rebelamos contra os extremistas que incitam nossas divergências. É muito mais fácil menosprezar alguém como um "conservador otário" ou "liberal babaca" do que quebrar a lealdade com seus pares e prestar atenção às preocupações do outro lado. Devemos romper com nosso apego à recompensa de dopamina de curta duração gerado pelo pensamento de grupo tribal e nos esforçar para obter a recompensa de longo prazo que advém do uso da lógica e da razão para chegar a um acordo. Em 1991, a banda de rock Live nos avisava sobre viver em um mundo em preto e branco; é hora de aprendermos a ver "a beleza do cinza".

Por que É Difícil — Mas Não Impossível — Mudar de Ideia

Quando se trata de mudar de ideia, você terá melhores chances de influenciar os mais jovens. O cérebro não termina de amadurecer até os vinte e poucos anos, quando pode se tornar teimosamente resistente a mudanças em certos assuntos, como uma lava solidificada. Por que nossa fortaleza cognitiva pode ser tão impenetrável neste momento? Às vezes, nem mesmo montanhas de evidências e a lógica vulcânica podem abalar crenças comprovadamente falsas.

Imagens do cérebro nos fornecem novas, mas desalentadoras percepções sobre a maneira como pensamos em crenças que consideramos preciosas. Em um estudo de pessoas politicamente liberais, os pesquisadores apresentaram aos sujeitos várias declarações políticas (por exemplo: "O aborto deve ser legalizado") e várias declarações não políticas (por exemplo: "Tomar um multivitamínico diariamente melhora a saúde"). Os participantes declararam se concordavam com cada afirmação e depois receberam contra-argumentos para cada afirmação.

Os resultados foram intrigantes. Os participantes geralmente não tiveram problemas em reavaliar sua posição nas declarações não políticas, mas não cederam nas políticas. Quando as crenças políticas foram contestadas, os sujeitos mostraram mais atividade em sua amígdala, como se uma ameaça estivesse sendo percebida. Como em outras ameaças, a emoção avança como uma cavalaria para invadir o processo de tomada de decisão. Além disso, as regiões do cérebro associadas à autoimagem se iluminaram quando as crenças políticas foram desafiadas, sugerindo que nossos cérebros têm sérios problemas para dissociar essas crenças da própria identidade. Em outras palavras, a contestação de nossa posição política ou de líderes de nosso partido desafiam nossa identidade. Nosso cérebro de diva simplesmente não aceita! Em vez de enfrentar uma crise de identidade, negaremos as evidências ou expressaremos nosso desdém, como qualquer bom assessor de imprensa.

Recebemos uma recompensa de dopamina sempre que ouvimos alguém concordar conosco, portanto, não é de surpreender que procuremos argumentos que corroborem nossas crenças, como o E.T. seguindo uma trilha de pasta de amendoim. Felizmente (ou infelizmente), a internet facilita o acesso a pessoas que compartilhem nossas crenças, não importa o quanto possam ser insanas. Nosso cérebro de diva recebe de braços abertos as evidências que corroborem suas crenças, mas fecha a porta na cara de evidências em contrário. Esse comportamento inadequado é conhecido como viés de confirmação.

Um estudo de 2016 realizado pelo neurocientista Tali Sharot, da University College London, ilustra como o viés de confirmação cega o nosso cérebro. Sharot dividiu os participantes em dois grupos, com base na crença ou não de que a atividade humana estava acelerando as mudanças climáticas. Ela então disse a algumas pessoas em cada grupo que os cientistas reavaliaram os dados e descobriram que as mudanças climáticas estavam acontecendo ainda mais rápido do que se pensava inicialmente. Aos demais participantes de cada grupo, disse que a análise demonstrou que as mudanças climáticas não eram tão ruins quanto se pensava inicialmente. Adivinha quem acreditou no quê. As pessoas que acreditavam nas mudanças climáticas zombavam da nova análise que concluía que ela não era tão ruim, mas as que foram informadas de que estava piorando, aceitaram a nova análise. O oposto era verdadeiro para as que negavam a mudança climática. Entre as que não acreditavam nas mudanças climáticas, as que foram informadas que o problema é ainda pior se recusaram a aceitar a análise e as que foram informadas de que o problema não é tão ruim aceitaram essa análise. Em outras palavras, nosso cérebro tem uma tendência perturbadora a considerar apenas evidências que reforçam suas crenças atuais. Como a maioria de nós, as pessoas desse estudo não estão vivendo de acordo com as palavras de sabedoria de Thomas Huxley: "Meu trabalho é ensinar minhas aspirações a corroborarem os fatos, não tentar fazer os fatos se adequarem às minhas aspirações."

O viés de confirmação é um hábito desagradável que parece derrotar o propósito de se ter um cérebro. Mas persiste porque as partes emocionais do nosso cérebro evoluíram primeiro e já existem há muito mais tempo do que nossa capacidade mais recente de raciocinar. Pode ser por isso que a emoção ainda vence com frequência a lógica. O psicólogo Drew Westen, da Universidade Emory, colocou o viés de confirmação sob o microscópio (mais precisamente, em um escâner cerebral) e descobriu que a parte analítica do nosso cérebro permaneceu inerte quando os sujeitos foram apresentados com exemplos claros mostrando seus líderes de partidos políticos se contradizendo. As partes do cérebro ativas envolviam respostas emocionais. Westen também observou que, quando os sujeitos ouviram algo positivo sobre seu político preferido, o centro de recompensa do cérebro se acendia como fogos de artifício. Como resumido por Westen: "Essencialmente, parece que os partidários rodopiam o caleidoscópio cognitivo até que eles obtenham as conclusões que desejam." Dados que firam a autoimagem da diva são descartadas como notícias falsas. Os mesmos resultados ocorrem em liberais e conservadores; pelo menos eles têm isso em comum. O viés de confirmação é o motivo pelo qual seus melhores argumentos sejam ignorados e o motivo pelo qual não ouvimos os argumentos dos outros.

Parece impossível, mas os professores do ensino médio têm uma solução em potencial que usam no clube de debate. Em vez de defender seu lado do problema, tente defender o lado oposto. Quando começamos a reconhecer o mérito das alegações de cada lado, podemos ser capazes de alcançar um diálogo mais saudável na direção do entendimento. Reconhecendo que as evidências geralmente não conseguem convencer as pessoas que já se decidiram, Tali Sharot defende uma abordagem que explora as emoções, a curiosidade e o poder de uma pessoa para resolver um problema. Por exemplo, os adeptos do movimento antivacina que ainda acreditam que estudos fraudulentos que associam vacinas ao autismo são notoriamente resistentes a centenas de estudos que não mostram associação. Mas quando lembrado das consequências potencialmente devastadoras do sarampo, caxumba e rubéola, um número três vezes maior muda de atitude em relação à vacinação. Uma troca mais produtiva pode ser possível, ao desviar o foco do ponto de desacordo para um objetivo comum.

Por que Somos Religiosos

Quase tão místico quanto a própria religião é o fato de a maioria das pessoas no planeta ser religiosa. Assim como o idioma, o comércio, o uso de ferramentas e a Starbucks, algum tipo de religião é vista em todas as culturas do mundo. Quer você acredite em um único deus do sexo masculino com uma longa barba branca, líder alienígena Xenu da Confederação Galáctica, a Força ou os discípulos de um caracol que cospe fogo, o tema comum entre as pessoas religiosas é a fé no invisível. Apesar de nascermos ateus, a maioria de nós parece estranhamente receptiva à doutrinação religiosa, como se tivéssemos sido construídos com uma tomada na qual os dispositivos espirituais pudessem se conectar.

Parte da razão pela qual adotamos prontamente uma religião sem questioná-la diz respeito ao nosso instinto de obedecer a figuras de autoridade como nossos pais. O fato de muitos de nós crescermos acreditando na história incrédula do Papai Noel mostra como aceitamos cegamente o que os pais nos dizem. As concepções religiosas podem ser mais duradouras porque nosso cérebro é sensível diante da incerteza — por exemplo, o que acontece quando morremos. Contanto que continuemos recebendo presentes, podemos lidar com um mundo sem o Papai Noel. Mas diante da possibilidade do descerrar das cortinas, o cérebro de diva perde o controle! A vida continua sem mim?! Mentira! Sou muito importante! Viverei para sempre! A perspectiva de que um espírito eterno dentro de nós sobreviva à morte de nosso corpo é atraente e nos distrai da necessidade de encarar a probabilidade de que o fim de nossa existência se resuma ao apagar de uma luz. Como observou o filósofo Albert Camus: "Os seres humanos são criaturas que passam a vida tentando se convencer de que sua existência não é absurda." A religião é um consolo para a mente da diva.

Ao longo da história, muitas pessoas que sofreram um golpe na cabeça, comeram um cogumelo estranho, tiveram um sonho fantástico ou sofreram convulsões epilépticas podem ter se convencido de que há algo mais do que o plano de consciência que habitamos. Tais experiências alimentam a crença em um mundo espiritual, embora não exista evidência tangível de tal reino além de nossa imaginação. Estudos recentes do cérebro confirmam que nossas sensações de espiritualidade estão todas na nossa cabeça. As experiências extracorpóreas e outras experiências espirituais podem ser desencadeadas artificialmente apenas fazendo cócegas no cérebro com um eletrodo ou tomando medicamentos alucinógenos que fazem o cérebro viajar. Frequentemente citadas como evidência de uma vida após a morte, as experiências de quase morte também foram invalidadas porque o cérebro continua a operar por um breve período de tempo depois que o coração para. Um estudo em ratos mostrou que uma onda de conectividade neuronal em um cérebro moribundo excede a quantidade observada durante os estados conscientes normais. Picos similares na atividade elétrica do cérebro também foram registrados em pessoas moribundas. O que isso significa é que o cérebro dos mamíferos experimenta uma consciência elevada à medida que está morrendo, fornecendo uma explicação provável de por que as pessoas podem ter experiências espirituais vívidas ou um sentimento de que voltaram do "outro lado".

Para testar as experiências extracorpóreas, um inteligente estudo de 2014 colocou objetos nas prateleiras superiores das salas de ressuscitação hospitalar. Esses objetos seriam bastante evidentes, mas só poderiam ser vistos de cima; portanto, se um paciente revivido alegasse estar flutuando acima da sala, os pesquisadores poderiam perguntar se tinham visto o objeto estranho. Esses pacientes geralmente descreviam as coisas usuais que se associam a um quarto de hospital (médicos, enfermeiros, equipamentos médicos), mas nenhum deles relatou ter visto um objeto incomum. (De maneira decepcionante, o paciente que descreveu seus arredores com mais precisão foi reanimado em uma sala que não tinha sido preparada com os objetos incomuns.)

Nosso cérebro é vulnerável a gerar imagens que poderiam facilmente ser mal interpretadas como sobrenaturais ou espirituais; portanto, é compreensível que tantas pessoas adotem crenças religiosas.

E como adotam! Existem mais de 4 mil religiões no mundo, cada uma convencida de sua autenticidade com igual veracidade. É muito revelador que a esmagadora maioria de nós segue a religião que nossos pais nos ensinaram. Para a maioria de nós, nossa convicção religiosa não foi uma escolha assim como nossa língua nativa. Você pode argumentar que tem o direito de mudar de religião, embora algumas crenças excomunguem ou até matem aqueles que ousem buscar alternativas. Mas, supondo que você tenha o direito de explorar suas possibilidades, o ensino religioso na infância é como fazer uma tatuagem no cérebro e é extremamente difícil e doloroso apagar.

Além de conter as crises existenciais, a religião ofereceu uma vantagem evolutiva em termos de economia de energia cerebral. Como o autor Edward Abbey escreveu em *A Voice Crying in the Wilderness* [sem publicação no Brasil]: "Tudo o que não podemos entender facilmente, chamamos Deus; isso economiza muito desgaste dos tecidos cerebrais." A religião, como uma fita adesiva, fornece uma solução rápida para os problemas que temos pouca esperança de resolver em curto prazo, como de onde viemos, o significado da vida e o que acontece quando morremos. Ela remenda as lacunas incômodas em nosso conhecimento, liberando nosso cérebro para se concentrar em problemas mais imediatos, que dizem respeito a nossos deveres primários de sobreviver e se reproduzir.

Porém, à medida que os humanos desenvolveram a agricultura e tecnologias que poupam trabalho, encontraram tempo para refletir sobre questões maiores da vida, além do que há para comer e com quem acasalar. Alguns começaram a remexer na fita adesiva para ver se conseguiam descobrir melhores soluções. A religião relutantemente perdeu terreno desde o Iluminismo, efetivamente encerrando aquele período sombrio da história humana chamado Idade das Trevas.

Descobrimos verdades surpreendentes para substituir a fita adesiva. Deus não criou todas as criaturas vivas à sua imagem; a evolução as esculpiu por meio da seleção natural. Deus não faz o dia escurecer repentinamente; isso é causado por um eclipse solar. Deus não faz a Terra tremer; terremotos são "culpa" de rochas subterrâneas que se quebram e liberam ondas sísmicas. Deus não causa lepra; ela é causada por bactérias chamadas *Mycobacterium leprae*. E assim por diante.

Apesar das descobertas monumentais impulsionadas pela ciência, algumas pessoas ainda amam a fita adesiva. Elas reagem como se a fita adesiva estivesse presa a sua própria pele. A agonia sentida ao substituir a fita adesiva é a dissonância cognitiva, um termo psicológico que se refere a conhecimentos conflitantes que ferem sua visão de mundo. Seu cérebro de diva gosta do mundo que conhece e, se surgir uma nova descoberta que refute uma das crenças mais prezadas por sua mente, isso cria dissonância cognitiva. Você se lembra da profunda incredulidade que Luke Skywalker expressou quando Darth Vader revelou que era seu pai? Isso foi uma dissonância cognitiva épica para o jovem Skywalker. Sofremos um choque semelhante quando uma nova verdade é lançada sobre nossas crenças como uma bola de demolição.

Não subestime o poder da dissonância cognitiva. Ela foi a responsável por alguns dos maiores e mais embaraçosos capítulos da nossa história. Para ilustrar como a dissonância cognitiva nos faz parecer patéticos, considere o que aconteceu com Galileu. Com seu telescópio, nos anos 1600, ele confirmou a herética ideia de que a Terra não está no centro do universo. Tal revelação criou dissonância cognitiva de proporções bíblicas porque contrariou os ensinamentos da Igreja. Em vez de aceitar os fatos inequívocos, a Igreja escolheu tapar seus olhos e ouvidos. Galileu foi condenado à prisão domiciliar e forçado a renunciar a suas descobertas depois de um encontro com os dispositivos de tortura medievais de sua época. A Igreja perdoou Galileu 350 anos depois, finalmente encerrando um dos casos mais longos e vergonhosos de dissonância cognitiva e negação da história humana.

Hoje, a dissonância cognitiva ainda é grande devido ao nosso apego pessoal às crenças. A melhor maneira de evitar a desonra ou ser motivo de riso para as gerações futuras é nos desapegar das crenças, mesmo as religiosas que consideramos tão preciosas. É importante reconhecer que elas eram teorias sobrenaturais conjuradas há muito tempo para acalmar um cérebro inquieto, mas agora há montanhas de evidências contra elas. Para evitar essas armadilhas, viva uma vida de hipóteses e mantenha sua mente flexível. Treine seu cérebro para abandonar a arrogância e aceitar a incerteza, pois esses são os passos necessários para o aprendizado. Se vivermos nossas vidas com base nas evidências atualmente disponíveis para nós, ninguém pode questionar essa lógica. Viver a vida ignorando evidências é ilógico, e merecemos ser censurados por isso.

Cara, Cadê Minha Alma?

A ideia de que possuímos uma alma imaterial que sobrevive ao corpo é antiga. Centenas de anos antes do nascimento do cristianismo, Platão escreveu sobre a alma como uma entidade não física que dá origem a coisas que não podemos ver, como pensamentos, sentimentos, lembranças e imaginação. O conceito de que somos compostos de coisas materiais (o corpo) e de coisas não materiais (a mente) é dualismo, uma ideia que ressoa com as massas desde que o filósofo René Descartes a conceituou nos anos 1600. O dualismo alegava que o corpo é divisível e sujeito à decomposição, enquanto a alma é indivisível e eterna.

Se ao menos Descartes tivesse vivido para ver o que acontece nas pessoas com síndrome do cérebro dividido, nas quais os hemisférios direito e esquerdo são separados para controlar crises epilépticas. Na década de 1960, os estudos de Roger Sperry sobre pacientes com cérebro dividido provaram que Descartes estava errado. Em pessoas normais, um objeto mostrado em um lado do cérebro é visto pelos dois hemisférios. No entanto, como os lados direito e esquerdo do cérebro não estão mais conectados em pacientes com cérebro dividido, objetos mostrados para um hemisfério não são vistos pelo outro. O trabalho de Sperry mostrou que o cérebro é divisível, como qualquer outra parte do corpo. Ainda mais surpreendente, cada hemisfério opera independentemente se dividido, como se essas pessoas tivessem duas mentes conscientes. Se possuímos uma alma indivisível, isso não deveria acontecer. Outro exemplo de que duas mentes podem existir em um cérebro são pacientes com cérebros divididos cujas mãos direita e esquerda querem fazer coisas distintas. Há relatos de algumas dessas pessoas tentando se vestir, segundo os quais uma das mãos escolhe uma roupa e a outra pega uma diferente. O renomado neurocientista V. S. Ramachandran descreveu uma vez um paciente cujo hemisfério direito acreditava em Deus, mas seu hemisfério esquerdo não, o que criaria um grande enigma para os recepcionistas do portão do céu.

Mais recentemente, imagens cerebrais mostraram que nossos componentes "invisíveis" — processos de pensamento, memórias e emoções — são realmente visíveis no cérebro. É fascinante olhar para uma tomografia cerebral de alguém em tempo real enquanto eles resolvem palavras cruzadas, conversam ou, isso mesmo, fazem sexo. (Se a sala de exames estiver chacoalhando é melhor não entrar.) Diferentes áreas do cérebro acendem como um parque de diversões, à medida que os sujeitos se envolvem nessas várias atividades. Um cérebro durante um orgasmo se parece muito com um cérebro sob efeito de heroína, uma descoberta que informa aos não usuários o quão prazeroso pode ser um remédio e por que pode ser tão difícil para as pessoas abandonarem o vício.

Assim como testaram as experiências extracorpóreas, os neurocientistas também podem evocar emoções, sensações e memórias potentes simplesmente estimulando diferentes áreas do tecido cerebral com um impulso elétrico. Ao obter essas respostas com uma corrente elétrica, revelamos que o cérebro cuida de todas as coisas que uma alma deve fazer. No fim das contas, nossos pensamentos e sentimentos intangíveis são realmente feitos de coisas terrenas — matéria, não mágica. Nas palavras do fisiologista francês Pierre Cabanis: "O cérebro secreta o pensamento como o fígado secreta a bile."

Embora essas observações constituam uma prova formal de que o dualismo está errado, as evidências de que a mente e o corpo são um só foram apresentadas repetidas vezes. Lesões cerebrais podem danificar a personalidade. O dano pode ocorrer na forma de concussão, neurodegeneração, acidente vascular cerebral, câncer ou infecção. Considere as mudanças comportamentais observadas em pessoas com encefalopatia traumática crônica (CTE), tumores cerebrais, doença de Alzheimer ou raiva. Se nossa alma é imutável e imaterial, os danos físicos ao nosso cérebro não deveriam mudar quem somos. Se a nossa alma contém nossas memórias e experiências, as placas amiloides que se formam no cérebro das pessoas com Alzheimer não devem nos provar delas. Se a nossa alma estivesse separada do cérebro, as lobotomias não deveriam funcionar. A anestesia não deveria funcionar. A lidocaína não deveria funcionar. Talvez a evidência mais definitiva de todas é que as pessoas são capazes de perder ou adquirir crenças religiosas devido a alterações no cérebro provocadas por distúrbios ou doenças neurológicas.

Mesmo se passarmos a vida toda com o cérebro intacto, surgem questões práticas quando contemplamos a ideia de uma alma eterna. Mudamos à medida que envelhecemos, às vezes drasticamente. Então, qual versão da nossa alma vive? O eu jovem ou o velho? Quem canta "Jailhouse Rock" no céu — o jovem Elvis ou o velho Elvis? E as pessoas com graves deficiências mentais? Ainda teriam deficiência na vida após a morte? Caso contrário, isso não mudaria fundamentalmente quem elas são? Será que sua esposa após a morte será a que costumava rir de todas as suas piadas ou a que faz cara feia e diz para você limpar a garagem? Se seu cônjuge morreu e você se casou novamente, quem é o sortudo que passará a eternidade com você?

Sua essência não pode ser captada porque está constantemente em fluxo. Você é uma roda-viva de personalidades — filha, esposa, mãe, irmã, melhor amiga, chefe, tia, chefe de escoteiros, técnica de futebol, membro do clube do vinho, tenista, o pior pesadelo de alguém e fã enrustida das bandas de cabeludos dos anos 1980. Assumir todas essas facetas nos faz pensar se realmente existe algo como um eu estático e imutável. O seu verdadeiro eu não consegue se destacar porque agimos de maneira diferente em torno de pessoas diferentes e em circunstâncias diversas. Qual dessas muitas versões de vocês viverá eternamente?

Se a nossa essência é algo separado de nosso corpo, as substâncias químicas que afetam o corpo não deveriam afetá-la. No entanto, certos cogumelos, LSD e o bolo de carne da minha mãe produzem alucinações impactantes. O acetaminofeno demonstrou diminuir a empatia. Os medicamentos para a doença de Parkinson podem transformar pessoas em jogadores compulsivos. As estatinas podem causar alterações significativas no humor. A deficiência de nutrientes, a desidratação e a fadiga também podem ter um sério impacto na maneira como pensamos e agimos. Se a alma é imaterial, deveria ser imune a substâncias físicas que alteram o corpo. E, no entanto, essas substâncias alteram nosso comportamento e personalidade.

Como aprendemos ao longo deste livro, todas as coisas que nos definem, incluindo nossos pensamentos, emoções e memórias, são geradas pelo cérebro. Embora ainda não possamos entender completamente como essas atividades funcionam, sabemos que sua função não requer uma alma. Francis Crick, um dos codescobridores do DNA, na década de 1950, articulou essa ideia em seu livro de 1994, *A Hipótese Espantosa*. Nas palavras de Crick: "Você, suas alegrias e tristezas, suas memórias e suas ambições, seu senso de identidade pessoal e livre--arbítrio, na verdade não são mais do que o comportamento de um vasto conjunto de células nervosas e suas moléculas associadas." Outro cientista notável, Stephen Hawking, avaliou a perspectiva da alma e da vida após a morte: "Considero o cérebro como um computador que deixará de funcionar quando seus componentes falham. Não há céu ou vida após a morte para computadores quebrados; isso é um conto de fadas para pessoas com medo do escuro." Todos nos perguntamos como é a sensação depois que morremos, mas a verdade é que já sabemos. Será exatamente como antes de nascermos. Não teremos sentimento, porque não existiremos mais.

Isso é um balde de água fria! Perceber que não temos alma pode parecer chocante e deprimente no começo. Mas viver à luz da verdade é melhor do que permanecer no escuro. Além disso, boas-novas surgem das cinzas da alma. Tanto as ações desviantes quanto as admiráveis são há muito tempo erroneamente atribuídas a uma alma maligna ou benevolente, o que desvia o foco de pesquisas destinadas a entender a base biológica do comportamento. Comportamentos indesejáveis, como violência, vícios ou depressão, não são fruto de almas imateriais; eles se originam de um problema material com o cérebro. Essa é uma notícia positiva, porque a segunda hipótese, temos esperança de consertar; a primeira, não.

Para os entusiastas da alma, o temor e a ansiedade que está sentindo são reais. Eu sei, já os experienciei. Nosso cérebro se aflige com um mundo que pode não ter sentido e ser governado pelo acaso. Preferimos ter fé em ideias infundadas, como um plano mestre, o carma ou céu e inferno, em vez de aceitar que não há razão ou sentido para o que nos acontece.

O conceito errôneo de nosso cérebro de que o mundo é justo é chamado de falácia do "mundo justo": isto é, quando uma atrocidade aleatória fere alguém, nosso cérebro conclui que a vítima deve ter feito algo para merecer esse destino. Se acha que um sem-teto deveria apenas arrumar um emprego, uma pessoa com obesidade deveria simplesmente largar o garfo, uma pessoa com alcoolismo deveria simplesmente dizer não, uma mulher que usa roupas provocantes estava apenas pedindo para ser estuprada ou uma nação empobrecida deveria simplesmente se organizar melhor, você é vítima da falácia do mundo justo. Está ignorando contingências fora do controle da vítima que possam explicar sua situação ou incapacidade de fazer algo a respeito. Culpar a vítima não apenas piora uma situação ruim, mas também nos desvia do foco de fazer algo produtivo para o sofrimento presente, além de nos impedir de realizar as correções para evitar que o mesmo aconteça com outros.

Da mesma forma, nosso cérebro emprega a falácia do mundo justo para se congratular nas suas vitórias, ignorando os golpes de sorte que podem ter nos ajudado na vida. A falácia do mundo justo explica por que algumas pessoas são apáticas à desigualdade de renda. Nosso cérebro tende a supor que as pessoas ricas fizeram algo para merecer a vida que têm e que qualquer um pode alcançar o estilo de vida dos ricos e famosos se simplesmente trabalharem e se dedicarem. Romper com a mentalidade do mundo justo coloca o ônus de consertar os males e as desigualdades do mundo em seu devido lugar: em nós.

Perceber que a vida é um filme único, sem continuação, não apenas promove a urgência de viver dias melhores — como sugere Steve Jobs ao declarar que "A morte é provavelmente a melhor invenção da vida", mas também coloca nossas pequenas diferenças em nova perspectiva. Por experiência, posso dizer que sua vida não mergulhará no caos se você abandonar a noção de alma e se libertar das garras de todas as coisas sobrenaturais. Pelo contrário, as sociedades seculares que se libertaram das camisas de força religiosas são algumas das mais felizes e saudáveis do planeta. Em 2005, o paleontólogo Gregory Paul publicou uma análise impressionante, mostrando que as democracias seculares têm taxas mais baixas de disfunção social em comparação com as sociedades pró-religiosas, como os EUA.

Como definido por Julien Musolino em *The Soul Fallacy* [sem publicação no Brasil], a noção de alma poluiu nossa capacidade de conceber leis racionais e humanas para lidar com o comportamento criminoso, o vício, o aborto e o direito de morrer. Em relação à natureza humana, a alma era uma hipótese incorreta. Essa é uma das ideias que agora precisam ser aposentadas e, com sua eliminação, vem a promessa de uma compreensão muito melhor do nosso comportamento por meio da ciência. A rejeição à alma não nos rouba o significado da vida; ao contrário, nos leva a ele. Como Steven Pinker observa: "Nada oferece mais sentido à vida do que perceber que todo momento de consciência é um presente precioso e frágil."

Como os Caça-Fantasmas, os cientistas eliminaram a possibilidade de haver um fantasma em nossa máquina. Enxergar a nós mesmos como algo separado de tudo o mais no cosmos é lamentavelmente equivocado e doentio. A ciência demonstrou que estamos intimamente entrelaçados no tecido do universo, interconectados com tudo e com todos. Somos construídos a partir de genes, mas a maneira como eles são expressos depende do ambiente atual e das experiências de nossos ancestrais. Nossa máquina de sobrevivência é afetada pelo relacionamento íntimo que temos com inúmeros micróbios que habitam nosso corpo e com os padrões culturais que habitam nosso cérebro. Na concepção, nossos genes e cérebros poderiam ter sido moldados de inúmeras maneiras, mas nosso ambiente e experiências únicos esculpiram quem somos a partir dessa argila. Vale a pena repetir: não podemos escolher nossos genes ou como eles foram programados epigeneticamente. Não podemos escolher nossos micróbios. Não conseguimos escolher nosso cérebro. Não escolhemos nosso ambiente pré-natal ou infantil, incluindo os sistemas de crenças que nos foram ensinados. Muito do que nos fez ser quem somos estava completamente fora de nosso controle. Se isso não nos torna humilde e cria compaixão pelos outros, não sei o que o fará.

Em que Devemos Acreditar?

Seríamos melhores se parássemos de nos apegar às nossas crenças, que são como âncoras que nos prendem. Conforme escrito por Sengcan por volta de 600 E.C.: "Se você quer que a verdade fique clara diante de você, nunca seja a favor ou contra. A luta entre 'os a favor' e 'os contra' é a pior doença da mente." Em outras palavras, não devemos acreditar em nada; em vez disso, devemos tirar conclusões com base nas evidências disponíveis. Nosso cérebro se casa com crenças e se divorciar delas é doloroso. Uma conclusão deve ser como um caso inconsequente. A beleza de tirar conclusões é que podemos substituí-las se novos dados surgirem. E a diva preserva a dignidade.

Não há maior desperdício de tempo e energia do que discutir a respeito do sobrenatural. Temos problemas reais mais do que suficientes no mundo real que precisam ser resolvidos com urgência. As religiões constroem paredes invisíveis que nos dividem, criando diferenças artificiais entre as pessoas. Não deveria ser nós contra eles, mas nós contra o universo frio e indiferente. Talvez o maior presente que possamos deixar para as gerações futuras seja parar de encher suas mentes férteis de espíritos e duendes — vamos deixar nossos filhos com uma mente e um planeta mais puros.

» CAPÍTULO DEZ «

CONHEÇA SEU FUTURO

Quanto mais entendermos nossa natureza, melhor
nos sairemos na criação.
— Steven Johnson, "Sociobiology and You", *The Nation*

O pânico tomou conta da Nova Inglaterra na segunda metade do século XIX, em decorrência de terríveis eventos ocorridos em Exeter, Rhode Island. Uma mulher chamada Mercy Brown foi considerada uma vampira. Antes de morrer, essa mulher misteriosa e pálida vagava à noite, muitas vezes vista com sangue na boca ou nas roupas. Quem se atrevesse a se aproximar dela, presumia-se, logo também se tornaria uma criatura da noite sedenta por sangue.

Depois que ela morreu, o medo do vampirismo continuou a se espalhar como fogo pela cidade. Havia rumores de que Brown estava retornando do túmulo à noite para se alimentar dos vivos, incluindo seu irmão mais novo. Em frenesi, as pessoas da cidade exumaram seu corpo logo após o enterro e encontraram sangue coagulado no coração do cadáver. Acreditando que isso provava que ela era uma vampira, arrancaram seu coração, o queimaram e deram as cinzas para seu irmão doente comer. Infelizmente, o "tratamento" não funcionou e o pobre garoto morreu pouco depois.

Enquanto isso, na Alemanha, um cientista chamado Robert Koch estava trabalhando para identificar a causa de uma condição estranha chamada consunção. A doença, hoje chamada de tuberculose, é uma doença pulmonar contagiosa e progressiva que causa pele pálida, insônia e tosse com sangue. Alguns de seus colegas confundiram os sintomas com vampirismo, mas Koch descartou esse absurdo em favor de uma explicação prática. Em 1882, seu árduo trabalho revelou a verdadeira causa dessa condição: uma bactéria que chamou de *Mycobacterium tuberculosis*.

Como aprendemos, a ciência superou a visão tradicional de que nosso comportamento deriva de um espírito sombrio que habita o corpo. A revelação de que nossas ações têm uma base mecânica e biológica produz emoções confusas entre pessoas acostumadas a pensar que deve haver algo mais na equação humana do que células e bioquímicos. Quando se trata de explicar nosso comportamento, alguns de nós são como Robert Koch, convencidos de que nossas ações são produtos de nossa biologia. Outros permanecem acorrentados à mentalidade dos moradores de Exeter, alheios à noção de que as explicações sobrenaturais são uma areia movediça intelectual.

Ao longo deste livro, descobrimos muitas maneiras enigmáticas pelas quais os genes, a epigenética, os micróbios e nosso subconsciente influenciam nossa personalidade, crenças e praticamente tudo o que dizemos e fazemos. Agora que lançamos luz sobre essas forças ocultas, podemos inventar maneiras de superá-las? As revelações foram surpreendentes. Mas a boa notícia é que conhecer a verdade subjacente ao nosso comportamento é um pré-requisito necessário para fazer algo a respeito.

Não seria ótimo modificar genes ou microbiota que predispõem as pessoas à obesidade ou ao abuso de substâncias? Poderíamos simplesmente tomar uma pílula inteligente ou implantar tecnologia em nossos cérebros para elevar nossas habilidades cognitivas? Que tal usar esse conhecimento para curar os distúrbios de humor ou o comportamento criminoso? Parece um sonho distante, mas podem estar mais ao nosso alcance do que imaginamos.

Como Podemos Mudar Nossos Genes

O poder de alterar nossa constituição genética tem o potencial de abordar uma ampla gama de questões, desde triviais (ajudar os superdegustadores a gostar de brócolis), sérios (corrigir a variante do gene que causa a doença de Huntington), até controversos (adicionar genes que aumentam a inteligência ou concentração).

Tecnicamente, produzimos organismos geneticamente modificados (OGM) há mais de 10 mil anos, criando plantas e animais de maneira seletiva. Por meio da criação seletiva, assumimos o controle da evolução e direcionamos a vida para formas que melhor se adéquam aos nossos propósitos. Só para citar alguns, fabricamos tomates maiores, maçãs mais doces, cães domésticos e galinhas mais gordas. O processo é agonizantemente lento e, como atesta nossa falta de ursos de estimação, nem todas as espécies são favoráveis.

Desde a descoberta de que o DNA é a receita da vida na década de 1950, os cientistas vêm desenvolvendo maneiras mais eficientes de improvisar nessa receita. Eles começaram com algo pequeno — bem pequeno —, alterando células bacterianas chamadas *E. coli*. Em 1973, Stanley Cohen e Herbert Boyer foram capazes de fazer as bactérias absorverem e lerem DNA estranho. Eles criaram a primeira forma de vida geneticamente modificada inserindo um pedaço de DNA de sapo na *E. coli*. Não é uma criação muito prática, mas foi um salto importante. As bactérias leram o DNA do sapo e produziram uma proteína a partir dele. Começamos a empregar bactérias para produzir proteínas com alguma aplicação prática, incluindo insulina, hormônio do crescimento humano e proteínas para vacinas. Um ano depois, Rudolf Jaenisch e Beatrice Mintz criaram o primeiro animal geneticamente modificado injetando um gene em embriões de camundongos. Desde então, os cientistas desenvolveram plantas, fungos, vermes, peixes, insetos, ratos, macacos e muitos outros seres geneticamente modificados. Próxima parada: pessoas.

Ironicamente, nossas tentativas iniciais de modificar o DNA das pessoas, denominadas terapia genética, coincidiram com o lançamento do filme *Gattaca*, em 1997. A terapia genética envolve dar a uma pessoa uma cópia funcional de um gene defeituoso. Embora pareça tão simples quanto um solo de guitarra do Matchbox Twenty, a empreitada provou ser um verdadeiro desafio. Não podemos simplesmente engolir uma pílula genética, porque o gene não funcionará a menos que esteja dentro das células que precisam ser consertadas. Se ao menos pudéssemos reduzir os médicos a um nível microscópico para que eles pudessem viajar pelo corpo de um paciente em um pequeno submarino, como no filme *Viagem Fantástica*, talvez eles pudessem inserir o gene apenas nas células que precisam dele. Parecia impossível, até que os cientistas tiveram um momento de epifania: os vírus se comportam como um submarino em miniatura e levam sua carga de DNA apenas para as células que infectam. Talvez possamos manipular vírus para depositar genes terapêuticos nas células de um paciente.

Domesticar vírus é como dançar com lobos; eles podem servir como entregadores de genes, mas continuam sendo um agente infeccioso imprevisível e perigoso. As pesquisas pararam em 1999, quando Jesse Gelsinger, de 18 anos, morreu em um estudo de terapia genética. Os pesquisadores injetaram no rapaz um adenovírus carregando uma cópia boa do gene de que ele precisava, mas o vírus induziu uma resposta imune letal dias depois.

Em 2000, a terapia genética curou várias crianças nascidas com uma deficiência imunológica trágica tão grave que as impossibilitava de viver fora de uma sala estéril ou livre de germes (uma condição comumente conhecida como doença do "menino bolha"). No entanto, o tratamento também causou uma doença semelhante à leucemia em alguns dos receptores. Nesse ensaio, um retrovírus foi usado, pois ele não apenas entrega o bom gene nas células, mas também costura o gene no tecido do DNA do paciente, tornando-o um residente permanente. Infelizmente, no processo de agrupar o gene que os pacientes precisavam em seu DNA, outro gene foi danificado e aumentou os riscos de câncer.

Essa combinação frustrante de sucesso e contratempos levantam questões quanto ao de vírus. Podemos realmente domar esses pequenos selvagens? Nas últimas duas décadas, os pesquisadores descobriram novas maneiras de desarmar os vírus, como um leão que tem seus dentes e garras extraídos. Esse trabalho árduo valeu a pena e a terapia genética está sendo retomada.

Em 2017, a terapia genética obteve uma vitória retumbante com o tratamento da adrenoleucodistrofia ou ALD, uma condição apresentada no filme *O Óleo de Lorenzo*. A ALD é uma doença neurodegenerativa rara e incurável que atinge crianças por volta dos sete anos, que, de outra forma, seriam perfeitamente saudáveis. À medida que a doença progride, as crianças perdem a capacidade de controlar seus músculos, tornando impossível caminhar, conversar ou comer sem um tubo de alimentação. A ALD é causada por uma mutação em um gene chamado ABCD1, que produz uma proteína que degrada as moléculas de gordura em células do cérebro; quando essa proteína não está funcionando, essas gorduras se acumulam e induzem uma resposta inflamatória que danifica o cérebro.

O conceito para corrigir a ALD é simples: dê aos pacientes uma cópia normal do gene ABCD1 para que essas gorduras possam ser decompostas como deveriam. Os pesquisadores adaptaram com sucesso um retrovírus chamado lentivírus para entregar uma cópia funcional do ABCD1 em células-tronco da medula óssea extraídas do paciente. Depois que o gene é inserido nessas células-tronco, elas são infundidas de volta ao paciente. As células-tronco são células indiferenciadas, o que significa que elas têm o potencial de se tornarem qualquer tipo de célula no corpo. Algumas dessas células-tronco geneticamente modificadas se transformaram em neurônios agora capazes de eliminar as gorduras problemáticas.

Outra vitória para a terapia genética ocorreu logo depois com o tratamento da epidermólise bolhosa (EB) em uma criança de sete anos. A EB é uma condição rara em que a pele é muito fraca e propensa a lacerações que facilmente se tornam infectadas. Em quase metade dos casos, crianças com EB não vivem o suficiente para obter sua carteira de motorista. Os cientistas usaram terapia genética para corrigir o gene mutante nas células-tronco retiradas do paciente. As células-tronco reparadas foram desenvolvidas em células da pele e cultivadas no laboratório até formarem folhas grandes o suficiente para serem enxertadas no paciente.

Com o desenvolvimento de sistemas de entrega viral mais seguros e mais eficientes, a terapia genética mostrou resultados promissores em beta-talassemia, algumas formas de cegueira herdada, a hemofilia, um distúrbio hemorrágico, e muito mais. E mais histórias de sucesso estarão no horizonte à medida que expandirmos nossa caixa de ferramentas de edição de genes. Uma técnica de edição de genes de ponta chamada CRISPR/Cas9 gerou tanta emoção que quase se tornou um termo familiar. Derivado de componentes de um sistema imunológico bacteriano, o CRISPR/Cas9 opera como uma tesoura de DNA que recorta com precisão no nível de nucleotídeos para destruir genes ruins ou inserir novos genes.

Em 2015, Junjiu Huang e sua equipe da Universidade Sun Yat-sen, na China, criaram o primeiro embrião humano geneticamente modificado usando CRISPR/Cas9 para corrigir uma cópia incorreta do gene da beta-globina, que causa a beta-talassemia. (Os embriões usados neste estudo não eram viáveis.) Análogo ao CRISPR/Cas9, as nucleases de dedo de zinco (ZFNs, na sigla em inglês) também podem cortar locais específicos de DNA para inserir novos genes. Outra tática de terapia genética sob investigação intensiva é a imunoterapia, que envolve a engenharia genética do sistema imunológico de uma pessoa para que ele possa reconhecer e combater cânceres como o linfoma. Uma abordagem imunoterapêutica chamada terapia de células CAR T (receptor quimérico de antígeno) envolve a extração das células T de um paciente, que são editadas no nível genético para produzir um receptor específico usado para reconhecer as células malignas desse paciente. Essas células T modificadas ou "reprogramadas" agem como assassinos contratados quando infundidas de volta ao paciente, caçando e matando células cancerígenas.

O advento das ferramentas de edição de genes significa que não somos mais apenas leitores de DNA; somos escritores (embora atualmente ainda estejamos aprendendo o idioma). Pela mesma razão que não pedimos a uma criança que edite nossos manuscritos, a maioria dos cientistas defende a proibição de modificação genética em embriões viáveis ou células sexuais, porque essas modificações seriam herdáveis, e poderiam ter efeitos adversos imprevisíveis nas gerações individuais e potenciais futuras. Além disso, ela abre uma épica caixa de pandora ética, porque não demorará muito para que alguém queira editar genes que vão além dos benefícios médicos, criando bebês projetados.

Como Podemos Mudar a Expressão Gênica

Discutimos muitas questões comportamentais que não surgem da variação nas sequências gênicas, mas de uma diferença na quantidade de expressão gênica. O ambiente pode influenciar os níveis de expressão gênica por meio de mecanismos epigenéticos, como a metilação do DNA ou a modificação química das proteínas histonas que interagem com os genes. À medida que os cientistas descobriram as enzimas que escrevem, leem e apagam essas modificações epigenéticas, tornou-se evidente que podemos atacá-las com medicamentos. A premissa básica: o gene X está sendo metilado e desligado. Coisas ruins acontecem quando o gene X é desativado. Vamos ativar o gene X novamente com um medicamento que impeça a metilação do DNA.

Embora a epigenética seja um campo de estudo novo, a Food and Drug Administration (FDA) já aprovou vários medicamentos epigenéticos para tratar diversas doenças. A primeira, em 2004, foi a azacitidina, que trata da síndrome mielodisplásica (SMD), um raro distúrbio da medula óssea que recebeu atenção generalizada quando o coâncora do noticiário de TV norte-americano, *Good Morning America*, Robin Roberts anunciou seu diagnóstico. A azacitidina inibe uma enzima de metilação do DNA, e a diminuição resultante dessa metilação aumenta a expressão gênica. Embora não seja possível selecionar em quais genes serão acionados, o subconjunto de genes necessários para o amadurecimento das células sanguíneas é afetado, aumentando a contagem de células sanguíneas e aliviando os sintomas em alguns pacientes.

Em 2006, o FDA aprovou uma segunda classe de medicamentos epigenéticos, denominados inibidores de histona desacetilase (HDAC, na sigla em inglês). Esses medicamentos são usados para tratar linfoma ou mieloma múltiplo, mas derivados mais recentes para tratar tumores sólidos estão em ensaios clínicos. Lembre-se de que os genes associados às histonas acetiladas são expressos ativamente. Quando as enzimas HDAC removem grupos acetil, a expressão do gene é reduzida ou interrompida. Os inibidores de HDAC paralisam as enzimas que removem os grupos acetil das histonas, mantendo, assim, o gene em seu estado ativo.

Como os inibidores de HDAC podem funcionar contra o câncer? Nosso DNA está equipado com genes supressores de tumores, que produzem proteínas semelhantes a atiradores de elite, que detectam e matam células traiçoeiras. As células cancerígenas agressivas evitam esse destino desligando os genes supressores de tumores, e foi proposto que os inibidores de HDAC são capazes de manter ativos esses genes de combate a tumores. Como as alterações na expressão gênica estão associadas a muitos tipos de doenças, há esperança de que os inibidores de HDAC possam ser úteis contra distúrbios neurológicos, como a esquizofrenia, distúrbios metabólicos, como a obesidade, doenças cardiovasculares ou até reversão do envelhecimento.

Os medicamentos epigenéticos podem alterar a maneira como o DNA é programado no pré-natal ou na primeira infância. Lembre-se das experiências de Michael Meaney, do Capítulo 5, que mostraram que os filhotes nascidos de ratas negligentes têm níveis mais altos de metilação do DNA, que desativou os genes necessários para respostas adequadas ao estresse e causou uma ansiedade excessiva nos filhotes. Ao ministrar inibidores de HDAC nos filhotes, Meaney conseguiu reverter esses problemas comportamentais aumentando o volume dos genes de resposta ao estresse para os limiares normais.

Na história em quadrinhos "Calvin e Haroldo", Calvin usou seu "transmogrificador" de caixa de papelão para se transformar em um elefante, para ajudá-lo a fazer a lição de casa. Certamente, deve haver uma maneira menos invasiva de aumentar nossas habilidades de memória. Acontece que as drogas epigenéticas podem transmogrificar nossos genes de maneira a melhorar o aprendizado e a memória. Em modelos de roedores com isquemia cerebral (acidente vascular cerebral) e doença de Alzheimer, a administração de inibidores de HDAC minimiza os danos cerebrais e melhora a recuperação e retenção de memória. Os inibidores de HDAC também aumentam a memória e o aprendizado em ratos normais que não sofrem *deficits* devido à doença.

Um estudo de 2015 realizado pelo neurocientista Kasia Bieszczad, da Universidade Rutgers, mostrou que um inibidor de HDAC promoveu conexões neuronais mais fortes, o que pode explicar o aumento da memória observada em ratos que recebem o medicamento. A ideia é que, quando estamos focados em uma tarefa, uma rede de genes em nosso cérebro que constrói as memórias é ativada, em parte por meio da acetilação de histonas associadas a esses genes. Os inibidores de HDAC interrompem as enzimas que removem esses grupos acetil, o que significa que a rede de genes necessária para formar memórias permanece ativa por mais tempo.

Como ocorre em todos os medicamentos epigenéticos, a especificidade é um problema. Eles podem ser como o garoto malcriado que entra em um elevador e aperta todos os botões em vez de apenas o térreo que é seu destino; em outras palavras, drogas epigenéticas podem afetar todos os genes e não apenas aqueles que precisam ser modificados. Uma das pioneiras no campo, a neurocientista Li-Huei Tsai, do Picower Institute for Learning and Memory do MIT, conhece bem o problema e está trabalhando para identificar com precisão qual(is) enzima(s) HDAC dentre as vinte ou mais existentes em nosso corpo está envolvida na memória. Em 2009, ela e sua equipe descobriram que a HDAC-2 é um regulador negativo da formação da memória em camundongos, o que sugere que um inibidor de HDAC que só atinja o HDAC-2 pode ter menos efeitos colaterais.

Outra maneira de controlar nossa expressão gênica que não depende de drogas é mudar nosso ambiente, o que inclui dieta e exercícios. Como vimos, o ambiente pode ter influências importantes sobre quais genes são ativados ou desativados. Ao modificar seu estilo de vida, você pode exercer um nível de controle sobre sua expressão genética. O exercício é o melhor remédio para afastar muitas doenças. Sabemos que ele fortalece os músculos, protege o coração, mantém o colesterol sob controle e ajuda a manter um peso saudável. O que não vislumbramos até recentemente é que o exercício também altera a expressão gênica por meio da epigenética.

Enquanto você está xingando e ofegando na academia, esse esforço físico está colocando sua maquinaria epigenética para trabalhar em reprogramar seu genoma. Os cientistas do Instituto Karolinska, em Estocolmo, fizeram os participantes se exercitarem com apenas uma perna por 45 minutos, quatro vezes por semana, durante três meses — a outra perna permaneceu sedentária. Imagino que era fácil de identificar os participantes, bastava observar alguém mancando pela rua com uma perna forte e outra magrela. O estudo revelou milhares de diferenças na metilação do DNA entre a perna exercitada após o período de treinamento em comparação com antes do treinamento, incluindo diferenças nos genes associados ao metabolismo saudável e às respostas imunes. A perna mais sedentária não mostrou diferenças significativas na metilação do DNA antes ou após o período de treinamento.

Inúmeros estudos mostraram que a atividade física não apenas fortalece nossos músculos, mas também nosso cérebro. Uma das maneiras pelas quais o exercício pode beneficiar nosso cérebro é por meio das mudanças epigenéticas que provoca. Lembra-se do HDAC-2 mencionado anteriormente, a histona desacetilase que tem um efeito negativo na aprendizagem e na memória? Um estudo de 2016 descobriu que o exercício produz um bioquímico no organismo chamado β-hidroxibutirato, que por acaso é um inibidor de HDAC que tem como alvo o HDAC-2. Consequentemente, a inibição do HDAC-2 promove a expressão do fator neurotrófico derivado do cérebro, BDNF na sigla em inglês, uma proteína conhecida por melhorar a memória e estimular o crescimento de neurônios.

Os benefícios epigenéticos do exercício podem não se limitar a melhorar seu cérebro, mas também podem ajudar seus filhos a se tornarem mais inteligentes. Um estudo de 2018, liderado pelo geneticista André Fischer, do Centro Alemão de Doenças Neurodegenerativas em Göttingen, mostrou que ratos machos que se exercitam produzem espermatozoides epigeneticamente diferentes dos de ratos preguiçosos. Os ratos machos foram divididos em dois grupos: um foi colocado em uma gaiola vazia, enquanto o outro foi colocado em uma gaiola montada como uma academia de ratos. Os ratos em boa forma física tiveram filhotes de alto desempenho dotados de maior capacidade de aprendizagem do que os filhotes de ratos que não se exercitaram. Os mais inteligentes apresentaram uma comunicação melhorada entre os neurônios no hipocampo, uma região do cérebro importante para a aprendizagem. Acredita-se que as diferenças epigenéticas observadas nos espermatozoides dos pais que se exercitavam tenham beneficiado o desenvolvimento do cérebro nos filhotes.

Além do exercício, você pode considerar a meditação consciente, que é um pouco mais complexa do que entoar mantras como muitos gurus de araque aconselham. A meditação consciente envolve ficar calado e parado, concentrando-se apenas em sua respiração — o tipo de meditação que os monges budistas e os cavaleiros Jedi praticam. Os pesquisadores descobriram que a meditação consciente está associada a uma redução no HDAC-2, níveis alterados de acetilação das histonas e diminuição da expressão de genes pró-inflamatórios. Essas descobertas estão começando a revelar a base biológica do porquê praticantes de meditação costumam lidar melhor com o estresse.

Como Podemos Controlar Nossa Lista de Convidados Microbianos

Já vimos vários casos em que as bactérias, os fungos e parasitas que residem em nosso corpo afetam nosso comportamento de maneiras surpreendentes. Esses micróbios produzem milhares de produtos bioquímicos, incluindo neurotransmissores capazes de afetar como nos sentimos, o que ansiamos e como agimos. À medida que continuamos a aprender mais sobre qual micróbio faz o que, as atenções se voltaram para como podemos manipular esses micróbios em nosso benefício. Afinal, como hospedeiro desses organismos, não deveríamos ter uma opinião sobre quem convidamos para o nosso baile?

Alguns de nossos micróbios são convidados claramente indesejados, como o parasita *Toxoplasma* que perambula pelo cérebro de cerca de um terço da população. Ao contrário das bactérias amigáveis, que compartilham uma existência simbiótica conosco, patógenos como o *Toxoplasma* não são nada amistosos e devem ser despejados. O problema é que esse parasita reside *dentro* de nossas células, cercados por uma fortaleza de proteínas parasitas chamada parede do cisto. Para matar esse parasita, a droga primeiro precisa ter acesso ao cérebro, que é protegido por uma barreira hematoencefálica, que grita como Gandalf: "Você não pode passar!" Depois, precisa penetrar nos neurônios infectados e, então, atravessar a parede espessa do cisto que envolve os parasitas. Por fim, a droga tem que entrar nos próprios parasitas. É pedir muito!

No entanto, meu laboratório na Faculdade de Medicina da Universidade de Indiana vem investigando tratamentos experimentais destinados a eliminar os cistos de *Toxoplasma* dos cérebros de modelos de infecção em camundongos. Em 2015, estudos liderados por Imaan Benmerzouga descobriram que o guanabenz, um medicamento antigo para pressão arterial, que atravessa a barreira hematoencefálica, é capaz de reduzir significativamente o número de cistos de parasitas no cérebro de ratos infectados. Espera-se que medicamentos como o guanabenz possam fazer o mesmo em humanos. Mas, por enquanto, a melhor maneira de lidar com o *Toxoplasma* é não ser infectado, o que envolve a posse responsável de gatos, o gerenciamento de gatos selvagens e a preparação adequada de alimentos.

Quanto aos micróbios simbióticos que habitam nossas entranhas, os pesquisadores estão atualmente trabalhando para identificar quais espécies produzem quais efeitos sobre nosso bem-estar e comportamento. Estudos pioneiros para modificar nossa microbiota com probióticos produziram alguns resultados promissores. Além disso, os "transplantes fecais" surgiram como um meio de introduzir bactérias desejáveis no intestino de uma pessoa. A aplicação mais bem-sucedida até o momento foi no tratamento da *Clostridium difficile*, ou *C. diff*. Essa bactéria, que é naturalmente resistente à maioria dos antibióticos, pode crescer fora de controle e causar danos ao cólon quando espécies bacterianas benignas são eliminadas (o que pode acontecer, por exemplo, quando os pacientes tomam antibióticos por períodos prolongados). O repovoamento do cólon com bactérias de um doador saudável restabelece uma microbiota intestinal capaz de controlar a propagação da *C. diff*. O sucesso desse tratamento levantou uma questão: podemos manipular nossa microbiota intestinal para obter outros benefícios à saúde?

O especialista em neurofarmacologia e microbioma John Cryan, da University College Cork, na Irlanda, pensa assim. Na verdade, ele acredita que em breve os exames de microbiota farão parte da rotina médica, como os exames de sangue. Cryan também prevê o design e o uso de medicamentos baseados em bactérias denominados "psicobióticos" compostos de micróbios vivos que se acredita ter um efeito positivo na saúde mental. Os psicobióticos seriam como pedir um transplante fecal, mas sem as fezes. As bactérias e fungos medicinais podem simplesmente ser cultivados como culturas de laboratório e depois processados como outros probióticos, como os tomados para a saúde digestiva. As principais perguntas são quais micróbios incluir, quantos, e se eles realmente funcionarão no cérebro sem produzir efeitos colaterais?

Nessa fase, os cientistas estão trabalhando para encontrar conexões entre certas espécies de bactérias e seus efeitos no cérebro e no comportamento. Uma combinação de duas espécies bacterianas, *Lactobacillus helveticus* e *Bifidobacterium longum*, ministrada na forma de um probiótico, demonstrou reduzir a ansiedade nas pessoas, diminuindo o hormônio do estresse cortisol. Outras espécies de bactérias como a *Bifidobacterium infantis* têm propriedades antidepressivas em ratos. Muita atenção também está sendo dedicada para saber se as bactérias intestinais estão ligadas aos sintomas associados aos distúrbios do espectro do autismo. Um estudo polêmico de 2013 do biólogo Sarkis Mazmanian, do Instituto de Tecnologia da Califórnia, mostrou que a administração de bactérias chamadas *Bacteroides fragilis* reverteu os sintomas de autismo em um modelo de rato.

O estado de nossa microbiota também pode afetar nossa suscetibilidade ao trauma, seja na infância ou no campo de batalha. O fisiologista Christopher Lowry, da Universidade do Colorado, realizou um estudo em 2017 que comparou as espécies de microbiota em pessoas que sofrem de transtorno de estresse pós-traumático (TEPT) com pessoas que sofreram trauma semelhante e ainda não desenvolveram TEPT. Indivíduos que sofreram trauma na infância e adultos com TEPT são deficientes em vários filos de bactérias, incluindo Actinobacteria, Lentisphaerae e Verucucicrobia. Essas bactérias trabalham para equilibrar o sistema imunológico, e sua perda pode explicar em parte por que os indivíduos com TEPT frequentemente têm problemas como inflamações.

Pode haver outras maneiras de promover o crescimento de bactérias úteis em nosso intestino, como os prebióticos. Eles são componentes de nossa dieta, como as fibras, que ajudam a cultivar uma população favorável de micróbios em nosso intestino. Assim como o fertilizante mantém um jardim saudável, o que você come ajuda a preservar uma microbiota saudável. A maioria dos regimes prebióticos segue as diretrizes do senso comum para uma alimentação saudável: incluindo muitas frutas e legumes e evitando alimentos processados carregados de açúcar, sal e gordura.

O potencial para prebióticos foi ilustrado em um estudo de 2017 que testou se doze semanas de uma dieta mediterrânea ajudariam as pessoas que sofrem de depressão maior. Seguir essa dieta ajudou a melhorar os sintomas em 30% dos participantes. Atualmente, muitos estudos estão em andamento para determinar como os prebióticos em alimentos saudáveis modulam nossa microbiota para produzir esses efeitos benéficos no humor. Embora as mudanças na dieta por si só não sejam completamente eficazes na maioria das pessoas com depressão, a combinação de prebióticos e probióticos (chamada simbióticos — como se já não houvesse nomes suficientes) em breve podem ser um componente importante para o tratamento psiquiátrico.

Assumir o controle de nossa lista de convidados microbianos inclui convidar bactérias que trazem algo que precisamos para a festa. Os cientistas estão criando bactérias que podem ajudar as pessoas que sofrem de fenilcetonúria (PKU na sigla em inglês), um distúrbio genético raro que torna quase impossível ingerir proteínas porque esses pacientes não possuem a enzima necessária para quebrar o aminoácido fenilalanina. A Synlogic é uma empresa que cria bactérias para transportar o gene que codifica a enzima. A ideia é que as pessoas com PKU possam comer proteína desde que também consumam essa bactéria que quebra a fenilalanina.

É importante observar que o entusiasmo que envolve a engenharia genética, a epigenética e a microbiota deixa essas áreas de ponta da ciência suscetíveis ao sensacionalismo. Esses campos estão ainda em seus primeiros passos e são necessárias muito mais pesquisas para comprovar as promessas de estudos iniciais. No momento, não existem evidências suficientes para sustentar as alegações de que algum suplemento miraculoso, um tratamento de medicina alternativa ou atividade exótica da Nova Era seja capaz de regular seu genoma, epigenoma ou microbioma de uma maneira saudável. Pelo contrário, poderia causar danos.

Como Podemos Tunar Nosso Cérebro

A revolução para combinar cérebros, e a eletrônica já está em andamento, desencadeada na década de 1960 por José Delgado, o neurocientista que interrompeu o ataque de um touro enfurecido simplesmente pressionando um botão no controle remoto (veja o Capítulo 6). Trinta anos depois, nos anos 1990, Phil Kennedy liderou a primeira tentativa de mesclar um computador com o cérebro humano.

O sujeito da pesquisa se chamava Johnny Ray, que ficara completamente paralisado por um derrame no tronco cerebral aos 52 anos. Tendo sofrido um acidente vascular cerebral, esclerose lateral amiotrófica (ELA) ou um acidente trágico, pacientes como Ray são chamados de "aprisionados", porque são totalmente conscientes dentro de um corpo que não conseguem mais controlar. Ao conectar eletrodos ligando o cérebro de Ray e um computador, Kennedy criou a primeira interface cérebro-computador (BCI, na sigla em inglês). Como mágica, Ray foi capaz de usar a BCI para mover um cursor de computador em uma tela usando apenas seus pensamentos. Pouco tempo depois, os pensamentos de Ray poderiam mover o cursor para letras na tela para digitar palavras, permitindo que ele conversasse com seus entes queridos pela primeira vez desde seu derrame.

Johnny Ray ficou conhecido como o primeiro "ciborgue humano", um termo que se refere à mesclagem de máquinas biológicas e fabricadas pelos homens. E, diferentemente das previsões apocalípticas retratadas nas histórias de ficção científica, a fusão de computadores com nossa mente não roubou a humanidade Ray, mas ajudou a restaurá-la.

Em 2006, o neurocientista John Donoghue, da Brown University, inventou o BrainGate, um pequeno implante contendo cem eletrodos embutidos no córtex motor de um paciente com tetraplegia. O BrainGate poderia então ser conectado a um computador por meio de uma entrada no topo de sua cabeça. Quando conectado ao computador, ele pode usar seus pensamentos para abrir e-mails, jogar videogame e mudar de canal na televisão.

Cientistas do Laboratório de Física Aplicada da Universidade Johns Hopkins estão usando a BCI para desenvolver membros protéticos modulares. Nos pacientes com falta de um membro, os sinais do cérebro são enviados para um soquete personalizado treinado para mover uma prótese de acordo. O mais recente braço robótico possui nada menos que 26 articulações e pode carregar até 20kg e é controlada por pensamento. Os estudos atuais focam o envio de informações no sentido inverso, do membro para o cérebro, para que os amputados possam ter sensações, como a textura do velcro ou a temperatura da sopa. Da mesma forma, outros grupos estão tentando ajudar pessoas cegas instalando implantes cerebrais capazes de interpretar as informações visuais transmitidas por uma câmera.

Atualmente, os cientistas estão desenvolvendo tecnologias de BCI que evitam implantes invasivos do cérebro e utilizam grades de eletrodos posicionados sobre a superfície do cérebro (eletrocorticografia ou

ECoG) — ou, melhor ainda, no couro cabeludo (eletroencefalografia ou EEG). Os eletrodos de EEG colocados no couro cabeludo se assemelham a uma touca de natação com mais de cem fios conectados que alimentam o computador. Ambos examinam uma ampla gama de atividades cerebrais e tentam traduzir esses padrões em fala ou movimento, muito parecido com ler a mente.

Esse feito torna-se possível porque cada um dos bilhões de neurônios que compõem nosso cérebro emite um pequeno pulso elétrico quando ativado. Quando grupos de neurônios são ativados, eles emitem coletivamente oscilações neurais, também conhecidas como ondas cerebrais. Padrões distintos dessas ondas surgem dependendo de em que a pessoa está pensando, e um EEG pode ler e traduzir o diagrama de atividade elétrica em ação com a ajuda do computador. Imagine pilotar um drone só com o pensamento: essa tecnologia incrível transformou essa fantasia em realidade.

As BCIs também foram usadas para controlar outras pessoas por meio do pensamento, mesmo que estejam em dois locais diferentes. Os pesquisadores conseguiram fazer uma pessoa usar seus pensamentos para controlar como outra pessoa jogava um videogame que envolvia atirar em alvos. A pessoa um usava uma touca de EEG e *imaginava* pressionar o botão de disparo quando o alvo aparecia durante o jogo. As ondas cerebrais geradas por seus pensamentos foram enviadas pela internet para a pessoa dois, que estava conectada ao computador, mas de costas para o videogame. Mesmo quando o jogador estava em um prédio diferente e não podia ver o videogame, o jogador remoto conseguiu atirar nos alvos com precisão por meio dos pensamentos. Quando a sequência de *Avatar* finalmente chegar aos cinemas, pode ser que não seja mais ficção científica.

Phil Kennedy especula que um dia seremos capazes de incorporar o cérebro em um corpo robótico, proporcionando os meios para vivermos para sempre, sem um corpo de carne e osso. Como ele pretende transferir a influência da microbiota para nossa mente não está claro. Mas talvez seja uma boa começar a estocar óleo lubrificante em vez de creme para a pele.

Outro ramo da neuromedicina nascido a partir do experimento clássico de Delgado na praça de touros é a estimulação cerebral profunda (DBS, na sigla em inglês). A DBS agora é rotineiramente usada para tratar pacientes com depressão maior, transtorno obsessivo-compulsivo ou distúrbios do movimento como a doença de Parkinson. Às vezes, comparada ao marca-passo do coração, a DBS envolve a implantação de eletrodos que emitem pulsos elétricos no cérebro. Embora o mecanismo preciso ainda esteja sob investigação, acredita-se que os impulsos elétricos do dispositivo interrompam ou restaurem a atividade elétrica problemática no cérebro que leva à condição do paciente.

O posicionamento do eletrodo no cérebro é ditado pelo distúrbio neurológico que está sendo tratado. O eletrodo é uma sonda longa e fina como uma agulha inserida no cérebro enquanto o paciente está acordado (a menos que o distúrbio de movimento impeça o paciente de ficar parado). Por mais desconcertante que pareça, esse não é um procedimento fisicamente doloroso, porque o cérebro não tem receptores de dor. Além disso, manter o paciente acordado é útil, porque ele pode informar verbalmente ao cirurgião se o sistema está funcionando. (Da mesma forma, se o paciente declarar que está ansioso para voltar ao Qo'noS para recuperar seu assento no Conselho Superior de Klingon, o cirurgião sabe que precisa reposicionar o eletrodo.)

À medida que envelhece, você pode se esforçar para lembrar os detalhes de suas memórias queridas. Existe um implante para isso? O engenheiro biomédico Theodore Berger, da Universidade do Sul da Califórnia, é um cientista que trabalha com amplificadores de memória capazes de interagir diretamente com nosso cérebro. Por mais intangível que possa parecer, a memória é um fenômeno biológico transmitido por impulsos elétricos entre nossos neurônios (veja o

Capítulo 8). Uma parte do cérebro chamada hipocampo converte a memória de trabalho, de curto prazo, em memória de longo prazo. Em teoria, se aprendermos a ler a linguagem das ondas cerebrais produzidas por essa atividade elétrica, conseguiremos decodificar uma memória. Por outro lado, também deve ser possível enviar memórias para o cérebro por meio do hipocampo, semelhante ao processo que o personagem de Arnold Schwarzenegger experimentou no filme *O Vingador do Futuro*, de 1990. No entanto, os tipos de lembranças que enviaríamos podem incluir a obra completa de Shakespeare, como falar uma língua estrangeira ou um lembrete do que aconteceu na temporada anterior do nosso programa favorito.

Às vezes, problemas de memória surgem devido a um defeito de sinalização no hipocampo, esse foi o ponto de partida de Berger e sua equipe para aprender a linguagem da memória. Eles trabalharam em ratos e macacos para registrar os sinais elétricos emitidos pelo hipocampo, enquanto os animais aprendiam uma tarefa simples, como qual alavanca pressionar para um petisco. Esses sinais elétricos foram programados em um chip de memória implantado no hipocampo. Com o chip desligado, os animais receberam uma droga que bloqueia a recuperação da memória de longo prazo, fazendo com que esquecessem qual alavanca liberava o petisco. Mas quando o chip de memória foi ligado, os animais, mesmo sob o efeito da droga, sabiam qual alavanca pressionar para receber o petisco. Espera-se que esses resultados promissores preparem o caminho para ajudar as pessoas com problemas de memória.

Às vezes, o problema é não conseguir esquecer uma memória. Mais de 8% dos norte-americanos sofre de TEPT, um distúrbio frequentemente debilitante, causado por memórias indeléveis de experiências traumáticas. Como aprendemos no Capítulo 8, as memórias são reconstruídas toda vez que são lembradas, e essas memórias podem ser distorcidas à medida que são reconsolidadas (gravadas de volta em nosso banco de memória). Os cientistas especularam que talvez seja possível explorar esse processo alterando a memória durante sua reconsolidação. Uma maneira de fazer isso pode ser por meio de drogas como betabloqueadores, que reduzem a frequência cardíaca e a ansiedade. Um estudo de 2009 do psicólogo Merel Kindt, da Universidade de Amsterdã, administrou choques leves a voluntários ao mesmo tempo em que eles viam fotos de aranhas. Um dia depois, eles ministraram a uma metade do grupo uma pílula betabloqueadora e à outra, um placebo antes de reativar sua memória, mostrando as fotos das aranhas novamente (sem os choques); ambos os grupos ficaram igualmente sobressaltados com as fotos. A surpresa veio quando as fotos das aranhas foram mostradas novamente alguns dias depois. Os que receberam o betabloqueador durante a reativação da memória não ficaram tão assustados quando viram as fotos. Em contraste, os voluntários que tomaram a pílula placebo continuaram sobressaltados ao ver as fotos de aranha.

Não muito diferente do que você pode ter visto em um episódio de *Black Mirror*, os cientistas também estão tentando levar a internet para dentro de nossas cabeças. Daqui a algumas décadas, os adolescentes zombarão de nós: "Que ridículo, as pessoas tinham que carregar um dispositivo para postar uma foto no Instagram!" Muitas pessoas já usam a internet como um segundo cérebro, rapidamente fazem uma pergunta ao Google, checam sua agenda ou visitam suas memórias visualizando fotos na linha do tempo do Facebook. Não seria muito diferente do que fundir seu smartphone diretamente ao cérebro, em vez de alimentá-lo através dos olhos. Não seria maravilhoso ter acesso a todos esses recursos só com o pensamento? Ou pelo menos conectar um disco rígido ao cérebro para armazenar melhor as memórias e facilitar sua recuperação? Os cientistas preveem novas tecnologias que aumentam a memória e a inteligência estarão online nos próximos trinta a cinquenta anos. Uma nova geração de vírus e malware baseados em ciborgues deve surgir logo em seguida, e um doutorado em neurociência pode ser um prerrequisito para os futuros profissionais de TI.

Por que Precisamos Viver uma Vida Baseada em Evidências

A edição de genes, a modulação da expressão gênica com drogas epigenéticas, a manipulação de nossa microbiota e as interfaces cérebro-computador são tecnologias empolgantes que melhorarão a vida no futuro. Alguns se referem a essas maravilhas da tecnologia como milagres, mas isso é um erro de concepção, pois esses avanços são um resultado direto da aplicação do método científico. Elas são a recompensa que vem de séculos de pesquisas investigativas árduas, destinadas a entender a mecânica subjacente à fisiologia humana. Em vez de esse conhecimento reducionista diminuir a grandiosidade da humanidade, está nos ajudando a aliviar o sofrimento e melhorar as vidas.

Aos 117 anos, Emma Morano era uma das pessoas mais velhas do mundo até sua morte, em abril de 2017. Ela nasceu durante o pânico dos vampiros na Nova Inglaterra, o que nos traz uma perspectiva do quanto esse episódio é recente. Parafraseando Carl Sagan, não saímos das sombras do nosso mundo assombrado por demônios; de fato, muitas pessoas ainda estão navegando na escuridão dessas sombras. Em outubro de 2017, no Malawi, uma multidão matou oito pessoas que acreditava serem vampiros.

O progresso feito em nossa batalha contra as doenças infecciosas ilustra a diferença entre comportamento científico e supersticioso e enfatiza o que é mais benéfico para o nosso bem-estar futuro. Não faz muito tempo, acreditava-se que forças sobrenaturais provocavam pragas letais. Um deus zangado, uma bruxa rancorosa, monstros ou uma violação de alguma superstição eram geralmente citados como os motivos pelos quais indivíduos ou uma vila adoeciam. Pensamentos e orações, a queima de inocentes acusados de bruxaria e a fé cega em superstições sem sentido (e às vezes prejudiciais) eram remédios para nossos problemas, e todos eles foram terrivelmente malsucedidos.

Mas a descoberta de germes em meados do século XIX revelou a verdadeira razão pela qual as pessoas tossiam sangue ou seu corpo se recobria de pústulas repugnantes. A compreensão da biologia subjacente à doença nos colocou em posição de fazer algo tangível sobre o problema, e nos levou, no início dos anos 1900, à descoberta do antibiótico penicilina, anunciado como uma "droga milagrosa" na época. A penicilina salvou bilhões de vidas. Mas chamar isso de milagre é um tapa na cara da longa cadeia de dedicados cientistas e curiosos que trabalharam para descobrir as reais razões pelas quais as pessoas adoeciam. Eles foram os corajosos que rejeitaram a hipótese tradicional que atribuía a doença ao sobrenatural. Quando enquadramos um problema no reino do sobrenatural, nada de útil pode ser feito. Mas quando arregaçamos as mangas, experimentamos, reunimos evidências e pensamos criticamente, surge o progresso.

Os mesmos princípios são válidos para nossos comportamentos inexplicáveis hoje. Nós somos quem somos e fazemos as coisas que fazemos por uma razão lógica incorporada em nossa biologia. Identificar as verdadeiras fontes de nosso comportamento elucida quem realmente somos e o que somos capazes de nos tornar. A atenção aos dados nos permite viver uma vida guiada por evidências, em vez de suposições.

Pode-se citar muitos exemplos que ilustram os benefícios de viver uma vida baseada em evidências. Mas os que eu acho mais instigantes são os relacionados à melhoria da vida dos jovens. Inúmeras vezes, nestas páginas, vimos como são absolutamente cruciais o período pré-natal e os primeiros anos de vida para garantir uma vida adulta feliz e saudável. Vejamos um caso em que a vida baseada em evidências foi aplicada ao problema do comportamento indisciplinado dos adolescentes e do abuso de substâncias.

Você sabe qual país tem os adolescentes mais bem-comportados? A Islândia. Mas nem sempre foi assim. Nos anos 1990, mais de 40% dos adolescentes islandeses bebiam e quase 20% usavam maconha.

Hoje, essas porcentagens caíram para quase 5%. Como a Islândia alcançou esse sucesso? Não foi com a religião nem com políticas de tolerância zero para o abuso de substâncias; foi por meio da compreensão da biologia. Lembra-se do famoso experimento do Parque dos Ratos descrito no Capítulo 4? Ofereça aos ratos muitas coisas divertidas e interessantes para fazer e eles evitarão a cocaína mesmo que esteja disponível.

Na década de 1990, autoridades da Islândia tentaram fazer algo semelhante implementando o Project Self-Discovery, um programa que oferecia aos adolescentes a chance de experimentar prazeres naturais em vez de induzidos por drogas. Foram criados programas extracurriculares patrocinados pelo Estado para oferecer aos adolescentes a oportunidade de aprender algo novo, como tocar piano, esculpir ou aprender a dançar tango. Eles podiam praticar artes marciais ou esportes. Atividades que muitas famílias simplesmente não conseguiam pagar até a implementação do programa. Além disso, as crianças participaram de treinamento de habilidades para a vida, e os pais participaram de sessões que ofereciam dicas sobre como criar adolescentes. Um toque de recolher também foi implementado para impedir que os adolescentes fiquem na rua depois das 22h.

Nos Estados Unidos, muitas famílias abastadas têm o luxo de fazer essas coisas, e elas geralmente compensam; estudos mostram que a mente adolescente anseia por dopamina, fornecida em medida suficiente por essas atividades extracurriculares. Imagine o que aconteceria com as taxas de criminalidade e dependência de drogas se todos os distritos escolares tivessem recursos equivalentes que oferecessem prazeres naturais às crianças. Os investimentos que fornecem a cada criança nutrição, orientação e mentoria, e conhecimento sobre drogas e sexo são muito mais baratos que o custo de lidar com adultos problemáticos. Não é apenas uma coisa humana a se fazer, mas também mais econômica.

Pensamentos semelhantes passaram pela cabeça de David Olds, do Centro de Ciências da Saúde da Universidade do Colorado, que testou o quanto um pouco de cuidado e educação pode fazer na educação de crianças. Olds inscreveu quatrocentas grávidas de primeira viagem oriundas de bairros de classe baixa de Nova York em seu estudo. As participantes foram atendidas em visitas domiciliares por profissionais de saúde cerca de dez vezes durante a gravidez e cerca de vinte, ao longo dos primeiros dois anos de vida da criança. O progresso de seus filhos foi monitorado 13 anos depois, quando completaram 15 anos. Durante as visitas, a mãe foi aconselhada sobre nutrição adequada para ela e seu bebê e também aprendeu habilidades parentais.

Os resultados superaram as expectativas, mostrando que essas visitas domiciliares simples e baratas no período pré-natal e na primeira infância reduziram drasticamente o número de gestações subsequentes, a dependência de assistência social, o abuso e a negligência infantil e o comportamento criminoso. As evidências foram publicadas em 1997. Talvez um dia nos tornemos sábios e compassivos o suficiente para usá-las.

A ciência dissipou a ideia de que qualquer um pode ser o que quiser; grandes disparidades na natureza e na criação nos levam a um jogo imensamente desigual. Mas podemos tomar medidas práticas para minimizar essas disparidades e ajudar todos a realizarem todo seu potencial. Quando se trata de nossos companheiros seres humanos, especialmente de nossos filhos, a escolha não deve ser nadar ou morrer; deve ser nadar ou ser resgatado. Informados por nossa biologia e guiados por evidências, podemos construir ambientes melhores para todos, o que levará a uma sociedade mais forte e saudável.

» CONCLUSÃO «

CONHEÇA O NOVO VOCÊ

> Em vez de condenar as pessoas, vamos tentar entendê-las. Tentar descobrir por que elas fazem o que fazem. Isso é muito mais lucrativo e intrigante do que críticas; e gera simpatia, tolerância e bondade.
> — Dale Carnegie, *Como Fazer Amigos e Influenciar Pessoas*

Como você pode ver, entender por que fazemos as coisas que fazemos é realmente simples. Só que não! Nenhuma teoria é capaz de explicar tudo, o que significa que nunca existe uma única explicação para o nosso comportamento. Nem os sucessos nem os fracassos na vida podem ser atribuídos apenas à nossa grandiosidade ou à falta dela. Nossas ações e personalidades surgem de uma interação vertiginosa entre genes (incluindo como eles foram programados epigeneticamente), micróbios, hormônios, neurotransmissores e nosso ambiente. Também não podemos analisar nosso comportamento atual sem reconhecer as impressões digitais deixadas para trás pelas pressões evolutivas que nos moldaram — especialmente o intenso impulso subconsciente de sobreviver e se reproduzir.

A casa caiu. Agora sabemos que somos sofisticadas máquinas de sobrevivência para genes, criadas para continuar seu jogo de replicação de bilhões de anos. Não foi fácil conhecer nosso criador de DNA e descobrir todos os truques que ele usou para nos enganar a fim de manter os genes vivos. Ricos ou pobres, somos todos escravos das artimanhas do DNA. Somos como Pinóquio acordando para o dom da vida, mas consternados ao encontrar os cordéis que nos manipulam.

Depois de todos esses anos pensando que éramos seres livres, percebemos que a maioria, se não a totalidade, de nosso comportamento não é fruto de nossa própria vontade. Foi guiado e restringido por cordéis de marionetes. Um deles é o DNA. Os outros são a epigenética, nossa microbiota e nosso subconsciente. E ainda estamos descobrindo mais sequências responsáveis por nosso comportamento de maneiras ainda desconhecidas para nós. Por exemplo, quando um gene é transcrito em uma proteína, as instruções genéticas são transportadas em uma molécula chamada RNA mensageiro (RNAm), que também pode ser quimicamente modificada, assim como o DNA pode ser metilado. O estudo das alterações químicas no RNAm é denominado epitranscriptômica, e essas alterações afetam quanta proteína é produzida no RNAm e quando. As próprias proteínas também podem ser quimicamente modificadas de maneira a alterar sua estabilidade, função ou localização em uma célula. Todas essas etapas regulatórias adicionais tornam cada vez mais difícil prever o comportamento de alguém apenas com base em suas sequências genéticas.

Antes ocultos, os cordéis de marionetes que nos controlam agora estão visíveis. Mais do que isso, estamos descobrindo possíveis maneiras de cortar os fios por meio da edição de genes, drogas epigenéticas, remodelação de microbiomas e fusão de cérebros com computadores. A mão do destino que serviu como nosso mestre marionetista foi a evolução. Mas, como um fantoche que aprendeu a ser seu próprio mestre, a ciência nos proporcionou a capacidade de evoluir. Somente o tempo dirá se o show de marionetes da humanidade será um sucesso ou um fracasso.

Temos uma chance maior de sucesso se permitirmos que a história sirva como nosso Grilo Falante. A natureza humana nasceu de genes egoístas, mas genes egoístas são tão obsoletos. A doença dos genes egoístas continua a atormentar nossa espécie na forma de egos inflados, ganância, desonestidade, trapaça, criação de dicotomias "nós contra eles"; e a tolerância de uma hierarquia social que permite que as riquezas do mundo sejam restritas a poucos machos alfa enquanto bilhões mergulham na pobreza. Esses genes egoístas criaram a parte diva do cérebro: a parte que quase sempre nos coloca em apuros ou causa sofrimento aos outros.

Mas esses genes também criaram um cérebro que inventou o método científico como um meio de entender melhor a si mesmo e ao universo em que habita. Ao longo dos tempos, da astronomia à zoologia, a ciência nos tirou do pedestal sobre o qual o cérebro de diva se empoleirou. A história em quadrinhos "Calvin e Haroldo" captou brilhantemente a aceitação dessa realidade. Calvin grita desafiadoramente na noite estrelada: "EU SOU SIGNIFICANTE!", mas depois murmura: "Gritou o grão de pó."

Sim, a ciência é uma esmagadora de egos, mas um golpe no nosso convencimento é um unificador que nos torna mais humildes e que faz bem ao cérebro da diva. O ego criou barreiras desnecessárias entre as pessoas que consideramos pertencerem ao nosso time e as outras pessoas no mundo. A demolição do ego nos ajudará a apagar as linhas absurdas que nos dividem, transformando punhos em mãos abertas.

A história provou que a cooperação é infinitamente mais benéfica para os indivíduos e a sociedade em geral. As espécies que aprendem a se unir e dividir o trabalho imitam o que os genes fizeram há muito tempo, quando se uniram como um time no DNA. Um pouco de autonomia é sacrificado para o bem maior. Mas, como os indivíduos (e seus parentes) geralmente se beneficiam desse bem maior, ele forma um ciclo de feedback positivo.

A grande maioria da natureza está disposta a uma batalha impiedosa, sem a menor consideração pelo bem-estar dos outros. Porém, algumas espécies mudaram essa lógica de cabeça para baixo. Levamos essa ideia ao extremo oposto, em que a falta de compaixão é agora considerada um distúrbio psicológico. Essa estratégia de "coce minhas costas e eu coçarei as suas" nos serviu bem e é a chave para a prosperidade futura. Ajudar as pessoas, independentemente de sua equivalência genética, é a rebelião final contra os genes egoístas. Desafiando os impulsos primitivos que gritam eu, eu, eu, podemos ignorar os genes egoístas e viver em estado de afeição humana, em vez de natureza humana.

Acho que estamos todos à altura do desafio.

FONTES SELECIONADAS

Capítulo 1

Borghol, N., M. Suderman, W. McArdle, A. Racine, M. Hallett, M. Pembrey, C. Hertzman, C. Power e M. Szyf. "Associations With Early-Life Socio- Economic Position in Adult DNA Methylation." *International Journal of Epidemiology* 41, nº 1 (fevereiro de 2012): 62–74.

Projeto Microbioma Humano, Consórcio. "Structure, Function and Diversity of the Healthy Human Microbiome." *Nature* 486, nº. 7402 (13 de junho de 2012): 207–14.

Kioumourtzoglou, M. A., B. A. Coull, E. J. O'Reilly, A. Ascherio e M. G. Weisskopf. "Association of Exposure to Diethylstilbestrol During Pregnancy With Multigenerational Neurodevelopmental Deficits." *JAMA Pediatrics* 172, nº. 7 (1º de julho de 2018): 670–77.

Lax, S., D. P. Smith, J. Hampton-Marcell, S. M. Owens, K. M. Handley, N. M. Scott, S. M. Gibbons, et al. "Longitudinal Analysis of Microbial Interaction Between Humans and the Indoor Environment." *Science* 345, nº. 6200 (29 de agosto de 2014): 1048–52.

Meadow, J. F., A. E. Altrichter, A. C. Bateman, J. Stenson, G. Z. Brown, J. L. Green e B. J. Bohannan. "Humans Differ in Their Personal Microbial Cloud." *PeerJ* 3 (2015): e1258.

Sender, R., S. Fuchs e R. Milo. "Revised Estimates for the Number of Human and Bacteria Cells in the Body." *PLoS Biology* 14, nº. 8 (agosto de 2016): e1002533.

Simola, D. F., R. J. Graham, C. M. Brady, B. L. Enzmann, C. Desplan, A. Ray, L. J. Zwiebel, et al. "Epigenetic (Re)Programming of Caste-Specific Behavior in the Ant *Camponotus floridanus*." *Science* 351, nº 6268 (1º de janeiro de 2016): aac6633.

Capítulo 2

Allen, A. L., J. E. McGeary e J. E. Hayes. "Polymorphisms in TRPV1 and TAS2RS Associate With Sensations From Sampled Ethanol." *Alcoholism: Clinical and Experimental Research* 38, nº. 10 (outubro de 2014): 2550–60.

Anderson, E. C. e L. F. Barrett. "Affective Beliefs Influence the Experience of Eating Meat." *PLoS One* 11, nº. 8 (2016): e0160424.

Bady, I., N. Marty, M. Dallaporta, M. Emery, J. Gyger, D. Tarussio, M. Foretz e B. Thorens. "Evidence From Glut2-Null Mice That Glucose Is a Critical Physiological Regulator of Feeding." *Diabetes* 55, nº. 4 (abril de 2006): 988–95.

Basson, M. D., L. M. Bartoshuk, S. Z. Dichello, L. Panzini, J. M. Weiffenbach e V. B. Duffy. "Association Between 6-N-Propylthiouracil (Prop) Bitterness and Colonic Neoplasms." *Digestive Diseases and Sciences* 50, nº 3 (março de 2005): 483–89.

Bayol, S. A., S. J. Farrington e N. C. Stickland. "A Maternal 'Junk Food' Diet in Pregnancy and Lactation Promotes an Exacerbated Taste for 'Junk Food' and a Greater Propensity for Obesity in Rat Offspring." *British Journal of Nutrition* 98, nº. 4 (outubro de 2007): 843–51.

Ceja-Navarro, J. A., F. E. Vega, U. Karaoz, Z. Hao, S. Jenkins, H. C. Lim, P. Kosina, et al. "Gut Microbiota Mediate Caffeine Detoxification in the Primary Insect Pest of Coffee." *Nature Communications* 6 (14 de julho de 2015): 7618.

Cornelis, M. C., A. El-Sohemy, E. K. Kabagambe e H. Campos."Coffee, Cyp1a2 Genotype e Risk of Myocardial Infarction." *JAMA* 295, nº. 10 (8 de março de 2006): 1135–41.

Eny, K. M., T. M. Wolever, B. Fontaine-Bisson e A. El-Sohemy. "Genetic Variant in the Glucose Transporter Type 2 Is Associated With Higher Intakes of Sugars in Two Distinct Populations." *Physiological Genomics* 33, nº. 3 (13 de maio de 2008): 355–60.

Eriksson, N., S. Wu, C. B. Do, A. K. Kiefer, J. Y. Tung, J. L. Mountain, D. A. Hinds e U. Francke. "A Genetic Variant Near Olfactory Receptor Genes Influences Cilantro Preference." *arXiv.org* (2012).

Hodgson, R. T. "An Examination of Judge Reliability at a Major U.S. Wine Competition." *Journal of Wine Economics* 3, nº. 2 (2008): 105–13.

Knaapila, A., L. D. Hwang, A. Lysenko, F. F. Duke, B. Fesi, A. Khoshnevisan, R. S. James, et al. "Genetic Analysis of Chemosensory Traits in Human Twins." *Chemical Senses* 37, nº. 9 (novembro de 2012): 869–81.

Marco, A., T. Kisliouk, T. Tabachnik, N. Meiri e A. Weller. "Overweight and CpG Methylation of the Pomc Promoter in Offspring of High-Fat-Diet-Fed Dams Are Not 'Reprogrammed' by Regular Chow Diet in Rats." *FASEB Journal* 28, nº. 9 (setembro de 2014): 4148–57.

McClure, S. M., J. Li, D. Tomlin, K. S. Cypert, L. M. Montague e P. R. Montague. "Neural Correlates of Behavioral Preference for Culturally Familiar Drinks." *Neuron* 44, nº. 2 (14 de outubro de 2004): 379–87.

Mennella, J. A., A. Johnson e G. K. Beauchamp. "Garlic Ingestion by Pregnant Women Alters the Odor of Amniotic Fluid." *Chemical Senses* 20, nº. 2 (abril de 1995): 207–09.

Munoz-Gonzalez, C., C. Cueva, M. Angeles Pozo-Bayon e M. Victoria Moreno-Arribas. "Ability of Human Oral Microbiota to Produce Wine Odorant Aglycones From Odourless Grape Glycosidic Aroma Precursors." *Food Chem istry* 187 (15 de novembro de 2015): 112–19.

Pirastu, N., M. Kooyman, M. Traglia, A. Robino, S. M. Willems, G. Pistis, N. Amin, et al."A Genome-Wide Association Study in Isolated Populations Reveals New Genes Associated to Common Food Likings." *Reviews in Endocrine and Metabolic Disorders* 17, nº 2 (junho de 2016): 209-19.

Pomeroy, R. "The Legendary Study That Embarrassed Wine Experts Across the Globe." *Real Clear Science.* Acesso em: 22 de fevereiro de 2018. Disponível em: www.realclearscience.com/blog/2014/08/the_most_infamous_study_on_wine_tasting.html.

Rozin, P., L. Millman e C. Nemeroff. "Operation of the Laws of Sympathetic Magic in Disgust and Other Domains." *Journal of Personality and Social Psychology* 50, nº. 4 (1986): 703-12.

Tewksbury, J. J. e G. P. Nabhan. "Seed Dispersal. Directed Deterrence by Capsaicin in Chilies." *Nature* 412, nº. 6845 (26 de julho de 2001): 403-04.

Vani, H. *The Food Babe Way: Break Free From the Hidden Toxins in Your Food and Lose Weight, Look Years Younger, and Get Healthy in Just 21 Days!* Nova York: Little, Brown and Company, 2015.

Vilanova, C., A. Iglesias e M. Porcar. "The Coffee-Machine Bacteriome: Bio- diversity and Colonisation of the Wasted Coffee Tray Leach." *Scientific Reports* 5 (23 de novembro de 2015): 17163.

Womack, C. J., M. J. Saunders, M. K. Bechtel, D. J. Bolton, M. Martin, N. D. Luden, W. Dunham e M. Hancock. "The Influence of a Cyp1a2 Polymorphism on the Ergogenic Effects of Caffeine." *Journal of the International Society of Sports Nutrition* 9, nº. 1 (15 de março de 2012): 7.

Capítulo 3

Afshin, A., M. H. Forouzanfar, M. B. Reitsma, P. Sur, K. Estep, A. Lee, et al. e Global Burden of Disease 2015 Obesity Collaborators. "Health Effects of Overweight and Obesity in 195 Countries over 25 Years." *New England Journal of Medicine* 377, nº 1 (6 de julho de 2017): 13-27.

Ahmed, S. H., K. Guillem e Y. Vandaele. "Sugar Addiction: Pushing the Drug- Sugar Analogy to the Limit." *Current Opinions in Clinical Nutritition and Metabolic Care* 16, nº 4 (julho de 2013): 434-39.

Backhed, F., H. Ding, T. Wang, L. V. Hooper, G. Y. Koh, A. Nagy, C. F. Semenkovich e J. I. Gordon. "The Gut Microbiota as an Environmental Factor That Regulates Fat Storage." *Proceedings of the National Academy of Sciemnces of the United States of America* 101, nº. 44 (2 de novembro de 2004): 15718-23.

Barton, W., N. C. Penney, O. Cronin, I. Garcia-Perez, M. G. Molloy, E. Holmes, F. Shanahan, P. D. Cotter e O. O'Sullivan. "The Microbiome of Professional Athletes Differs From That of More Sedentary Subjects in Composition and Particularly at the Functional Metabolic Level." *Gut* (30 de março de 2017).

Blaisdell, A. P., Y. L. Lau, E. Telminova, H. C. Lim, B. Fan, C. D. Fast, D. Garlick e D. C. Pendergrass. "Food Quality and Motivation: A Refined Low-Fat Diet Induces Obesity and Impairs Performance on a Progressive Ratio Schedule of Instrumental Lever Pressing in Rats." *Physiology & Behavior* 128 (10 de abril de 2014): 220-25.

Bressa, C., M. Bailen-Andrino, J. Perez-Santiago, R. Gonzalez-Soltero, M. Perez, M. G. Montalvo-Lominchar, J. L. Mate-Munoz, et al. "Differences in Gut Microbiota Profile Between Women With Active Lifestyle and Sedentary Women." *PLoS One* 12, nº. 2 (2017): e0171352.

Clement, K., C. Vaisse, N. Lahlou, S. Cabrol, V. Pelloux, D. Cassuto, M. Gourmelen, et al. "A Mutation in the Human Leptin Receptor Gene Causes Obesity and Pituitary Dysfunction." *Nature* 392, nº. 6674 (26 de março de 1998): 398-401.

De Filippo, C., D. Cavalieri, M. Di Paola, M. Ramazzotti, J. B. Poullet, S. Massart, S. Collini, G. Pieraccini e P. Lionetti. "Impact of Diet in Shaping Gut Microbiota Revealed by a Comparative Study in Children From Europe and Rural Africa." *Proceedings of the National Academy of Sciences of the United States of America* 107, nº. 33 (17 de agosto de 2010): 14691-96.

den Hoed, M., S. Brage, J. H. Zhao, K. Westgate, A. Nessa, U. Ekelund, T. D. Spector, N. J. Wareham e R. J. Loos. "Heritability of Objectively Assessed Daily Physical Activity and Sedentary Behavior." *American Journal of Clinical Nutrition* 98, nº. 5 (novembro de 2013): 1317-25.

Deriaz, O., A. Tremblay e C. Bouchard. "Non Linear Weight Gain With Long Term Overfeeding in Man." *Obesity Research* 1, nº. 3 (maio de 1993): 179-85.

Derrien, M., C. Belzer e W. M. de Vos. "*Akkermansia muciniphila* and Its Role in Regulating Host Functions." *Microbial Pathogenesis* 106 (maio de 2017): 171-81.

Dobson, A. J., M. Ezcurra, C. E. Flanagan, A. C. Summerfield, M. D. Piper, D. Gems e N. Alic. "Nutritional Programming of Lifespan by Foxo Inhibition on Sugar-Rich Diets." *Cell Reports* 18, nº. 2 (10 de janeiro de 2017): 299-306.

Dolinoy, D. C., D. Huang e R. L. Jirtle. "Maternal Nutrient Supplementation Counteracts Bisphenol A-Induced DNA Hypomethylation in Early Development." *Proceedings of the National Academy of the Sciences USA* 104, nº 32 (7 de agosto de 2007): 13056-61.

Donkin, I., S. Versteyhe, L. R. Ingerslev, K. Qian, M. Mechta, L. Nordkap, B. Mortensen, et al. "Obesity and Bariatric Surgery Drive Epigenetic Variation of Spermatozoa in Humans." *Cell Metabolism* 23, nº. 2 (9 de fevereiro de 2016): 369-78.

Everard, A., V. Lazarevic, M. Derrien, M. Girard, G. G. Muccioli, A. M. Neyrinck, S. Possemiers, et al. "Responses of Gut Microbiota and Glucose and Lipid Metabolism to Prebiotics in Genetic Obese and Diet-Induced Leptin-Resistant Mice." *Diabetes* 60, nº. 11 (novembro de 2011): 2775-86.

Farooqi, I. S. "Leptin and the Onset of Puberty: Insights From Rodent and Human Genetics." *Seminars in Reproductive Medicine* 20, nº. 2 (maio de 2002): 139-44.

Fontes Selecionadas

Grimm, E. R. e N. I. Steinle. "Genetics of Eating Behavior: Established and Emerging Concepts." *Nutrition Reviews* 69, nº. 1 (janeiro de 2011): 52–60.

Hehemann, J. H., G. Correc, T. Barbeyron, W. Helbert, M. Czjzek e G. Michel. "Transfer of Carbohydrate-Active Enzymes From Marine Bacteria to Japanese Gut Microbiota." *Nature* 464, nº. 7290 (8 de abril de 2010): 908–12.

Johnson, R. K., L. J. Appel, M. Brands, B. V. Howard, M. Lefevre, R. H. Lustig, F. Sacks, et al. "Dietary Sugars Intake and Cardiovascular Health: A Scientific Statement From the American Heart Association." *Circulation* 120, nº. 11 (15 de setembro de 2009): 1011–20.

Jumpertz, R., D. S. Le, P. J. Turnbaugh, C. Trinidad, C. Bogardus, J. I. Gordon e J. Krakoff. "Energy-Balance Studies Reveal Associations Between Gut Microbes, Caloric Load, and Nutrient Absorption in Humans." *American Journal of Clinical Nutrition* 94, nº. 1 (julho de 2011): 58–65.

Levine, J. A. "Solving Obesity Without Addressing Poverty: Fat Chance." *Journal of Hepatology* 63, nº. 6 (dezembro de 2015): 1523–24.

Ley, R. E., F. Backhed, P. Turnbaugh, C. A. Lozupone, R. D. Knight e J. I. Gordon. "Obesity Alters Gut Microbial Ecology." *Proceedings of the National Academy of the Sciences USA* 102, nº. 31 (2 de agosto de 2005): 11070–05.

Loos, R. J., C. M. Lindgren, S. Li, E. Wheeler, J. H. Zhao, I. Prokopenko, M. Inouye, et al. "Common Variants Near Mc4r Are Associated With Fat Mass, Weight and Risk of Obesity." *Nature Genetics* 40, nº. 6 (junho de 2008): 768–75.

Mann, Traci. *Secrets From the Eating Lab*. Harper Wave, 2015.

Moss, Michael. *Salt Sugar Fat: How the Food Giants Hooked Us*. Nova York: Random House, 2013.

Ng, S. F., R. C. Lin, D. R. Laybutt, R. Barres, J. A. Owens e M. J. Morris. "Chronic High-Fat Diet in Fathers Programs Beta-Cell Dysfunction in Female Rat Offspring." *Nature* 467, nº. 7318 (21 de outubro de 2010): 963–66.

O'Rahilly, S. "Life Without Leptin." *Nature* 392, nº. 6674 (26 de março de 1998): 330–31. Pelleymounter, M. A., M. J. Cullen, M. B. Baker, R. Hecht, D. Winters, T. Boone e F. Collins."Effects of the Obese Gene Product on Body Weight Regulation in Ob/Ob Mice." *Science* 269, nº. 5223 (28 de julho de 1995): 540–43.

Puhl, R. e Y. Suh. "Health Consequences of Weight Stigma: Implications for Obesity Prevention and Treatment." *Current Obesity Reports* 4, nº. 2 (junho de 2015): 182–90.

Ridaura, V. K., J. J. Faith, F. E. Rey, J. Cheng, A. E. Duncan, A. L. Kau, N. W. Griffin, et al. "Gut Microbiota From Twins Discordant for Obesity Modulate Metabolism in Mice." *Science* 341, nº. 6150 (6 de setembro de 2013): 1241214.

Roberts, M. D., J. D. Brown, J. M. Company, L. P. Oberle, A. J. Heese, R. G. Toedebusch, K. D. Wells, et al."Phenotypic and Molecular Differences Between Rats Selectively Bred to Voluntarily Run High Vs. Low Nightly Distances." *American Journal of PhysiologyRegulatory Integrative and Comparative Physiology* 304, nº. 11 (1º de junho de 2013): R1024–35.

Schulz, L. O. e L. S. Chaudhari. "High-Risk Populations: The Pimas of Arizona and Mexico." *Current Obesity Reports* 4, nº. 1 (março de 2015): 92-98.

Shadiack, A. M., S. D. Sharma, D. C. Earle, C. Spana e T. J. Hallam. "Melanocortins in the Treatment of Male and Female Sexual Dysfunction." *Current Topics in Medicinal Chemistry* 7, nº. 11 (2007): 1137-44.

Stice, E., S. Spoor, C. Bohon e D. M. Small. "Relation Between Obesity and Blunted Striatal Response to Food Is Moderated by Taqia A1 Allele." *Science* 322, nº. 5900 (17 de outubro de 2008): 449-52.

Trogdon, J. G., E. A. Finkelstein, C. W. Feagan e J. W. Cohen. "State- and Payer-Specific Estimates of Annual Medical Expenditures Attributable to Obesity." *Obesity* (Silver Spring) 20, nº. 1 (janeiro de 2012): 214-20.

Trompette, A., E. S. Gollwitzer, K. Yadava, A. K. Sichelstiel, N. Sprenger, C. Ngom-Bru, C. Blanchard, et al. "Gut Microbiota Metabolism of Dietary Fiber Influences Allergic Airway Disease and Hematopoiesis." *Nature Medicine* 20, nº. 2 (fevereiro de 2014): 159-66.

Turnbaugh, P. J., M. Hamady, T. Yatsunenko, B. L. Cantarel, A. Duncan, R. E. Ley, M. L. Sogin, et al."A Core Gut Microbiome in Obese and Lean Twins." *Nature* 457, nº. 7228 (22 de janeiro de 2009): 480-84.

Turnbaugh, P. J., R. E. Ley, M. A. Mahowald, V. Magrini, E. R. Mardis e J. I. Gordon. "An Obesity-Associated Gut Microbiome With Increased Capacity for Energy Harvest." *Nature* 444, nº. 7122 (21 de dezembro de 2006): 1027-31.

Voisey, J. e A. van Daal. "Agouti: From Mouse to Man, From Skin to Fat."

Pigment Cell & Melanoma Research 15, nº. 1 (fevereiro de 2002): 10-18.

Wang L., S. Gillis-Smith, Y. Peng, J. Zhang, X. Chen, C. D. Salzman, N. J. Ryba e C. S. Zuker."The Coding of Valence and Identity in the Mammalian Taste System." *Nature* 558, nº. 7708 (junho de 2018): 127-31.

Yang, N., D. G. MacArthur, J. P. Gulbin, A. G. Hahn, A. H. Beggs, S. Easteal e K. North. "Actn3 Genotype Is Associated With Human Elite Athletic Performance." *American Journal of Human Genetics* 73, nº. 3 (setembro de 2003): 627-31.

Zhang, X. e A. N. van den Pol. "Rapid Binge-Like Eating and Body Weight Gain Driven by Zona Incerta GABA Neuron Activation." *Science* 356, nº. 6340 (26 de maio de 2017): 853-59.

Capítulo 4

Anstee, Q. M., S. Knapp, E. P. Maguire, A. M. Hosie, P. Thomas, M. Mortensen, R. Bhome, et al. "Mutations in the Gabrb1 Gene Promote Alcohol Consumption Through Increased Tonic Inhibition." *Nature Communications* 4 (2013): 2816.

Bercik, P., E. Denou, J. Collins, W. Jackson, J. Lu, J. Jury, Y. Deng, et al. "The Intestinal Microbiota Affect Central Levels of Brain-Derived Neurotropic Factor and Behavior in Mice." *Gastroenterology* 141, nº. 2 (agosto de 2011): 599-609.e3.

Fontes Selecionadas

Dick, D. M., H. J. Edenberg, X. Xuei, A. Goate, S. Kuperman, M. Schuckit, R. Crowe, et al. "Association of Gabrg3 With Alcohol Dependence." *Alcoholism: Clinical and Experimental Research* 28, nº. 1 (janeiro de 2004): 4–9.

DiNieri, J. A., X. Wang, H. Szutorisz, S. M. Spano, J. Kaur, P. Casaccia, D. Dow-Edwards e Y. L. Hurd. "Maternal Cannabis Use Alters Ventral Striatal Dopamine D2 Gene Regulation in the Offspring." *Biological Psychiatry* 70, nº. 8 (15 de outubro de 2011): 763–69.

Egervari, G., J. Landry, J. Callens, J. F. Fullard, P. Roussos, E. Keller e Y. L. Hurd. "Striatal H3k27 Acetylation Linked to Glutamatergic Gene Dysregulation in Human Heroin Abusers Holds Promise as Therapeutic Target." *Biological Psychiatry* 81, nº. 7 (1º de abril de 2017): 585–94.

Finkelstein, E. A., K. W. Tham, B. A. Haaland e A. Sahasranaman. "Applying Economic Incentives to Increase Effectiveness of an Outpatient Weight Loss Program (Trio): A Randomized Controlled Trial." *Social Science & Medicine* 185 (julho de 2017): 63–70.

Flagel, S. B., S. Chaudhury, M. Waselus, R. Kelly, S. Sewani, S. M. Clinton, R. C. Thompson, S. J. Watson, Jr. e H. Akil. "Genetic Background and Epigenetic Modifications in the Core of the Nucleus Accumbens Predict Addiction-Like Behavior in a Rat Model." *Proceedings of the National Academy of the Sciences USA* 113, nº. 20 (17 de maio de 2016): E2861–70.

Flegr, J. e R. Kuba. "The Relation of *Toxoplasma* Infection and Sexual Attrac- tion to Fear, Danger, Pain, and Submissiveness." *Evolutionary Psychology* 14, nº. 3 (2016).

Flegr, J., M. Preiss, J. Klose, J. Havlicek, M. Vitakova e P. Kodym. "Decreased Level of Psychobiological Factor Novelty Seeking and Lower Intelligence in Men Latently Infected With the Protozoan Parasite *Toxoplasma gondii* Dopamine, a Missing Link Between Schizophrenia and Toxoplasmosis?" *Biological Psychology* 63, nº. 3 (julho de 2003): 253–68.

Frandsen, M. "Why We Should Pay People to Stop Smoking." theconversation. com/why-we-should-pay-people-to-stop-smoking-84058.

Giordano, G. N., H. Ohlsson, K. S. Kendler, K. Sundquist e J. Sundquist. "Unexpected Adverse Childhood Experiences and Subsequent Drug Use Disorder: A Swedish Population Study (1995–2011)." *Addiction* 109, nº. 7 (julho de 2014): 1119–27.

Kippin, T. E., J. C. Campbell, K. Ploense, C. P. Knight e J. Bagley. "Prenatal Stress and Adult Drug-Seeking Behavior: Interactions With Genes and Relation to Nondrug--Related Behavior." *Advances in Neurobiology* 10 (2015): 75–100.

Koepp, M. J., R. N. Gunn, A. D. Lawrence, V. J. Cunningham, A. Dagher, T. Jones, D. J. Brooks, C. J. Bench e P. M. Grasby. "Evidence for Striatal Dopamine Release During a Video Game." *Nature* 393, nº. 6682 (21 de maio de 1998): 266–68.

Kreek, M. J., D. A. Nielsen, E. R. Butelman e K. S. LaForge. "Genetic Influences on Impulsivity, Risk Taking, Stress Responsivity and Vulnerability to Drug Abuse and Addiction." *Nature Neuroscience* 8, nº. 11 (novembro de 2005): 1450–57.

Leclercq, S., S. Matamoros, P. D. Cani, A. M. Neyrinck, F. Jamar, P. Starkel, K. Windey, et al. "Intestinal Permeability, Gut-Bacterial Dysbiosis, and Behavioral Markers of Alcohol-Dependence Severity." *Proceedings of the National Academy of the Sciences USA* 111, nº. 42 (21 de outubro de 2014): E4485–93.

Matthews, L. J. e P. M. Butler. "Novelty-Seeking DRD4 Polymorphisms Are Associated With Human Migration Distance Out-of-Africa After Controlling for Neutral Population Gene Structure." *American Journal of Physical Anthropology* 145, nº. 3 (julho de 2011): 382–89.

Mohammad, Akikur. *The Anatomy of Addiction: What Science and Research Tell Us About the True Causes, Best Preventive Techniques, and Most Successful Treatments.* Nova York: TarcherPerigee, 2016.

Osbourne, Ozzy. *Trust Me, I'm Dr. Ozzy: Advice from Rock's Ultimate Survivor.* Nova York: Grand Central Publishing, 2011.

Peng, Y., H. Shi, X. B. Qi, C. J. Xiao, H. Zhong, R. L. Ma e B. Su. "The ADH1B Arg47His Polymorphism in East Asian Populations and Expansion of Rice Domestication in History." *BMC Evolutionary Biology* 10 (20 de janeiro de 2010): 15.

Peters, S. e E. A. Crone. "Increased Striatal Activity in Adolescence Benefits Learning." *Nature Communications* 8, nº. 1 (19 de dezembro de 2017): 1983.

Ptacek, R., H. Kuzelova e G. B. Stefano. "Dopamine D4 Receptor Gene DRD4 and Its Association With Psychiatric Disorders." *Medical Science Monitor* 17, nº. 9 (setembro de 2011): RA215–20.

Repunte-Canonigo, V., M. Herman, T. Kawamura, H. R. Kranzler, R. Sherva, J. Gelernter, L. A. Farrer, M. Roberto e P. P. Sanna. "Nf1 Regulates Alcohol Dependence-Associated Excessive Drinking and Gamma-Aminobutyric Acid Release in the Central Amygdala in Mice and Is Associated With Alcohol Dependence in Humans." *Biological Psychiatry* 77, nº. 10 (15 de maio de 2015): 870–79.

Reynolds, Gretchen. "The Genetics of Being a Daredevil." *New York Times*, well.blogs.nytimes.com/2014/02/19/the-genetics-of-being-a-daredevil/?_r=0.

Schumann, G., C. Liu, P. O'Reilly, H. Gao, P. Song, B. Xu, B. Ruggeri, et al. "KLB Is Associated With Alcohol Drinking, and Its Gene Product Beta-Klotho Is Neces- sary for FGF21 Regulation of Alcohol Preference." *Proceedings of the National Academy of the Sciences USA* 113, nº. 50 (13 de dezembro de 2016): 14372–77.

Stoel, R. D., E. J. De Geus e D. I. Boomsma. "Genetic Analysis of Sensation Seeking With an Extended Twin Design." *Behavior Genetics* 36, nº. 2 (março de 2006): 229–37.

Substance Abuse and Mental Health Services Administration. "Substance Use and Dependence Following Initiation of Alcohol of Illicit Drug Use", *The NSDUH Report*, Rockville, MD, 2008.

Sutterland, A. L., G. Fond, A. Kuin, M. W. Koeter, R. Lutter, T. van Gool, R. Yolken, et al. "Beyond the Association. *Toxoplasma gondii* in Schizophrenia, Bipolar Disorder, and Addiction: Systematic Review and Meta-Analysis." *Acta Psychiatrica Scandinavica* 132, nº. 3 (setembro de 2015): 161–79.

Szalavitz, Maia. *Unbroken Brain: A Revolutionary New Way of Understanding Addiction*. Nova York: St. Martin's Press, 2016.

Tikkanen, R., J. Tiihonen, M. R. Rautiainen, T. Paunio, L. Bevilacqua, R. Panarsky, D. Goldman, and M. Virkkunen. "Impulsive Alcohol-Related Risk-Behavior and Emotional Dysregulation Among Individuals With a Serotonin 2b Receptor Stop Codon." *Translational Psychiatry* 5 (17 de novembro de 2015): e681.

Vallee, M., S. Vitiello, L. Bellocchio, E. Hebert-Chatelain, S. Monlezun, E. Martin-Garcia, F. Kasanetz, et al. "Pregnenolone Can Protect the Brain From Cannabis Intoxication." *Science* 343, nº. 6166 (3 de janeiro de 2014): 94-98.

Webb, A., P. A. Lind, J. Kalmijn, H. S. Feiler, T. L. Smith, M. A. Schuckit e K. Wilhelmsen. "The Investigation Into CYP2E1 in Relation to the Level of Response to Alcohol Through a Combination of Linkage and Association Analysis." *Alcoholism: Clinical and Experimental Research* 35, nº. 1 (janeiro de 2011): 10-18.

Capítulo 5

Aldwin, C. M., Y. J. Jeong, H. Igarashi e A. Spiro. "Do Hassles and Uplifts Change With Age? Longitudinal Findings From the Va Normative Aging Study." *Psychology and Aging* 29, nº. 1 (março de 2014): 57-71.

Amin, N., N. M. Belonogova, O. Jovanova, R. W. Brouwer, J. G. van Rooij, M. C. van den Hout, G. R. Svishcheva, et al. "Nonsynonymous Variation in NKPD1 Increases Depressive Symptoms in European Populations." *Biological Psychiatry* 81, nº. 8 (15 de abril de 2017): 702-07.

Bravo, J. A., P. Forsythe, M. V. Chew, E. Escaravage, H. M. Savignac, T. G. Dinan, J. Bienenstock e J. F. Cryan. "Ingestion of *Lactobacillus* Strain Regulates Emotional Behavior and Central Gaba Receptor Expression in a Mouse Via the Vagus Nerve." *Proceedings of the National Academy of the Sciences USA* 108, nº. 38 (20 de setembro de 2011): 16050-55.

Brickman, P., D. Coates e R. Janoff-Bulman. "Lottery Winners and Accident Victims: Is Happiness Relative?" *Journal of Personality and Social Psychology* 36, nº. 8 (agosto de 1978): 917-27.

Cameron, N. M., D. Shahrokh, A. Del Corpo, S. K. Dhir, M. Szyf, F. A. Champagne e M. J. Meaney. "Epigenetic Programming of Phenotypic Variations in Reproductive Strategies in the Rat Through Maternal Care." *Journal of Neuroendocrinology* 20, nº. 6 (junho de 2008): 795-801.

Caspi, A., K. Sugden, T. E. Moffitt, A. Taylor, I. W. Craig, H. Harrington, J. McClay, et al. "Influence of Life Stress on Depression: Moderation by a Polymorphism in the 5-HTT Gene." *Science* 301, nº. 5631 (18 de julho de 2003): 386-89.

Chiao, J. Y. e K. D. Blizinsky. "Culture-Gene Coevolution of Individualism- Collectivism and the Serotonin Transporter Gene." *Proceedings of the Royal Society of London B: Biological Sciences* 277, nº. 1681 (22 de fevereiro de 2010): 529-37.

Claesson, M. J., S. Cusack, O. O'Sullivan, R. Greene-Diniz, H. de Weerd, E. Flannery, J. R. Marchesi, et al. "Composition, Variability, and Temporal Stability of the Intestinal Microbiota of the Elderly." *Proceedings of the National Academy of the Sciences USA* 108 Suppl. 1 (15 de março de 2011): 4586-91.

Claesson, M. J., I. B. Jeffery, S. Conde, S. E. Power, E. M. O'Connor, S. Cusack, H. M. Harris, et al. "Gut Microbiota Composition Correlates With Diet and Health in the Elderly." *Nature* 488, nº. 7410 (9 de agosto de 2012): 178-84.

Converge Consortium. "Sparse Whole-Genome Sequencing Identifies Two Loci for Major Depressive Disorder." *Nature* 523, nº. 7562 (30 de julho de 2015): 588-91.

Cordell, B. e J. McCarthy. "A Case Study of Gut Fermentation Syndrome (Auto-Brewery) With Saccharomyces Cerevisiae as the Causative Organism." *International Journal of Clinical Medicine* 4 (2013): 309-12.

Dreher J. C., S. Dunne S, A. Pazderska, T. Frodl, J. J. Nolan e J. P. O'Doherty. "Testosterone Causes Both Prosocial and Antisocial Status-Enhancing Behav- iors in Human Males." *Proceedings of the National Academy of the Sciences USA* 113, nº. 41 (11 de outubro de 2016): 11633-38.

Ford, B. Q., M. Tamir, T. T. Brunye, W. R. Shirer, C. R. Mahoney e H. A. Taylor. "Keeping Your Eyes on the Prize: Anger and Visual Attention to Threats and Rewards." *Psychological Science* 21, nº. 8 (agosto de 2010): 1098-105.

Gruber, J., I. B. Mauss e M. Tamir. "A Dark Side of Happiness? How, When, and Why Happiness Is Not Always Good." *Perspectives on Psychological Science* 6, nº. 3 (maio de 2011): 222-33.

Guccione, Bob. "Fanfare for the Common Man: Who Is John Mellencamp?" *SPIN*, 1992.

Hing, B., C. Gardner e J. B. Potash. "Effects of Negative Stressors on DNA Methylation in the Brain: Implications for Mood and Anxiety Disorders." *American Journal of Medical Genetics B: Neuropsychiatric Genetics* 165B, nº. 7 (outubro de 2014): 541-54.

Hyde, C. L., M. W. Nagle, C. Tian, X. Chen, S. A. Paciga, J. R. Wendland, J. Y. Tung, et al. "Identification of 15 Genetic Loci Associated With Risk of Major Depression in Individuals of European Descent." *Nature Genetics* 48, nº. 9 (setembro de 2016): 1031-36.

Jansson-Nettelbladt, E., S. Meurling, B. Petrini e J. Sjolin. "Endogenous Ethanol Fermentation in a Child With Short Bowel Syndrome." *Acta Paediatrica* 95, nº. 4 (abril de 2006): 502-04.

Kaufman, J., B. Z. Yang, H. Douglas-Palumberi, S. Houshyar, D. Lipschitz, J. H. Krystal e J. Gelernter. "Social Supports and Serotonin Transporter Gene Moderate Depression in Maltreated Children." *Proceedings of the National Academy of the Sciences USA* 101, nº. 49 (7 de dezembro de 2004): 17316-21.

Kelly, J. R., Y. Borre, O' Brien C, E. Patterson, S. El Aidy, J. Deane, P. J. Kennedy, et al. "Transferring the Blues: Depression-Associated Gut Microbiota Induces Neurobehavioural Changes in the Rat." *Journal of Psychiatric Research* 82 (novembro de 2016): 109-18.

Fontes Selecionadas

Kim A. e S. J. Maglio. "Vanishing Time in the Pursuit of Happiness." *Psychonomic Bulletin and Review* 25, nº. 4 (agosto de 2018): 1337–42.

LaMotte, S. "Woman Claims Her Body Brews Alcohol, Has DUI Charge Dis- missed." *CNN*, www.cnn.com/2015/12/31/health/auto-brewery-syndrome-dui-womans-body-brews-own-alcohol/index.html.

Lohoff, F. W. "Overview of the Genetics of Major Depressive Disorder." *Current Psychiatry Reports* 12, nº. 6 (dezembro de 2010): 539–46.

McGowan, P. O., A. Sasaki, A. C. D'Alessio, S. Dymov, B. Labonte, M. Szyf, G. Turecki e M. J. Meaney. "Epigenetic Regulation of the Glucocorticoid Receptor in Human Brain Associates With Childhood Abuse." *Nature Neuroscience* 12, nº. 3 (março de 2009): 342–48.

Messaoudi, M., R. Lalonde, N. Violle, H. Javelot, D. Desor, A. Nejdi, J. F. Bisson, et al. "Assessment of Psychotropic-Like Properties of a Probiotic Formulation *(Lactobacillus helveticus* R0052 and *Bifidobacterium longum* R0175) in Rats and Human Subjects." *British Journal of Nutrition* 105, nº. 5 (março de 2011): 755–64.

Minkov, M. e M. H. Bond. "A Genetic Component to National Differences in Happiness." *Journal of Happiness Studies* 18, nº. 2 (2017): 321–40.

Moll, J., F. Krueger, R. Zahn, M. Pardini, R. de Oliveira-Souza e J. Grafman. "Human Fronto-Mesolimbic Networks Guide Decisions About Charitable Donation." *Proceedings of the National Academy of the Sciences USA* 103, nº. 42 (17 de outubro de 2006): 15623–28.

Naumova, O. Y., M. Lee, R. Koposov, M. Szyf, M. Dozier e E. L. Grigorenko. "Differential Patterns of Whole-Genome DNA Methylation in Institutional- ized Children and Children Raised by Their Biological Parents." *Development and Psychopathology* 24, nº. 1 (fevereiro de 2012): 143–55.

Nesse, R. M. "Natural Selection and the Elusiveness of Happiness." *Philosophical Transactions of the Royal Society London B: Biological Sciences* 359, nº. 1449 (29 de setembro de 2004): 1333–47.

Okbay, A., B. M. Baselmans, J. E. De Neve, P. Turley, M. G. Nivard, M. A. Fontana, S. F. Meddens, et al. "Genetic Variants Associated With Subjective Well-Being, Depressive Symptoms e Neuroticism Identified Through Genome-Wide Analyses." *Nature Genetcis* 48, nº. 6 (junho de 2016): 624–33.

Pena, C. J., H. G. Kronman, D. M. Walker, H. M. Cates, R. C. Bagot, I. Purush- othaman, O. Issler, et al."Early Life Stress Confers Lifelong Stress Susceptibility in Mice Via Ventral Tegmental Area Otx2." *Science* 356, nº. 6343 (16 de junho de 2017): 1185–88.

Pronto, E. e Pswald A. J."National Happiness and Genetic Distance: A Cautious Exploration." ftp.iza.org/dp8300.pdf.

Romens, S. E., J. McDonald, J. Svaren e S. D. Pollak. "Associations Between Early Life Stress and Gene Methylation in Children." *Child Development* 86, nº. 1 (janeiro–fevereiro de 2015): 303–09.

Rosenbaum, J. T. "The E. Coli Made Me Do It." *The New Yorker*, www.newyorker.com/tech/elements/the-e-coli-made-me-do-it.

Singer, Peter. *The Expanding Circle: Ethics and Sociobiology*. Princeton, NJ: Princeton University Press, 1981.

Steenbergen, L., R. Sellaro, S. van Hemert, J. A. Bosch e L. S. Colzato. "A Ran-domized Controlled Trial to Test the Effect of Multispecies Probiotics on Cognitive Reactivity to Sad Mood." *Brain, Behavior, and Immunity* 48 (agosto de 2015): 258–64.

Sudo, N., Y. Chida, Y. Aiba, J. Sonoda, N. Oyama, X. N. Yu, C. Kubo e Y. Koga. "Postnatal Microbial Colonization Programs the Hypothalamic-Pituitary-Adrenal System for Stress Response in Mice." *Journal of Physiology* 558, nº. Pt. 1 (1º de julho de 2004): 263–75.

Sullivan, P. F., M. C. Neale e K. S. Kendler. "Genetic Epidemiology of Major Depression: Review and Meta-Analysis." *American Journal of Psychiatry* 157, nº. 10 (outubro de 2000): 1552–62.

Swartz, J. R., A. R. Hariri e D. E. Williamson. "An Epigenetic Mechanism Links Socioeconomic Status to Changes in Depression-Related Brain Function in High-Risk Adolescents." *Molecular Psychiatry* 22, nº. 2 (fevereiro de 2017): 209–14.

Tillisch, K., J. Labus, L. Kilpatrick, Z. Jiang, J. Stains, B. Ebrat, D. Guyonnet, et al. "Consumption of Fermented Milk Product With Probiotic Modulates Brain Activity." *Gastroenterology* 144, nº. 7 (junho de 2013): 1394–401.e4.

World Health Organization. "Depression." www.who.int/mediacentre/factsheets/fs369/en.

Zhang, L., A. Hirano, P. K. Hsu, C. R. Jones, N. Sakai, M. Okuro, T. McMahon, et al. "A PERIOD3 Variant Causes a Circadian Phenotype and Is Associated With a Seasonal Mood Trait." *Proceedings of the National Academy of the Sciences USA* 113, nº. 11 (15 de março de 2016): E1536–44.

Capítulo 6

Aizer, A. e J. Currie. "Lead and Juvenile Delinquency: New Evidence From Linked Birth, School and Juvenile Detention Records." National Bureau of Economic Research, www.nber.org/papers/w23392.

Arrizabalaga, G. e B. Sullivan. "Common Parasite Could Manipulate Our Behavior." Scientific American MIND, www.scientificamerican.com/article/common-parasite-could-manipulate-our-behavior.

Berdoy, M., J. P. Webster e D. W. Macdonald. "Fatal Attraction in Rats Infected With *Toxoplasma gondii*." *Proceedings of the Royal Society: Biological Sciences* 267, nº. 1452 (7 de agosto de 2000): 1591–94.

Bjorkqvist, K. "Gender Differences in Aggression." *Current Opinion in Psychology* 19 (fevereiro de 2018): 39–42.

Fontes Selecionadas

Brunner, H. G., M. Nelen, X. O. Breakefield, H. H. Ropers e B. A. van Oost. "Abnormal Behavior Associated With a Point Mutation in the Structural Gene for Monoamine Oxidase A." *Science* 262, nº. 5133 (22 de outubro de 1993): 578–80.

Burgess, E. E., M. D. Sylvester, K. E. Morse, F. R. Amthor, S. Mrug, K. L. Lokken, M. K. Osborn, T. Soleymani e M. M. Boggiano. "Effects of Transcranial Direct Current Stimulation (Tdcs) on Binge Eating Disorder." *International Journal of Eating Disorders* 49, nº. 10 (outubro de 2016): 930–36.

Burt, S. A. "Are There Meaningful Etiological Differences Within Antisocial Behavior? Results of a Meta-Analysis." *Clinical Psychology Review* 29, nº. 2 (março de 2009): 163–78.

Cahalan, Susannah. *Brain on Fire: My Month of Madness*. Nova York: Simon & Schuster, 2013.

Cases, O., I. Seif, J. Grimsby, P. Gaspar, K. Chen, S. Pournin, U. Muller, et al. "Aggressive Behavior and Altered Amounts of Brain Serotonin and Norepi- nephrine in Mice Lacking Maoa." *Science* 268, nº. 5218 (23 de junho de 1995): 1763–66.

Caspi, A., J. McClay, T. E. Moffitt, J. Mill, J. Martin, I. W. Craig, A. Taylor e R. Poulton. "Role of Genotype in the Cycle of Violence in Maltreated Children." *Science* 297, nº. 5582 (2 de agosto de 2002): 851–54.

Chen, H., D. S. Pine, M. Ernst, E. Gorodetsky, S. Kasen, K. Gordon, D. Goldman e P. Cohen. "The Maoa Gene Predicts Happiness in Women." *Progress in Neuropsychopharmacology & Biological Psychiatry* 40 (10 de janeiro de 2013): 122–25.

Coccaro, E. F., R. Lee, M. W. Groer, A. Can, M. Coussons-Read e T. T. Posto- lache. "*Toxoplasma gondii* Infection: Relationship With Aggression in Psy- chiatric Subjects." *Journal of Clinical Psychiatry* 77, nº. 3 (março de 2016): 334–41.

Crockett, M. J., L. Clark, G. Tabibnia, M. D. Lieberman e T. W. Robbins. "Serotonin Modulates Behavioral Reactions to Unfairness." *Science* 320, nº. 5884 (27 de junho de 2008): 1739.

Dalmau, J., E. Tuzun, H. Y. Wu, J. Masjuan, J. E. Rossi, A. Voloschin, J. M. Baehring, et al. "Paraneoplastic Anti-N-Methyl-D-Aspartate Receptor Encephalitis Associated With Ovarian Teratoma." *Annals of Neurology* 61, nº. 1 (janeiro de 2007): 25–36.

Dias, B. G. e K. J. Ressler. "Parental Olfactory Experience Influences Behavior and Neural Structure in Subsequent Generations." *Nature Neuroscience* 17, nº. 1 (janeiro de 2014): 89–96.

Faiola, A. "A Modern Pope Gets Old School on the Devil." *The Washington Post*, www.washingtonpost.com/world/a-modern-pope-gets-old-school-on-the-devil/2014/05/10/f56a9354-1b93-4662-abbb-d877e49f15ea_story.html?utm_term=.8a6c61629cd5.

Feigenbaum, J.J. e C. Muller. "Lead Exposure and Violent Crime in the Early Twentieth Century." *Explorations in Economic History* 62 (2016): 51–86.

Flegr, J., J. Havlicek, P. Kodym, M. Maly e Z. Smahel. "Increased Risk of Traffic Accidents in Subjects With Latent Toxoplasmosis: A Retrospective Case- Control Study." *BMC Infectious Diseases* 2 (2 de julho de 2002): 11.

Gatzke-Kopp, L. M. e T. P. Beauchaine. "Direct and Passive Prenatal Nicotine Exposure and the Development of Externalizing Psychopathology." *Child Psychiatry and Human Development* 38, nº. 4 (dezembro de 2007): 255–69.

Gogos, J. A., M. Morgan, V. Luine, M. Santha, S. Ogawa, D. Pfaff e M. Karay- iorgou. "Catechol-O-Methyltransferase-Deficient Mice Exhibit Sexually Dimorphic Changes in Catecholamine Levels and Behavior." *Proceedings of the National Academy of the Sciences USA* 95, nº. 17 (18 de agosto de 1998): 9991–96.

Gunduz-Cinar, O., M. N. Hill, B. S. McEwen e A. Holmes. "Amygdala FAAH and Anandamide: Mediating Protection and Recovery from Stress." *Trends in Pharmacological Sciences* 34, nº. 11 (novembro de 2013): 637–44.

Hawthorne, M."Studies Link Childhood Lead Exposure, Violent Crime." *Chicago Tribune*, www.chicagotribune.com/news/ct-lead-poisoning-science-met-20150605-story.html.

Heijmans, B. T., E. W. Tobi, A. D. Stein, H. Putter, G. J. Blauw, E. S. Susser, P. E. Slagboom e L. H. Lumey. "Persistent Epigenetic Differences Associated With Prenatal Exposure to Famine in Humans." *Proceedings of the National Academy of the Sciences USA* 105, nº. 44 (4 de novembro de 2008): 17046–49.

Hibbeln, J. R., J. M. Davis, C. Steer, P. Emmett, I. Rogers, C. Williams e J. Golding. "Maternal Seafood Consumption in Pregnancy and Neurodevel- opmental Outcomes in Childhood (Alspac Study): An Observational Cohort Study." *Lancet* 369, nº. 9561 (17 de fevereiro de 2007): 578–85.

Hodges, L. M., A. J. Fyer, M. M. Weissman, M. W. Logue, F. Haghighi, O. Evgrafov, A. Rotondo, J. A. Knowles e S. P. Hamilton. "Evidence for Linkage and Association of GABRB3 and GABRA5 to Panic Disorder." *Neuropsychophar macology* 39, nº. 10 (setembro de 2014): 2423–31.

Hunter, P. "The Psycho Gene." *EMBO Reports* 11, nº. 9 (setembro de 2010): 667–69.

Ivorra, C., M. F. Fraga, G. F. Bayon, A. F. Fernandez, C. Garcia-Vicent, F. J. Chaves, J. Redon e E. Lurbe. "DNA Methylation Patterns in Newborns Exposed to Tobacco in Utero." *Journal of Translational Medicine* 13 (27 de janeiro de 2015): 25.

Kelly, S. J., N. Day e A. P. Streissguth. "Effects of Prenatal Alcohol Exposure on Social Behavior in Humans and Other Species." *Neurotoxicology and Teratology* 22, nº. 2 (março–abril de 2000): 143–49.

Li, Y., C. Xie, S. K. Murphy, D. Skaar, M. Nye, A. C. Vidal, K. M. Cecil, et al. "Lead Exposure During Early Human Development and DNA Methylation of Imprinted Gene Regulatory Elements in Adulthood." *Environmental Health Perspectives* 124, nº. 5 (maio de 2016): 666–73.

Fontes Selecionadas

Mednick, S. A., W. F. Gabrielli, Jr. e B. Hutchings. "Genetic Influences in Criminal Convictions: Evidence From an Adoption Cohort." *Science* 224, nº. 4651 (25 de maio de 1984): 891–94.

Neugebauer, R., H. W. Hoek e E. Susser."Prenatal Exposure to Wartime Famine and Development of Antisocial Personality Disorder in Early Adulthood." *JAMA* 282, nº. 5 (4 de agosto de 1999): 455–62.

Ouellet-Morin, I., C. C. Wong, A. Danese, C. M. Pariante, A. S. Papadopoulos, J. Mill e L. Arseneault. "Increased Serotonin Transporter Gene (Sert) DNA Methylation Is Associated With Bullying Victimization and Blunted Cortisol Response to Stress in Childhood: A Longitudinal Study of Discor- dant Monozygotic Twins." *Psychological Medicine* 43, nº. 9 (setembro de 2013): 1813–23.

Ouko, L. A., K. Shantikumar, J. Knezovich, P. Haycock, D. J. Schnugh e M. Ramsay. "Effect of Alcohol Consumption on CpG Methylation in the Differ- entially Methylated Regions of H19 and IG-DMR in Male Gametes: Impli- cations for Fetal Alcohol Spectrum Disorders." *Alcoholism: Clinical and Experimental Research* 33, nº. 9 (setembro de 2009): 1615–27.

Raine, A., J. Portnoy, J. Liu, T. Mahoomed e J. R. Hibbeln. "Reduction in Behavior Problems With Omega-3 Supplementation in Children Aged 8–16 Years: A Randomized, Double-Blind, Placebo-Controlled, Stratified, Parallel- Group Trial." *Journal of Child Psychology and Psychiatry* 56, nº. 5 (maio de 2015): 509–20.

Ramboz, S., F. Saudou, D. A. Amara, C. Belzung, L. Segu, R. Misslin, M. C. Buhot e R. Hen. "5-HT1B Receptor Knock Out—Behavioral Consequences." *Behavioral Brain Research* 73, nº. 1–2 (1996): 305–12.

Ramsbotham, L. D. e B. Gesch. "Crime and Nourishment: Cause for a Rethink?" *Prison Service Journal* 182 (1º de março de 2009): 3–9.

Sen, A., N. Heredia, M. C. Senut, S. Land, K. Hollocher, X. Lu, M. O. Dereski e D. M. Ruden. "Multigenerational Epigenetic Inheritance in Humans: DNA Methylation Changes Associated With Maternal Exposure to Lead Can Be Transmitted to the Grandchildren." *Scientific Reports* 5 (29 de setembro de 2015): 14466.

Tiihonen, J., M. R. Rautiainen, H. M. Ollila, E. Repo-Tiihonen, M. Virkkunen, A. Palotie, O. Pietilainen, et al. "Genetic Background of Extreme Violent Behavior." *Molecular Psychiatry* 20, nº. 6 (junho de 2015): 786–92.

Torrey, E. F., J. J. Bartko e R. H. Yolken. "*Toxoplasma gondii* and Other Risk Factors for Schizophrenia: An Update." *Schizophrenia Bulletin* 38, nº. 3 (maio de 2012): 642–47.

Weissman, M. M., V. Warner, P. J. Wickramaratne e D. B. Kandel. "Maternal Smoking During Pregnancy and Psychopathology in Offspring Followed to Adulthood." *Journal of the American Academy of Child and Adolescent Psy chiatry* 38, nº. 7 (julho de 1999): 892–99.

Capítulo 7

Acevedo, B. P., A. Aron, H. E. Fisher e L. L. Brown."Neural Correlates of Long-Term Intense Romantic Love." *Social Cognitive and Affective Neuroscience* 7, nº. 2 (fevereiro de 2012): 145–59.

Barash, D. P. e J. E. Lipton. *The Myth of Monogamy: Fidelity and Infidelity in Animals and People*. Nova York: W. H. Freeman, 2001.

Buston, P. M. e S. T. Emlen. "Cognitive Processes Underlying Human Mate Choice: The Relationship Between Self-Perception and Mate Preference in Western Society." *Proceedings of the National Academy of the Sciences USA* 100, nº. 15 (22 de julho de 2003): 8805–10.

Ciani, A. C., F. Iemmola e S. R. Blecher. "Genetic Factors Increase Fecundity in Female Maternal Relatives of Bisexual Men as in Homosexuals." *Journal of Sexual Medicine* 6, nº. 2 (fevereiro de 2009): 449–55.

Conley, T. D., J. L. Matsick, A. C. Moors e A. Ziegler. "Investigation of Con- sensually Nonmonogamous Relationships." *Perspectives on Psychological Science* 12, nº. 2 (2017): 205–32.

De Dreu, C. K., L. L. Greer, G. A. Van Kleef, S. Shalvi e M. J. Handgraaf. "Oxytocin Promotes Human Ethnocentrism." *Proceedings of the National Academy of Sciences USA* 108, nº. 4 (25 de janeiro de 2011): 1262–66.

Feldman, R., A. Weller, O. Zagoory-Sharon e A. Levine. "Evidence for a Neu- roendocrinological Foundation of Human Affiliation: Plasma Oxytocin Levels Across Pregnancy and the Postpartum Period Predict Mother-Infant Bonding." *Psychological Science* 18, nº. 11 (novembro de 2007): 965–70.

Fillion, T. J. e E. M. Blass. "Infantile Experience With Suckling Odors Deter- mines Adult Sexual Behavior in Male Rats." *Science* 231, nº. 4739 (14 de fevereiro de 1986): 729–31.

Finkel, E. J., J. L. Burnette e L. E. Scissors. "Vengefully Ever After: Destiny Beliefs, State Attachment Anxiety e Forgiveness." *Journal of Personality and Social Psychology* 92, nº. 5 (maio de 2007): 871–86.

Fisher, H., A. Aron e L. L. Brown. "Romantic Love: An fMRI Study of a Neural Mechanism for Mate Choice." *Journal of Comparative Neurology* 493, nº. 1 (5 de dezembro de 2005): 58–62.

Fisher, Helen. *Anatomy of Love: A Natural History of Mating, Marriage e Why We Stray*. Nova York: W. W. Norton & Company, 2016.

Fraccaro, P. J., B. C. Jones, J. Vukovic, F. G. Smith, C. D. Watkins, D. R. Feinberg, A. C. Little e L. M. DeBruine. "Experimental Evidence That Women Speak in a Higher Voice Pitch to Men They Find Attractive." *Journal of Evolutionary Psychology* 9, nº. 1 (2011): 57–67.

Garcia, J. R., J. MacKillop, E. L. Aller, A. M. Merriwether, D. S. Wilson e J. K. Lum. "Associations Between Dopamine D4 Receptor Gene Variation With Both Infidelity and Sexual Promiscuity." *PLoS One* 5, nº. 11 (30 de novembro de 2010): e14162.

Fontes Selecionadas

Ghahramani, N. M., T. C. Ngun, P. Y. Chen, Y. Tian, S. Krishnan, S. Muir, L. Rubbi, et al. "The Effects of Perinatal Testosterone Exposure on the DNA Methylome of the Mouse Brain Are Late-Emerging." *Biology of Sex Differences* 5 (2014): 8.

Gobrogge, K. L. e Z. W. Wang. "Genetics of Aggression in Voles." *Advances in Genetics* 75 (2011): 121–50.

Hamer, D. H., S. Hu, V. L. Magnuson, N. Hu e A. M. Pattatucci. "A Linkage Between DNA Markers on the X Chromosome and Male Sexual Orientation." *Science* 261, nº. 5119 (16 de julho de 1993): 321–27.

Hanson, Joe. "The Odds of Finding Life and Love." It's Okay to Be Smart, www.youtube.com/watch?time_continue=254&v=TekbxvnvYb8.

Havlíc̆ek, J., R. Dvor̆áková, L. Bartoš e J. Flegr. "Non-Advertized Does Not Mean Concealed: Body Odour Changes Across the Human Menstrual Cycle." *Ethology* 112, nº. 1 (2006): 81–90.

Kimchi, T., J. Xu e C. Dulac. "A Functional Circuit Underlying Male Sexual Behaviour in the Female Mouse Brain." *Nature* 448, nº. 7157 (30 de agosto de 2007):1009–14.

Lee, S. e N. Schwarz. "Framing Love: When It Hurts to Think We Were Made for Each Other." *Journal of Experimental Social Psychology* 54 (2014): 61–67.

LeVay, S. "A Difference in Hypothalamic Structure Between Heterosexual and Homosexual Men." *Science* 253, nº. 5023 (30 agosto de 1991): 1034–37.

Lim, M. M., Z. Wang, D. E. Olazabal, X. Ren, E. F. Terwilliger e L. J. Young. "Enhanced Partner Preference in a Promiscuous Species by Manipulating the Expression of a Single Gene." *Nature* 429, nº. 6993 (17 de junho de 2004): 754–57.

Marazziti, D., H. S. Akiskal, A. Rossi e G. B. Cassano. "Alteration of the Platelet Serotonin Transporter in Romantic Love." *Psychological Medicine* 29, nº. 3 (maio de 1999): 741–45.

Marazziti, D., H. S. Akiskal, M. Udo, M. Picchetti, S. Baroni, G. Massimetti, F. Albanese e L. Dell'Osso. "Dimorphic Changes of Some Features of Loving Relationships During Long-Term Use of Antidepressants in Depressed Outpatients." *Journal of Affective Disorders* 166 (setembro de 2014): 151–55.

Meyer-Bahlburg, H. F., C. Dolezal, S. W. Baker e M. I. New. "Sexual Orientation in Women With Classical or Non-Classical Congenital Adrenal Hyperplasia as a Function of Degree of Prenatal Androgen Excess." *Archives of Sexual Behavior* 37, nº. 1 (fevereiro de 2008): 85–99.

Morran, L. T., O. G. Schmidt, I. A. Gelarden, R. C. Parrish, II e C. M. Lively. "Running With the Red Queen: Host-Parasite Coevolution Selects for Bipa- rental Sex." *Science* 333, nº. 6039 (8 de julho de 2011): 216–18.

Munroe, Randall. *What If?: Serious Scientific Answers to Absurd Hypothetical Questions*. Nova York: Houghton Mifflin Harcourt, 2014.

Ngun, T. C. e E. Vilain. "The Biological Basis of Human Sexual Orientation: Is There a Role for Epigenetics?" *Advances in Genetics* 86 (2014): 167–84.

Nugent, B. M., C. L. Wright, A. C. Shetty, G. E. Hodes, K. M. Lenz, A. Mahurkar, S. J. Russo, S. E. Devine e M. M. McCarthy. "Brain Feminization Requires Active Repression of Masculinization Via DNA Methylation." *Nature Neuroscience* 18, nº. 5 (maio de 2015): 690–97.

Odendaal, J. S. e R. A. Meintjes. "Neurophysiological Correlates of Affiliative Behaviour Between Humans and Dogs." *Veterinary Journal* 165, nº. 3 (maio de 2003): 296–301.

Paredes-Ramos, P., M. Miquel, J. Manzo e G. A. Coria-Avila. "Juvenile Play Conditions Sexual Partner Preference in Adult Female Rats." *Physiology & Behavior* 104, nº. 5 (24 de outubro de 2011): 1016–23.

Paredes, R. G., T. Tzschentke e N. Nakach. "Lesions of the Medial Preoptic Area/Anterior Hypothalamus (MPOA/HA) Modify Partner Preference in Male Rats." *Brain Research* 813, nº. 1 (30 de novembro de 1998): 1–8.

Park, D., D. Choi, J. Lee, D. S. Lim e C. Park."Male-Like Sexual Behavior of Female Mouse Lacking Fucose Mutarotase." *BMC Genetics* 11 (7 de julho de 2010): 62.

Pedersen, C. A. e A. J. Prange, Jr. "Induction of Maternal Behavior in Virgin Rats After Intracerebroventricular Administration of Oxytocin." *Proceedings of the National Academy of the Sciences USA* 76, nº. 12 (dezembro de 1979): 6661–65.

Ramsey, J. L., J. H. Langlois, R. A. Hoss, A. J. Rubenstein e A. M. Griffin. "Origins of a Stereotype: Categorization of Facial Attractiveness by 6-Month- Old Infants." *Developmental Science* 7, nº. 2 (abril de 2004): 201–11.

Rhodes, G. "The Evolutionary Psychology of Facial Beauty." *Annual Review of Psychology* 57 (2006): 199–226.

Sanders, A. R., G. W. Beecham, S. Guo, K. Dawood, G. Rieger, J. A. Badner, E. S. Gershon, et al."Genome-Wide Association Study of Male Sexual Orientation." *Scientific Reports* 7, nº. 1 (7 de dezembro de 2017): 16950.

Sanders, A. R., E. R. Martin, G. W. Beecham, S. Guo, K. Dawood, G. Rieger, J. A. Badner, et al. "Genome-Wide Scan Demonstrates Significant Linkage for Male Sexual Orientation." *Psychological Medicine* 45, nº. 7 (maio de 2015): 1379–88.

Sansone, R. A. e L. A. Sansone. "Ssri-Induced Indifference." *Psychiatry (Edg mont)* 7, nº. 10 (outubro de 2010): 14–18.

Scheele, D., A. Wille, K. M. Kendrick, B. Stoffel-Wagner, B. Becker, O. Gunturkun, W. Maier e R. Hurlemann."Oxytocin Enhances Brain Reward System Responses in Men Viewing the Face of Their Female Partner." *Proceedings of the National Academy of the Sciences USA* 110, nº. 50 (10 de dezembro de 2013): 20308–13.

Sharon, G., D. Segal, J. M. Ringo, A. Hefetz, I. Zilber-Rosenberg e E. Rosenberg. "Commensal Bacteria Play a Role in Mating Preference of *Drosophila mela nogaster*." *Proceedings of the National Academy of the Sciences USA* 107, nº. 46 (16 de novembro de 2010): 20051–56.

Singh, D. "Female Mate Value at a Glance: Relationship of Waist-to-Hip Ratio to Health, Fecundity and Attractiveness." *Neuro Endocrinology Letters* 23 Suppl. 4 (dezembro de 2002): 81–91.

Singh, D. e D. Singh. "Shape and Significance of Feminine Beauty: An Evolu- tionary Perspective." *Sex Roles* 64, nº. 9–10 (2011): 723–31.

Stern, K. e M. K. McClintock. "Regulation of Ovulation by Human Phero- mones." *Nature* 392, nº. 6672 (12 de março de 1998): 177–79.

Swami, V. e M. J. Tovee. "Resource Security Impacts Men's Female Breast Size Prefe- rences." *PLoS One* 8, nº. 3 (2013): e57623.

Thornhill, R. e S. W. Gangestad. "Facial Attractiveness." *Trends in Cognitive Sciences* 3, nº. 12 (dezembro de 1999): 452–60.

Walum, H., L. Westberg, S. Henningsson, J. M. Neiderhiser, D. Reiss, W. Igl, J. M. Ganiban, et al."Genetic Variation in the Vasopressin Receptor 1a Gene (AVPR1A) Associates with Pair-Bonding Behavior in Humans." *Proceedings of the National Academy of the Sciences USA* 105, nº. 37 (16 de setembro de 2008): 14153–56.

Wedekind, C., T. Seebeck, F. Bettens e A. J. Paepke. "Mhc-Dependent Mate Preferences in Humans." *Proceedings: Biological Sciences* 260, nº. 1359 (22 de junho de 1995): 245–49.

Weisman, O., O. Zagoory-Sharon e R. Feldman. "Oxytocin Administration to Parent Enhances Infant Physiological and Behavioral Readiness for Social Engagement." *Biological Psychiatry* 72, nº. 12 (15 de dezembro de 2012): 982–89.

Williams, J. R., C. S. Carter e T. Insel."Partner Preference Development in Female Prairie Voles Is Facilitated by Mating or the Central Infusion of Oxytocin." *Annals of the New York Academy of Sciences* 652 (12 de junho de 1992): 487–89.

Winslow, J. T., N. Hastings, C. S. Carter, C. R. Harbaugh e T. R. Insel. "A Role for Central Vasopressin in Pair Bonding in Monogamous Prairie Voles." *Nature* 365, nº. 6446 (7 de outubro de 1993): 545–48.

Witt, D. M. e T. R. Insel. "Central Oxytocin Antagonism Decreases Female Reproductive Behavior." *Annals of the New York Academy of Sciences* 652 (12 de junho de 1992): 445–47.

Zeki, S. "The Neurobiology of Love." *FEBS Letters* 581, nº. 14 (12 de junho de 2007): 2575–79.

Zuniga, A., R. J. Stevenson, M. K. Mahmut e I. D. Stephen. "Diet Quality and the Attrac- tiveness of Male Body Odor." *Evolution & Human Behavior* 38, nº. 1 (2017): 136–43.

Capítulo 8

Bellinger, D. C. "A Strategy for Comparing the Contributions of Environmental Che- micals and Other Risk Factors to Neurodevelopment of Children." *Envi ronmental Health Perspectives* 120, nº. 4 (abril de 2012): 501–07.

Bench, S. W., H. C. Lench, J. Liew, K. Miner e S. A. Flores. "Gender Gaps in Over- esti- mation of Math Performance." *Sex Roles* 72, nº. 11–12 (2015): 536–46.

Biergans, S. D., C. Claudianos, J. Reinhard e C. G. Galizia. "DNA Methylation Mediates Neural Processing After Odor Learning in the Honeybee." *Scientific Reports* 7 (27 de fevereiro de 2017): 43635.

Brass, M. e P. Haggard. "To Do or Not to Do: The Neural Signature of Self- Control." *Journal of Neuroscience* 27, nº. 34 (22 agosto de 2007): 9141–45.

Bustin, G. M., D. N. Jones, M. Hansenne e J. Quoidbach. "Who Does Red Bull Give Wings To? Sensation Seeking Moderates Sensitivity to Subliminal Adver- tisement." *Frontiers in Psychology* 6 (2015): 825.

Claro, S., D. Paunesku e C. S. Dweck. "Growth Mindset Tempers the Effects of Poverty on Academic Achievement." *Proceedings of the National Academy of the Sciences USA* 113, nº. 31 (2 de agosto de 2016): 8664–68.

Danziger, S., J. Levav e L. Avnaim-Pesso. "Extraneous Factors in Judicial Deci- sions." *Proceedings of the National Academy of the Sciences USA* 108, nº. 17 (26 de abril de 2011): 6889–92.

Else-Quest, N. M., J. S. Hyde e M. C. Linn."Cross-National Patterns of Gender Diffe- rences in Mathematics: A Meta-Analysis." *Psychological Bulletin* 136, nº. 1 (janeiro de 2010): 103–27.

Fitzsimons, G. M., T. Chartrand e G. J. Fitzsimons."Automatic Effects of Brand Expo- sure on Motivated Behavior: How Apple Makes You 'Think Different.' " *Journal of Consumer Research* 35 (2008): 21–35.

Gareau, M. G., E. Wine, D. M. Rodrigues, J. H. Cho, M. T. Whary, D. J. Philpott, G. Macqueen e P. M. Sherman. "Bacterial Infection Causes Stress-Induced Memory Dysfunction in Mice." *Gut* 60, nº. 3 (março de 2011): 307–17.

Graff, J. e L. H. Tsai. "The Potential of HDAC Inhibitors as Cognitive Enhancers." *Annual Review of Pharmacology and Toxicology* 53 (2013): 311–30.

Hariri, A. R., T. E. Goldberg, V. S. Mattay, B. S. Kolachana, J. H. Callicott, M. F. Egan e D. R. Weinberger. "Brain-Derived Neurotrophic Factor Val66Met Polymorphism Affects Human Memory-Related Hippocampal Activity and Predicts Memory Performance." *Journal of Neuroscience* 23, nº. 17 (30 de julho de 2003): 6690–94.

Hart, W. e D. Albarracin. "The Effects of Chronic Achievement Motivation and Achieve- ment Primes on the Activation of Achievement and Fun Goals." *Journal of Personality and Social Psychology* 97, nº. 6 (dezembro de 2009): 1129–41.

Jasarevic, E., C. L. Howerton, C. D. Howard e T. L. Bale. "Alterations in the Vaginal Microbiome by Maternal Stress Are Associated With Metabolic Reprogramming of the Offspring Gut and Brain." *Endocrinology* 156, nº. 9 (setembro de 2015): 3265–76.

Jones, M. W., M. L. Errington, P. J. French, A. Fine, T. V. Bliss, S. Garel, P. Charnay, et al. "A Requirement for the Immediate Early Gene Zif268 in the Expression of Late LTP and Long-Term Memories." *Nature Neuroscience* 4, nº. 3 (março de 2001): 289–96.

Kaufman, G. F. e L. K. Libby. "Changing Beliefs and Behavior Through Experience- -Taking." *Journal of Personality and Social Psychology* 103, nº. 1 (julho de 2012): 1–19.

Kida, S. e T. Serita. "Functional Roles of CREB as a Positive Regulator in the Formation and Enhancement of Memory." *Brain Research Bulletin* 105 (junho de 2014): 17–24.

Fontes Selecionadas

Kramer, M. S., F. Aboud, E. Mironova, I. Vanilovich, R. W. Platt, L. Matush, S. Igumnov, et al. "Breastfeeding and Child Cognitive Development: New Evi- dence From a Large Randomized Trial." *Archives of General Psychiatry* 65, nº. 5 (maio de 2008): 578–84.

Krenn, B. "The Effect of Uniform Color on Judging Athletes' Aggressiveness, Fairness e Chance of Winning." *Journal of Sport and Exercise Psychology* 37, nº. 2 (abril de 2015): 207–12.

Kruger, J. e D. Dunning. "Unskilled and Unaware of It: How Difficulties in Rec- ognizing One's Own Incompetence Lead to Inflated Self-Assessments." *Journal of Personality and Social Psychology* 77, nº. 6 (dezembro de 1999): 1121–34.

Kuhn, S., D. Kugler, K. Schmalen, M. Weichenberger, C. Witt e J. Gallinat. "The Myth of Blunted Gamers: No Evidence for Desensitization in Empathy for Pain After a Violent Video Game Intervention in a Longitudinal fMRI Study on Non-Gamers." *Neurosignals* 26, nº. 1 (31 de janeiro de 2018): 22–30.

Letzner, S., O. Gunturkun e C. Beste. "How Birds Outperform Humans in Multi-Component Behavior." *Current Biology* 27, nº. 18 (25 de setembro de 2017): R996-R98.

Libet, B., C. A. Gleason, E. W. Wright e D. K. Pearl. "Time of Conscious Intention to Act in Relation to Onset of Cerebral Activity (Readiness-Potential). The Unconscious Initiation of a Freely Voluntary Act." *Brain* 106 (Pt. 3; setembro de 1983): 623–42.

Mackay, D. F., G. C. Smith, S. A. Cooper, R. Wood, A. King, D. N. Clark e J. P. Pell. "Month of Conception and Learning Disabilities: A Record-Linkage Study of 801,592 Children." *American Journal of Epidemiology* 184, nº. 7 (1º de outubro de 2016): 485–93.

Miller, B. L., J. Cummings, F. Mishkin, K. Boone, F. Prince, M. Ponton e C. Cotman. "Emergence of Artistic Talent in Frontotemporal Dementia." *Neurology* 51, nº. 4 (outubro de 1998): 978–82.

Murphy, S. T. e R. B. Zajonc. "Affect, Cognition e Awareness: Affective Priming with Optimal and Suboptimal Stimulus Exposures." *Journal of Per sonality and Social Psychology* 64, nº. 5 (maio de 1993): 723–39.

Robinson, G. E. e A. B. Barron. "Epigenetics and the Evolution of Instincts." *Science* 356, nº. 6333 (7 de abril de 2017): 26–27.

Rydell, R. J., A. R. McConnell e S. L. Beilock. "Multiple Social Identities and Stereotype Threat: Imbalance, Accessibility e Working Memory." *Journal of Personality and Social Psychology* 96, nº. 5 (maio de 2009): 949–66.

Sniekers, S., S. Stringer, K. Watanabe, P. R. Jansen, J. R. I. Coleman, E. Krapohl, E. Taskesen, et al. "Genome-Wide Association Meta-Analysis of 78,308 Individuals Identifies New Loci and Genes Influencing Human Intelligence." *Nature Genetics* 49, nº. 7 (julho de 2017): 1107–12.

Snyder, A. W., E. Mulcahy, J. L. Taylor, D. J. Mitchell, P. Sachdev e S. C. Gandevia. "Savant-Like Skills Exposed in Normal People by Suppressing the Left Fronto- Temporal Lobe." *Journal of Integrative Neuroscience* 2, nº. 2 (dezembro de 2003): 149–58.

Soon, C. S., M. Brass, H. J. Heinze e J. D. Haynes. "Unconscious Determinants of Free Decisions in the Human Brain." *Nature Neuroscience* 11, nº. 5 (maio de 2008): 543–45.

Stein, D. J., T. K. Newman, J. Savitz e R. Ramesar. "Warriors Versus Worriers: The Role of Comt Gene Variants." *CNS Spectrums* 11, nº. 10 (outubro de 2006): 745–48.

Tang, Y. P., E. Shimizu, G. R. Dube, C. Rampon, G. A. Kerchner, M. Zhuo, G. Liu e J. Z. Tsien. "Genetic Enhancement of Learning and Memory in Mice." *Nature* 401, nº. 6748 (2 de setembro de 1999): 63–69.

Webster, G. D., G. R. Urland e J. Correll. "Can Uniform Color Color Aggres- sion? Quasi-Experimental Evidence From Professional Ice Hockey." *Social Psychological and Personality Science* 3, nº. 3 (2011): 274–81.

Wimmer, M. E., L. A. Briand, B. Fant, L. A. Guercio, A. C. Arreola, H. D. Schmidt, S. Sidoli, et al. "Paternal Cocaine Taking Elicits Epigenetic Remodeling and Memory Deficits in Male Progeny." *Molecular Psychiatry* 22, nº. 11 (novembro de 2017): 1641–50.

Capítulo 9

Blanke, O. e S. Arzy. "The Out-of-Body Experience: Disturbed Self-Processing at the Temporo-Parietal Junction." *Neuroscientist* 11, nº. 1 (fevereiro de 2005): 16–24.

Block, J. e J. H. Block. "Nursery School Personality and Political Orientation Two Decades Later." *Journal of Research in Personality* 40 (2006): 734–49.

Borjigin, J., U. Lee, T. Liu, D. Pal, S. Huff, D. Klarr, J. Sloboda, et al. "Surge of Neurophysiological Coherence and Connectivity in the Dying Brain." *Proceedings of the National Academy of the Sciences USA* 110, nº. 35 (27 agosto de 2013): 14432–37.

Carney, D. R., J. T. Jost, S. D. Gosling e J. Potter. "The Secret Lives of Liberals and Conservatives: Personality Profiles, Interaction Styles e the Things They Leave Behind." *Politicial Psychology* 29, nº. 6 (2008): 807–40.

Caspar, E. A., J. F. Christensen, A. Cleeremans e P. Haggard. "Coercion Changes the Sense of Agency in the Human Brain." *Current Biology* 26, nº. 5 (7 de março de 2016): 585–92.

Chawla, L. S., S. Akst, C. Junker, B. Jacobs e M. G. Seneff. "Surges of Electro- encephalogram Activity at the Time of Death: A Case Series." *Journal of Palliative Medicine* 12, nº. 12 (dezembro de 2009): 1095–100.

Eidelman, S., C. S. Crandall, J. A. Goodman e J. C. Blanchar. "Low-Effort Thought Promotes Political Conservatism." *Personality and Social Psychology Bulletin* 38, nº. 6 (junho de 2012): 808–20.

Emory University. "Emory Study Lights Up the Political Brain." www.emory.edu/news/Releases/PoliticalBrain1138113163.html.

Haider-Markel, D. P. e M. R. Joslyn. " 'Nanny' State Politics: Causal Attributions About Obesity and Support for Regulation." *American Politics Research* 46, nº. 2 (2017): 199–216.

Fontes Selecionadas

Holstege, G., J. R. Georgiadis, A. M. Paans, L. C. Meiners, F. H. van der Graaf e A. A. Reinders. "Brain Activation During Human Male Ejaculation." *Journal of Neuroscience* 23, nº. 27 (8 de outubro de 2003): 9185–93.

Horne, Z., D. Powell, J. E. Hummel e K. J. Holyoak. "Countering Antivaccination Attitudes." *Proceedings of the National Academy of the Sciences USA* 112, nº. 33 (18 de agosto de 2015): 10321–24.

Janoff-Bulman, R. "To Provide or Protect: Motivational Bases of Political Liberalism and Conservatism." *Psychological Inquiry* 20, nº. 2–3 (2009): 120–28.

Kanai, R., T. Feilden, C. Firth e G. Rees. "Political Orientations Are Correlated With Brain Structure in Young Adults." *Current Biology* 21, nº. 8 (26 de abril de 2011): 677–80.

Kaplan, J. T., S. I. Gimbel e S. Harris. "Neural Correlates of Maintaining One's Political Beliefs in the Face of Counterevidence." *Scientific Reports* 6 (23 de dezembro de 2016): 39589.

Konnikova, Maria. "The Real Lesson of the Standford Prison Experiment." www.newyorker.com/science/maria-konnikova/the-real-lesson-of-the-stanford-prison-experiment.

Levine, M., A. Prosser, D. Evans e S. Reicher. "Identity and Emergency Intervention: How Social Group Membership and Inclusiveness of Group Boundaries Shape Helping Behavior." *Personality and Social Psychology Bulletin* 31, nº. 4 (abril de 2005): 443–53.

Musolino, Julien. *The Soul Fallacy: What Science Shows We Gain From Letting Go of Our Soul Beliefs*. Amherst, NY: Prometheus Books, 2015.

Oxley, D. R., K. B. Smith, J. R. Alford, M. V. Hibbing, J. L. Miller, M. Scalora, P. K. Hatemi e J. R. Hibbing. "Political Attitudes Vary With Physiological Traits." *Science* 321, nº. 5896 (19 de setembro de 2008): 1667–70.

Parnia, S., K. Spearpoint, G. de Vos, P. Fenwick, D. Goldberg, J. Yang, J. Zhu, et al. "Aware-Awareness During Resuscitation-a Prospective Study." *Resuscitation* 85, nº. 12 (dezembro de 2014): 1799–805.

Paul, G. S. "Cross-National Correlations of Quantifiable Societal Health With Popular Religiosity and Secularism in the Prosperous Democracies." *Journal of Religion and Society* 7 (2005).

Pinker, S. "The Brain: The Mystery of Consciousness." *TIME*, http://content.time.com/time/magazine/article/0,9171,1580394-1,00.html.

Sample, Ian. "Stephen Hawking: 'There Is No Heaven; It's a Fairy Story.'" *The Guardian*, www.theguardian.com/science/2011/may/15/stephen-hawking-interview-there-is-no-heaven.

Settle, J. E., C. T. Dawes, N. A. Christakis e J. H. Fowler. "Friendships Moderate an Association Between a Dopamine Gene Variant and Political Ideology." *Journal of Politics* 72, nº. 4 (2010): 1189–98.

Sharot, Tali. *The Influential Mind: What the Brain Reveals About Our Power to Change Others*. Nova York: Henry Holt and Co., 2017.

Sunstein, C. R., S. Bobadilla-Suarez, S. Lazzaro e T. Sharot."How People Update Beliefs About Climate Change: Good News and Bad News." *Social Science Research Network* (2016): https://ssrn.com/abstract=2821919.

Westen, D., P. S. Blagov, K. Harenski, C. Kilts e S. Hamann. "Neural Bases of Motivated Reasoning: An fMRI Study of Emotional Constraints on Partisan Political Judgment in the 2004 U.S. Presidential Election." *Journal of Cognitive Neuroscience* 18, nº. 11 (novembro de 2006): 1947–58.

Capítulo 10

Anderson, S. C., J. F. Cryan e T. Dinan. *The Psychobiotic Revolution: Mood, Food, and the New Science of the GutBrain Connection*. Washington, D.C.: National Geographic, 2017.

Armstrong, D. e M. Ma. "Researcher Controls Colleague's Motions in 1st Human Brain-to-Brain Interface." *UW News*, 27 de agosto de 2013.

Benito E., C. Kerimoglu, B. Ramachandran, T. Pena-Centeno, G. Jain, R. M. Stilling, M. R. Islam, V. Capece, Q. Zhou, D. Edbauer, C. Dean e A. Fischer. "RNA- Dependent Intergenerational Inheritance of Enhanced Synaptic Plasticity After Environmental Enrichment." *Cell Reports* 23, nº. 2 (10 de abril de 2018): 546–54.

Benmerzouga, I., L. A. Checkley, M. T. Ferdig, G. Arrizabalaga, R. C. Wek e W. J. Sullivan, Jr. "Guanabenz Repurposed as an Antiparasitic With Activity Against Acute and Latent Toxoplasmosis." *Antimicrobial Agents and Chemo therapy* 59, nº. 11 (novembro de 2015): 6939–45.

Berger, T. W., R. E. Hampson, D. Song, A. Goonawardena, V. Z. Marmarelis e S. A. Deadwyler. "A Cortical Neural Prosthesis for Restoring and Enhancing Memory." *Journal of Neural Engineering* 8, nº. 4 (agosto de 2011): 046017.

Bieszczad, K. M., K. Bechay, J. R. Rusche, V. Jacques, S. Kudugunti, W. Miao, N. M. Weinberger, J. L. McGaugh e M. A. Wood. "Histone Deacetylase Inhi- bition Via RGFP966 Releases the Brakes on Sensory Cortical Plasticity and the Specificity of Memory Formation." *Journal of Neuroscience* 35, nº. 38 (23 de setembro de 2015): 13124–32.

Cavazzana-Calvo, M., S. Hacein-Bey, G. de Saint Basile, F. Gross, E. Yvon, P. Nusbaum, F. Selz, et al. "Gene Therapy of Human Severe Combined Immuno- deficiency (SCID)-X1 Disease." *Science* 288, nº. 5466 (28 de abril de 2000): 669–72.

Chueh, A. C., J. W. Tse, L. Togel e J. M. Mariadason. "Mechanisms of Histone Deacetylase Inhibitor-Regulated Gene Expression in Cancer Cells." *Anti oxidants & Redox Signaling* 23, nº. 1 (1º de julho de 2015): 66–84.

Cott, Emma. "Prosthetic Limbs, Controlled by Thought." *New York Times*, www.nytimes.com/2015/05/21/technology/a-bionic-approach-to-prosthetics-controlled--by-thought.html.

Desbonnet, L., L. Garrett, G. Clarke, B. Kiely, J. F. Cryan e T. G. Dinan. "Effects of the Probiotic *Bifidobacterium infantis* in the Maternal Separation Model of Depression." *Neuroscience* 170, nº. 4 (10 de novembro de 2010): 1179–88.

Fontes Selecionadas

Eichler, F., C. Duncan, P. L. Musolino, P. J. Orchard, S. De Oliveira, A. J. Thrasher, M. Armant, et al. "Hematopoietic Stem-Cell Gene Therapy for Cerebral Adrenoleukodystrophy." *New England Journal of Medicine* 377, nº. 17 (26 de outubro de 2017): 1630–38.

Guan, J. S., S. J. Haggarty, E. Giacometti, J. H. Dannenberg, N. Joseph, J. Gao, T. J. Nieland, et al. "HDAC2 Negatively Regulates Memory Formation and Synaptic Plasticity." *Nature* 459, nº. 7243 (7 de maio de 2009): 55–60.

Hemmings, S. M. J., S. Malan-Muller, L. L. van den Heuvel, B. A. Demmitt, M. A. Stanislawski, D. G. Smith, A. D. Bohr, et al."The Microbiome in Posttraumatic Stress Disorder and Trauma-Exposed Controls: An Exploratory Study." *Psychosomatic Medicine* 79, nº. 8 (outubro de 2017): 936–46.

Hochberg, L. R., M. D. Serruya, G. M. Friehs, J. A. Mukand, M. Saleh, A. H. Caplan, A. Branner, et al. "Neuronal Ensemble Control of Prosthetic Devices by a Human With Tetraplegia." *Nature* 442, nº. 7099 (13 de julho de 2006): 164–71.

Hsiao, E. Y., S. W. McBride, S. Hsien, G. Sharon, E. R. Hyde, T. McCue, J. A. Codelli, et al."Microbiota Modulate Behavioral and Physiological Abnormalties Associated With Neurodevelopmental Disorders." *Cell* 155, nº. 7 (19 de dezembro de 2013): 1451–63.

Jacka, F. N., A. O'Neil, R. Opie, C. Itsiopoulos, S. Cotton, M. Mohebbi, D. Castle, et al. "A Randomised Controlled Trial of Dietary Improvement for Adults With Major Depression (the 'Smiles' Trial)." *BMC Medicine* 15, nº. 1 (30 de janeiro de 2017): 23.

Kaliman, P., M. J. Alvarez-Lopez, M. Cosin-Tomas, M. A. Rosenkranz, A. Lutz e R. J. Davidson. "Rapid Changes in Histone Deacetylases and Inflammatory Gene Expression in Expert Meditators." *Psychoneuroendocrinology* 40 (fevereiro de 2014): 96–107.

Kilgore, M., C. A. Miller, D. M. Fass, K. M. Hennig, S. J. Haggarty, J. D. Sweatt e G. Rumbaugh. "Inhibitors of Class 1 Histone Deacetylases Reverse Contextual Memory Deficits in a Mouse Model of Alzheimer's Disease." *Neuropsychopharmacology* 35, nº. 4 (março de 2010): 870–80.

Kindt M., M. Soeter e B. Vervliet. "Beyond Extinction: Erasing Human Fear Responses and Preventing the Return of Fear." *Nature Neuroscience* 12, nº. 3 (março de 2009): 256–58.

Liang, P., Y. Xu, X. Zhang, C. Ding, R. Huang, Z. Zhang, J. Lv, et al. "CRISPR/ Cas-9-Mediated Gene Editing in Human Tripronuclear Zygotes." *Protein Cell* 6, nº. 5 (maio de 2015): 363–72.

Lindholm, M. E., S. Giacomello, B. Werne Solnestam, H. Fischer, M. Huss, S. Kjellqvist e C. J. Sundberg. "The Impact of Endurance Training on Human Skeletal Muscle Memory, Global Isoform Expression and Novel Transcripts." *PLoS Genetics* 12, nº. 9 (setembro de 2016): e1006294.

Messaoudi, M., R. Lalonde, N. Violle, H. Javelot, D. Desor, A. Nejdi, J. F. Bisson, et al. "Assessment of Psychotropic-Like Properties of a Probiotic Formulation (*Lactobacillus helveticus* R0052 and *Bifidobacterium longum* R0175) in Rats and Human Subjects." *British Journal of Nutrition* 105, nº. 5 (março de 2011): 755–64.

Olds, D. L., J. Eckenrode, C. R. Henderson, Jr., H. Kitzman, J. Powers, R. Cole, K. Sidora, et al. "Long-Term Effects of Home Visitation on Maternal Life Course and Child Abuse and Neglect. Fifteen-Year Follow-up of a Randomized Trial." *JAMA* 278, nº. 8 (27 de agosto de 1997): 637–43.

Seckel, Scott. "Asu Researcher Creates System to Control Robots With the Brain." ASU Now, asu-now.asu.edu/20160710-discoveries-asu-researcher-creates-system-control-robots-brain.

Silverman, L. R. "Targeting Hypomethylation of DNA to Achieve Cellular Differ- entiation in Myelodysplastic Syndromes (MDS)." *Oncologist* 6 Suppl. 5 (2001): 8–14.

Singh, R. K., H. W. Chang, D. Yan, K. M. Lee, D. Ucmak, K. Wong, M. Abrouk, et al. "Influence of Diet on the Gut Microbiome and Implications for Human Health." *Journal of Translational Medicine* 15, nº. 1 (8 de abril de 2017): 73.

Sleiman, S. F., J. Henry, R. Al-Haddad, L. El Hayek, E. Abou Haidar, T. Stringer, D. Ulja, et al. "Exercise Promotes the Expression of Brain Derived Neurotrophic Factor (BDNF) through the Action of the Ketone Body Beta-Hydroxy- butyrate." *Elife* 5 (2 de junho de 2016).

Weaver, I. C., N. Cervoni, F. A. Champagne, A. C. D'Alessio, S. Sharma, J. R. Seckl, S. Dymov, M. Szyf e M. J. Meaney. "Epigenetic Programming by Maternal Behavior." *Nature Neuroscience* 7, nº. 8 (agosto de 2004): 847–54.

ÍNDICE

A

açúcar
    ingrediente "oculto", 58
    por que gostamos, 32
        gene SLCa2, tendência ao, 33
    torna a vida mais curta, 69–70
afiliação política
    fatores genéticos influenciam, 242–246
alcoolismo, 87–90
    abstinência, 95
    base genética, 90
    gene GABRB3, 89–90
amamentação
    leite saborizado, 51
amor, 178–210
    acasalamento assortativo positivo, 189
    almas gêmeas, 208–209
    feromônios, 185–186
    infidelidade, 195
    jovem e maduro, 190–194
    linguagem do, 209–210
    monogamia, 194–195, 202
    muda com o tempo, 193
    opostos se atraem, 188–190
    vínculo de casal, 198–199, 202
anemia falciforme, 14
apetite
    bactérias intestinais influenciam o, 71
    pais influenciam seu, 65–69
atividade física
    benefícios epigenéticos, 273–274
atração fatal felina, 170

B

bactérias intestinais, 23
    influenciam o apetite, 71
botões gustativos, 29, 32, 49
    degeneração, 40
brócolis
    por que amo, 32–33
    por que odeio, 29–32
    substâncias químicas, 30
bullying
    pode quebrar seu DNA, 162

C

café
    broca-do-café, besouro, 44
    por que gosto de, 42–45
cafeína, 42–45
    enzima CYP1A2, 43
    metabolismo da
        micróbios intestinais, 44
Cahalan, condição de
    encefalite antirreceptor NMDA, 172
camundongos
    db/db, 63
    livres de germes, 71–74
    ob/ob, 62–63, 72
câncer, 16, 56
    de cólon, 77
capsaicina (composto químico), 38
    vômito, 41
células
    bacterianas, 23
    cancerígenas, 271
    células-tronco, 17
    receptoras do paladar, 29
cérebro, 211–234
    conexões neurais, 25
    de um superdegustador, 30
    dopamina, exercício, 81
    estimulação cerebral profunda (DBS), 281
    importância da atividade física, 273–274
    ocitocina no, 199
    social, 216
cheiro e o paladar, conectados, 36
chumbo
    altera a metilação do DNA, 165
    intoxicação por, 164–165
ciborgue humano, Johnny Ray, 279

cigarro, consumo de cafeína, 43
clonagem, 12
Coca-Cola versus Pepsi, sabor, 48
coentro, por que não gosto, 36–37
colite ulcerativa, 24
compostos de tioureia, 30
cortisol, 117
Craig Venter, 85

D

demência com corpos de Lewy (doença), 114
depressão, 119–127
    hereditária, 120
    síndrome do intestino irritável, 24
diabetes tipo 2, 34, 56, 78
    insulina, hormônio, 59
disruptores endócrinos, 18
dissonância cognitiva, 254–255
DNA, 13
    ambiente danifica o, 17
    de Ozzy Osbourne, 85
    do feto, a dieta da mãe altera o, 34, 53
    dos superdegustadores, 30
    drogas
        alteram as marcas epigenéticas, 107
    e a tendência ao vício, 105
    metilação do, 18–19, 35–36, 67–68, 124–125, 162, 270
    mutagênicos, agentes, 16
    promotor, ligação, 17
doença de Huntington, 120
dopamina, 115, 191
    álcool, 94
    vício de videogames, 95

E

efeito Dunning-Kruger, 217–218
eixo intestino-cérebro, 23
emoções, origem das, 114–119
encefalite antirreceptor NMDA, 172
encefalopatia traumática crônica (ETC), 169
enzima lactase, 45–46
epigenética, 5, 20, 99, 124, 205, 270
    drogas alteram as marcas, 107
    medicamentos epigenéticos, 271–272
    na orientação sexual, o papel da, 206
epitranscriptômica, 290
escala de Scoville, 38
estimulação cerebral profunda (DBS), 282
estresse
    sistema imunológico baixo, 117–119
exercício
    benefícios, 80
    por que não gostamos, 79–83
experiência adversa na infância (ACE), 100, 125
    altera quimicamente o DNA, 162
experimento do marshmallow, 105–106
expressão gênica, 207
    como controlar nossa, 272–273
    como mudar, 270–275
    exposição a toxinas afeta a, 164
    importância da dieta, 65
extinção do medo, 148

F

fago, vírus, 12
falácia do mundo justo, 260–262
fatores de transcrição, proteínas, 17–18
felicidade, 136–142
    chave para a, 142
    estado de nirvana, 136
    molécula da, 137
feromônios
    dieta pode afetar os, 186
fibrose cística, 120
fobias, 149–152

G

gene
    5HTT, propensão à depressão, 126
    ACTN3, atividade física, 80–81
    ADH4, decomposição de álcool, 87–88
    afetado pelo ambiente, 16–21
    agouti, pelos loiros, 66–68
    CYP1A2, 43–45
    CYP2E1, bêbado rapidamente, 93
    FAAH, felicidade, 92
    FOXO, 70
    GABRB3, alcoolismo, 89–92
    LCT, produção de lactase, 45–46
    LEPR, receptor de leptina, 63

Índice

MAO-A, 158–161
MC4R, de saciedade, 63, 69–70
metilado, 18
NF1, dependência de álcool, 89
OR6A2, receptor olfativo, 36
POMC, regula o apetite, 35
preferência por alimentos, 32
SLCa2, tendência ao açúcar, 33
TAS2R38, de sabor amargo, 30
terapêutico, 266
TRPM8, receptor de frio, 41
TRPV1, receptor de calor, 38
genoma humano, primeiro, 85
gestação
    a dieta da mãe altera o DNA, 34, 53, 65–67, 163
    líquido amniótico saborizado, 51
    medicamentos afetam o DNA, 99
    ocitocina, 199
    síndrome alcoólica fetal (SAF), 166
    tabagismo, 166
    testosterona alta, 166
gestão de contingências, 111

H

herança epigenética transgeracional, 150
hiperplasia adrenal congênita (HAC), 206
homossexualidade, 203–208
hormônio, 18
    cortisol, do estresse, 124
    da fome (grelina), 61
    da saciedade (leptina), 61–63
    de saciedade (alfa-MSH), 67
    estrogênio
        excesso e deficiência, 117–119
    insulina, 59, 68
    melatonina, do sono, 132
    ocitocina, do amor, 200–201
    testosterona
        excesso e deficiência, 117–119
        irritabilidade, 131

I

inibidores seletivos da recaptação de serotonina (ISRS), 193
intolerância à lactose, 45–46

J

James Watson, 85
junk food, por que amamos, 34

L

leite
    mampiros, 46
    materno saborizado, 51
    por que não faz bem para todos, 45–46

M

maconha, 92
marcadores epigenéticos, 19
marca, influencia o sabor, 49
masoquismo benigno, 39
mecanismos epigenéticos, 21
medicamentos epigenéticos, 271–272
meditação consciente
    benefícios epigenéticos, 274
medo
    inato, 148
    por que sentimos, 147–148
memória, 229–232
    curto e longo prazo, 229
    fenômeno biológico, 282
metilação do DNA, 18–19, 35–36, 67, 124–125, 162, 270
    alterado por chumbo, 165
    esperma, álcool altera a, 167
    no esperma, 69–70
    tabaco pode alterar a, 166
microbioma, 5, 21–22
microbiota, 22, 277
    bacteroidetes, 73
    desequilibrada, 73
    firmicutes, 73
    influenciada por nossos ancestrais, 76
    intestinal, 71
    oral, 47
monogamia, 194–197, 202
    serial, 196–197
mutagênicos, agentes, 16–17

N

nutrigenética, ciência, 32

O

obesidade, 55, 163

deficiência de leptina, 63
epidemia da, 56
expressão gênica promovendo, 65
microbiota desequilibrada, 73
preguiça e depressão, junk food, 82
ovelha Dolly, 12
Ozzy Osbourne, DNA, 85

P

papilas gustativas, 29
penicilina, 286–288
picante, por que gosto, 37–41
pimenta
    calor Scoville (SHU), 38
    gene TRPV1, receptor de calor, 38
    pássaros para disseminação, 37
plantas
    disseminar sementes, pássaros, 37–41
    sabor amargo, proteção, 31
prebióticos, 278–279
priming subliminar, 220
probióticos, 278
programação
    epigenética fetal, 207
    fetal, 66
projeto genoma humano, 13
psicobióticos, 276

R

raiva, vírus da, 169
religiosos (religião)
    por que somos, 251–255
resposta autonômica, 147
Richard Dawkins, 14
Robin Williams, 113–114

S

sabor, superdegustadores, 30
seleção natural, 16–21
serotonina, 116
sexo, 180
    diversidade genética, 179–210
    infidelidade, 195
    monogamia, 194–195
    seleção sexual, 181
Sigmund Freud, 187
síndrome
    alcoólica fetal (SAF), 166
    da fermentação intestinal, 135
    de insensibilidade aos andrógenos (AIS), 206
    de Williams, 140
    do homem irritável, 131
    do intestino irritável, 24, 128
        transtornos de ansiedade, 24
    do intestino solto, 98
    do rubor facial, 91
socialização
    importância da, 216
superdegustadores
    DNA dos, 30
    importância de comer vegetais, 53
    psicologia, 29
    que não suportam o amargo, 42
    são mais magros, 53
    tendência à pressão alta, 53

T

tabagismo, 166
teoria da dupla herança, 126
terapia
    de aversão, 111
    genética, 266
tioureia, compostos de, 30
toxoplasma
    gondii, 108–109, 170–171, 275
toxoplasmose, 108
transtorno
    afetivo sazonal, 132
transtornos
    de humor, 143

V

variante genética, 33
vício, 111
vinho
    degustadores de, 46
    por que o caro é melhor, 46–50
    superdegustadores, 47

Projetos corporativos e edições personalizadas
dentro da sua estratégia de negócio. Já pensou nisso?

Coordenação de Eventos
Viviane Paiva
viviane@altabooks.com.br

Assistente Comercial
Fillipe Amorim
vendas.corporativas@altabooks.com.br

A Alta Books tem criado experiências incríveis no meio corporativo. Com a crescente implementação da educação corporativa nas empresas, o livro entra como uma importante fonte de conhecimento. Com atendimento personalizado, conseguimos identificar as principais necessidades, e criar uma seleção de livros que podem ser utilizados de diversas maneiras, como por exemplo, para fortalecer relacionamento com suas equipes/ seus clientes. Você já utilizou o livro para alguma ação estratégica na sua empresa?

Entre em contato com nosso time para entender melhor as possibilidades de personalização e incentivo ao desenvolvimento pessoal e profissional.

PUBLIQUE SEU LIVRO

Publique seu livro com a Alta Books. Para mais informações envie um e-mail para: autoria@altabooks.com.br

CONHEÇA OUTROS LIVROS DA ALTA BOOKS

Todas as imagens são meramente ilustrativas.

 /altabooks   /alta-books   /altabooks   /altabooks   /altabooks